"一带一路"造纸行业清洁生产与碳中和发展战略研究

王玉涛 满 奕 石 磊 等/著

本书由国家重点研发计划项目（2020YFE0201400）资助

科学出版社

北京

内 容 简 介

本书从古代丝绸之路的造纸发展起源，延伸至"一带一路"的绿色建设与生态文明，为读者勾勒出造纸行业的历史与未来。本书首先对全球造纸行业生产与消费的现状进行深入分析，重点突出"一带一路"共建国家造纸行业的发展机遇与挑战；然后详细解析清洁生产政策、标准和评价指标体系，为造纸行业的绿色转型提供政策指引。本书侧重研究造纸清洁生产技术的实施现状和潜力，为企业和决策者提供实际操作的指南，同时着重探讨如何实现造纸行业的碳中和目标，并提供低碳化发展的路径和标准。

本书展望了"一带一路"共建国家造纸行业清洁生产的未来，探讨了合作前景与保障措施，为造纸行业提供了一个绿色、可持续的发展蓝图，对于行业内的决策者、研究者都具有极高的参考价值。

图书在版编目(CIP)数据

"一带一路"造纸行业清洁生产与碳中和发展战略研究/王玉涛等编著. —北京：科学出版社，2024.1

ISBN 978-7-03-076291-7

Ⅰ. ①一… Ⅱ. ①王… Ⅲ. ①"一带一路"－造纸工业－无污染技术－可持续发展战略－研究 ②"一带一路"－造纸工业－低碳经济－可持续发展战略－研究 Ⅳ. ①TS7 ②F426.83

中国国家版本馆 CIP 数据核(2023)第 169580 号

责任编辑：陈会迎 / 责任校对：姜丽策
责任印制：张 伟 / 封面设计：有道设计

科 学 出 版 社 出版
北京东黄城根北街 16 号
邮政编码：100717
http://www.sciencep.com

北京中科印刷有限公司 印刷
科学出版社发行 各地新华书店经销

*

2024 年 1 月第 一 版 开本：720×1000 1/16
2024 年 1 月第一次印刷 印张：14
字数：280 000
定价：162.00 元
(如有印装质量问题，我社负责调换)

本书编写组

主　　编：王玉涛　满　奕　石　磊

编写组成员：（以姓氏拼音字母为序）

安　静　白纪飞　陈国健　崔媛媛
代　敏　顾昕凯　何秀丽　何正磊
李世忠　梁梓阳　刘　昌　刘泽君
陆造好　钱继炜　孙明星　王　菊
王思婧　薛美丽　闫煜坤　张丁凡
张欢欢　张净晶　张清源　张一水
张一哲　张振亚　郑鸿泽

序

古代丝绸之路是一条贯穿亚欧大陆的货品流通路线，它为东西方之间物质与精神文明的交融提供了人类历史上最耀眼的舞台。以蔡侯纸为代表的中国纸和造纸术正是沿着这条千年丝路，一次又一次走进大漠戈壁，完成向西域、中亚、西亚、非洲和欧洲的传播，极大地推动了人类文化的发展和发明的进步。千年丝路承载的不仅是历史的记忆与风霜，更有无穷的宝贵探索与实践。正是这条道路激发了共建国家人民共同谱写经济互利、人文互启的伟大乐章。

边城暮雨雁飞低，芦笋初生渐欲齐。

无数铃声遥过碛，应驮白练到安西。

寥寥几行字，便把古代丝绸之路的壮阔与寂寥充分地展现出来，仿佛一支延绵不断的驮运货物的驼队正渐行渐远。21世纪，一条新的丝绸之路正在蓬勃发展，秉承古代丝绸之路形成的丝路精神，在统筹时代特征和全球形势下，习近平主席先后提出共建"丝绸之路经济带"和"21世纪海上丝绸之路"（以下简称"一带一路"）重大倡议[1]，是构建更全面、更深入、更多元的对外开放格局的重要举措。

历史表明，没有一个民族的智慧能独立支撑起整个人类的进步和发展。当前，在新一轮科技革命、产业变革的多重影响下，国际政治经济格局与全球治理进程正在发生深刻变化，继续深化同"一带一路"共建国家的交流与合作，一道实现互利共赢、共同发展是我国一贯的目标与追求。

我国在推进"一带一路"建设的过程中，始终把生态文明理念摆在突出位置。习近平主席提出建设绿色丝绸之路[2]以来，国家相关部门先后发布了《关于推进绿色"一带一路"建设的指导意见》《"一带一路"生态环境保护合作规划》《国家发展改革委等部门关于推进共建"一带一路"绿色发展的意见》等文件，对绿色"一带一路"的建设提出要求，让绿色切实成为共建"一带一路"的底色。建设绿色"一带一路"，需要秉持绿色引领、互利共赢的理念，坚持绿水青山就是金山银山，坚持人与自然和谐共生，充分尊重"一带一路"共建国家实际，促进经济社会发展与生态环境保护相协调，与共建国家共享绿色发展成果。

---

[1] 中国网. 共建"一带一路"：理念、实践与中国的贡献（全文）[EB/OL]. (2017-05-11)[2023-09-20]. http://www.china.com.cn/news/2017-05/11/content_40789833.htm.

[2] 中国网. 共建绿色丝绸之路 推进全球可持续发展[EB/OL]. (2022-08-02)[2023-09-12]. http://m.china.com.cn/appshare/doc_1_1170897_2299426.html.

造纸行业是重要的基础民生行业，也是资源密集型的基础原材料行业和典型的重污染行业。纸制品的生命周期过程会导致大量的资源消耗和环境影响。当前，"一带一路"共建国家造纸行业清洁生产技术水平参差不齐，我国的造纸行业经过几十年不断发展，已形成一个资源/能耗效率较高、环境排放较低的清洁生产体系。开展"一带一路"共建国家造纸行业清洁生产与碳中和发展战略研究，可以促进中国同共建国家造纸行业的战略对接，进行优势互补，对于提升"一带一路"造纸行业清洁生产水平、实现行业绿色低碳转型升级、推进绿色"一带一路"建设具有重要意义。

本书梳理分析造纸行业生产、技术、政策、标准等方面的发展现状，研究探讨该行业生产消费分布格局、清洁生产实施路径与潜力、低碳化发展趋势与策略、各国合作前景等问题。古代丝绸之路打通了中国纸和造纸术的传播之路，时至今日，造纸行业清洁生产技术与标准再次沿着"一带一路"传播推广，在数千年的时空变幻中，造纸行业见证了丝绸之路为促进东西方文明交流互鉴乃至整个人类文明发展作出的巨大历史贡献。

本书基于作者多年来对于造纸行业清洁生产的研究成果，着眼于"一带一路"共建国家的造纸行业在清洁生产领域的发展现状，总结当前造纸行业清洁生产的先进技术成果和评价标准体系，兼具学术价值和实践价值。值得一提的是，本书面向碳中和目标对"一带一路"共建国家造纸行业生命周期碳排放进行评估，从减排路径和行业碳中和标准制定等方面对造纸行业如何实现绿色低碳转型进行探讨。本书内容全面丰富，适合从事该领域的研究人员和广大读者阅读，对于推动"一带一路"造纸行业清洁生产技术进步具有重要意义。展望未来，加强中国同"一带一路"共建国家造纸行业产学研各方的战略对接、技术交流与合作研究，特别是围绕造纸行业节源、降碳、减污、增效和管理提升等维度进行研究与实践，有助于提高造纸行业整体的可持续发展水平，并实现行业碳中和目标。造纸行业的绿色转型升级也将促进"一带一路"共建国家的经济社会发展和生态环境改善，有利于人民生活水平的提高。

希望今后涌现出更多"一带一路"共建国家其他行业可持续发展与碳中和相关研究，让我们共同为绿色"一带一路"建设和联合国2030年可持续发展目标的实现而努力！

中国工程院院士　段宁

目　录

序
第1章　绪论 ·· 1
  1.1　古代丝绸之路与造纸发展 ·· 1
  1.2　"一带一路"倡议提出与发展 ·· 3
  1.3　绿色"一带一路"建设与生态文明 ·· 5
  1.4　全球与"一带一路"共建国家造纸行业发展 ·· 7
  1.5　碳中和背景下造纸行业转型 ·· 11
  1.6　全球造纸行业清洁生产技术进展 ·· 13
  1.7　研究目的与内容 ·· 20
第2章　全球造纸行业生产与消费现状 ·· 23
  2.1　全球造纸行业生产、消费与贸易时空格局分析 ···································· 23
  2.2　"一带一路"共建国家造纸行业时空格局分析 ······································ 47
  2.3　"一带一路"共建国家造纸行业面临的机遇和挑战 ······························ 68
第3章　"一带一路"共建国家造纸行业清洁生产政策与标准体系 ···················· 71
  3.1　造纸行业清洁生产政策 ·· 71
  3.2　造纸行业清洁生产标准 ·· 74
  3.3　造纸行业清洁生产评价指标体系 ·· 81
第4章　造纸行业清洁生产技术发展与实施现状 ·· 93
  4.1　中国造纸行业清洁生产技术实施现状 ·· 93
  4.2　清洁生产技术在企业层面的应用现状 ·· 94
  4.3　典型企业清洁生产现状及发展规划 ·· 125
第5章　"一带一路"共建国家造纸行业清洁生产实施路径与潜力 ·················· 134
  5.1　"一带一路"框架下造纸行业清洁生产的发展形势 ···························· 134
  5.2　"一带一路"典型共建国家制浆造纸行业智能化发展路径 ················ 146
  5.3　造纸行业清洁生产提升潜力分析——以中国为例 ······························ 154
第6章　面向碳中和目标的造纸行业清洁生产与可持续发展 ···························· 168
  6.1　全球造纸行业低碳化现状与发展趋势 ·· 168
  6.2　典型国家造纸行业生命周期碳排放 ·· 169
  6.3　造纸行业碳中和标准 ·· 194

第 7 章 "一带一路"共建国家造纸行业清洁生产展望 ················ 198
    7.1 "一带一路"共建国家造纸行业清洁生产合作前景展望 ············ 198
    7.2 "一带一路"共建国家造纸行业清洁生产合作措施保障 ············ 201
参考文献 ·· 204
附录 不同农作物的水耗分配 ·· 212

第1章 绪 论

1.1 古代丝绸之路与造纸发展

1.1.1 古代丝绸之路的起源

早在2000多年前，为了加强中国汉朝与西北诸国的联系，共同抵御匈奴，汉武帝先后两次派遣大臣张骞出使西域，由此逐渐开辟了一条东起长安（今西安）、西抵新疆与斯宾（今巴格达东南）、又经地中海转至罗马，长达7000余公里[①]的通商大道。具体地说，丝绸之路通常是指亚欧大陆北部的商路，即西汉时张骞和东汉时班超出使西域所开辟的以长安、洛阳为起点，途经甘肃、新疆，到中亚、西亚，并连接地中海各国的陆上通道。这条道路也称为西域丝绸之路，以区别日后另外两条也冠以"丝绸之路"名称的交通路线。因由这条路西运的货物中以丝绸制品的影响最大，故得此名。

丝绸之路是一条古老而漫长的商路，也是连接亚洲、欧洲、非洲三大洲的动脉，它贯穿古代中国、阿富汗、印度、阿姆河-锡尔河地区、伊朗、伊拉克、叙利亚、土耳其，通过地中海到达罗马。古代丝绸之路主要是商贸物资流通的通道，物物交换、货物交易是其主要形式，既有民间商人交易，又有宗藩之间的朝贡贸易；既有威尼斯商人、阿拉伯商人、元朝斡脱商人等地跨亚欧大陆的国际商团，又有宋朝元朝沿海舶商、明朝郑和船队等远航商贸船队[1]。通过出口、过境、转口等商贸交易方式，丝绸、瓷器、茶叶等大宗的中国特色物产源源不断地输出到世界各地，而西域、南洋等地的香药、珠宝奇珍等域外物产作为舶货大量进口。从公元前2世纪到公元13～14世纪，丝绸之路是连接世界古代文明发祥地（包括中国、印度、两河流域、埃及、古希腊、古罗马）的一条重要纽带[2]。同时，古代丝绸之路也是东西方或中外人文交流互鉴的桥梁，人员往来与文化、艺术、宗教、科技等的交流和传播相随而至，不仅为各自的本土文化增添了新鲜血液和生机活力，而且促进了开放包容、和而不同的国际文化多元化。

1.1.2 丝绸之路与造纸术的传播

古代丝绸之路促进了东西方许多重要的商品的交换，对不同文明的发展产生

---

① 1公里=1千米。

了很大的影响，其中，纸和造纸术就沿着丝绸之路传播开来，对人类历史进程产生了非常重要的影响。早期纸张的贸易及造纸术在丝绸之路沿线国家的传播很大程度地提高了古代丝绸之路不同国家的文明记录、储存、传播知识和信息的能力。作为一种便捷且廉价的保存书写的工具，纸张极大地促进了文化交流。丝绸之路不仅是一条关于丝绸、陶瓷等的贸易之路，而且是一条关于造纸术和印刷术的中国造纸文化的传播弘扬之路[3]。

造纸术在中国西汉时期发明，后经东汉时期蔡伦进行重大改良提升，"自是莫不从用焉，故天下咸称蔡侯纸"[3]。不仅朝廷公文奏本用纸，晋朝之后民间也有部分用纸需求。时至唐朝，社会用纸的普及程度已相当广泛。纸张作为一种廉价、实用而轻便的书写材料，自发明以后一经传开立即受到人们的普遍欢迎。以中国为中心开始向东、向南、向西抵达各地，其中，西传即沿着丝绸之路不断地延伸。其传播分为两个阶段先后进行：首先，纸张或纸制品（信件、书本、图画）被带往国外；其次，各国学习造纸术，建厂生产纸张。造纸术自西汉发明、东汉改良后，从中国出发，经过2000年左右的"环球旅行"，纸和造纸术终于传遍五大洲，成为中国对世界出版及世界文化的最伟大贡献。

纸张首先通过佛教僧侣传播到其他地区，他们用纸来记录经文和其他著作。他们将纸带到日本、朝鲜半岛，以及中亚和印度次大陆的部分地区。造纸术于公元7世纪中期传入印度次大陆，并很快发展出了当地的造纸中心。宗教活动对纸张的传播有着重要的作用，这是因为比起动物皮制的羊皮纸，纸张更高效、方便携带且比莎草纸更耐用。佛教、道家和儒家的经典著作都是在这个时期被记录在纸上的。纸张对商人和贸易者也是极具价值的材料，他们可以用这种轻盈便携的材料来记录商业活动。

此外，随着纸张沿着丝绸之路进行传播，造纸的方式也开始更新，人们往往使用当地最易获得的材料进行纸张的制造。公元2~3世纪，造纸术首先在中原地区运用和普及，很快便开启其域外传播之旅。公元4世纪末，造纸术东传至朝鲜，后由朝鲜传入日本。公元7世纪末，造纸术向南传入印度[3]。造纸术沿丝绸之路西传是其最光辉的传播旅程，其传播由点到线、由线到面、由面到体，最终传遍全球。公元11世纪，基于造纸术的传播，阿拉伯帝国文化教育十分普及，巴格达、大马士革、开罗、科尔瓦多等大城市的各类初等、高等学校达20~40所，这也是科技传播和文明提升的重要路径。

丝绸之路的两个主要贸易商品——纸和丝绸——一度被认为是令人难以置信的新发明。这些新发明依赖技术和工艺产生，都随着人们的迁徙和互动而传播、发展。纸张既是一个交换的商品，也是进一步进行跨文化交流的媒介。纸张可以记录知识，并被长距离地运输，在纸张生产的中心，文化得以蓬勃发展。

1.1.3 现代造纸工业的兴起与发展

造纸行业是现代社会中重要的基础制造业,在国民经济中发挥着重要作用,与国家经济、政治、文化、社会等各方面息息相关。纸产品的应用场景也十分广泛,如教育、货币、物流领域。造纸行业在全球工业体系中占有重要的地位,是国际上公认的"永不衰竭"的产业[4]。在一些发达国家,造纸行业已成为其国民经济的支柱制造业之一。

从东汉到明朝,中国的制纸一直处在手工制造阶段;1891 年,中国在上海创建了伦章造纸厂,这才产生了机器造纸工业。公元 12 世纪,欧洲最先在西班牙和法国设立造纸厂;13 世纪,意大利和德国也相继设厂造纸。16 世纪,纸张已经流行于全欧洲,彻底取代了传统的羊皮和莎草纸等,此后纸便逐步流传到全世界。

从公元前 2 世纪到公元 18 世纪初的 2000 年间,我国造纸术一直居于世界先进水平,在造纸的技术、设备、加工等方面为世界各国提供了一套完整的工艺体系。机器造纸工业的各个主要技术环节都能从我国古代造纸术中找到最初的发展形式。世界各国沿用我国传统方法造纸有 1000 年以上的历史。当今世界各国已将纸和纸板的生产与消费水平作为衡量一个国家现代化水平和文明程度的重要标志之一。

造纸行业产量大、用水多、污染严重,并伴随着一定程度的废气、固体废物及噪声等污染。纸张生产过程通常伴随着大量的制浆废液、洗涤废水、漂白废水与纸机白水等。因此,造纸行业具有能耗高、污染成分复杂的特点[5]。生态文明是人类文明未来发展的必然选择,绿色、低碳、环保是我国乃至全球经济发展的外在约束和规制。在这样的趋势和背景下,造纸行业正面临严峻的环保压力和挑战。

1.2 "一带一路"倡议提出与发展

1.2.1 "一带一路"倡议的意义

"一带一路"倡议(the Belt and Road Initiative, B&RI)是"丝绸之路经济带"和"21 世纪海上丝绸之路"的简称。2013 年 9 月和 10 月,中国国家主席习近平先后提出共建"丝绸之路经济带"和"21 世纪海上丝绸之路"重大倡议[6]。依靠中国与有关国家既有的双多边机制,借助既有的、行之有效的区域合作平台,"一带一路"旨在借用古代丝绸之路的历史符号,高举和平发展的旗帜,积极发展与共建国家的经济合作伙伴关系，共同打造政治互信、经济融合、文化包容、安全互助的利益共同体、责任共同体和命运共同体。

"一带一路"贯穿亚欧非大陆，一头是活跃的东亚经济圈，另一头是发达的欧洲经济圈，中间广大腹地国家经济发展潜力巨大。"丝绸之路经济带"重点畅通：中国经中亚、俄罗斯至欧洲（波罗的海）；中国经中亚、西亚至波斯湾、地中海；中国至东南亚、南亚、印度洋。"21世纪海上丝绸之路"的重点方向是：从中国沿海港口过南海到印度洋，延伸至欧洲；从中国沿海港口过南海到南太平洋[7]。共建"一带一路"致力于亚欧非大陆及附近海洋的互联互通，建立和加强共建国家互联互通伙伴关系，构建全方位、多层次、复合型的互联互通网络，实现共建国家多元、自主、平衡、可持续的发展。"一带一路"的互联互通项目将推动共建国家发展战略的对接与耦合，发掘区域内市场的潜力，促进投资和消费，创造需求和就业，增进共建国家人民的人文交流与文明互鉴，让各国人民相逢相知、互信互敬，共享和谐、安宁、富裕的生活。

"一带一路"倡议描绘出共建国家开放合作的宏大愿景，需要各国携手努力，朝着互利互惠、共同安全的目标相向而行。建设"一带一路"要求努力实现：区域基础设施更加完善，安全高效的陆海空通道网络基本形成，互联互通达到新水平；投资贸易便利化水平进一步提升，高标准自由贸易区网络基本形成，经济联系更加紧密，政治互信更加深入；人文交流更加广泛深入，不同文明互鉴共荣，各国人民相知相交、和平友好[8]。

"一带一路"倡议的提出翻开了复兴古代丝绸之路的新篇章。共建"一带一路"旨在促进经济要素有序自由流动、资源高效配置和市场深度融合，共同打造开放、包容、均衡、普惠的区域经济合作新构架。其基本内涵如下：紧密结合经济全球化和区域经济一体化深入发展的新形势，更好统筹国内国际两个大局，更好统筹国内发展和对外开放，充分利用国际国内两个市场两种资源，坚持开放的发展、合作的发展、共赢的发展，坚持双边、多边、区域/次区域开放合作，以政策沟通、设施联通、贸易畅通、资金融通、民心相通为主要内容和有力抓手，扩大同共建国家的战略契合点和利益汇合点，有序推进陆海统筹、东西互济的商品资源物流大通道建设，加快同周边国家基础设施互联互通，着力推动双多边经贸投资合作上水平、上台阶，积极推动与共建国家开展投资协定和自由贸易协定谈判，促进区域贸易自由化和投资便利化，形成以"一带一路"为两翼、以周边国家为基础、以共建国家为重点、面向全球的高标准自由贸易区网络，为实现区域经济一体化和亚太自贸区（Free Trade Area of the Asia-Pacific，FTAAP）建设奠定坚实基础[9]。同时，加快培育与提升我国企业参与和引领国际合作竞争新优势，着力推动国内优势产业向全球产业价值链中高端迈进，不断强化我国对区域经济合作进程的主导性影响，为我国与共建国家共同打造政治互信、经济融合、文化包容、安全互助的利益共同体、责任共同体和命运共同体创造有利条件，为继续抓住用好进而拓展延伸我国重要战略机遇期提供重要战略支撑[10]。

1.2.2 "一带一路"倡议下造纸行业新机遇

"一带一路"是在通路、通航的基础上通商，形成和平与发展新常态，实现共建国家多元、自主、平衡、可持续发展，是解决产能过剩、外汇资产过剩的有效途径。"一带一路"倡议将为制浆造纸工业带来新的机遇，为行业发展指明方向。自"一带一路"倡议提出以来，其得到国际社会高度关注和相关国家积极响应。

在这样的大背景下，众多国内造纸企业纷纷走出国门，参与"一带一路"共建国家的造纸项目工程建设。联合国粮食及农业组织（Food and Agriculture Organization，FAO）数据库显示，2019 年，美国、巴西和中国是纸浆产量最多的3 个国家，其纸浆总产量分别是 5095 万吨、1975 万吨和 1892 万吨[11]。加拿大、印度、印度尼西亚、日本、俄罗斯、瑞士、芬兰等国家的纸浆产量也均在世界平均水平之上。

亚洲是全球造纸行业最具发展潜力的地区，与欧洲和美洲并称为全球三大市场。以日本为例，日本是世界主要产纸国之一。据日本经济产业省统计，早在 20 世纪 80 年代中期，日本纸和纸板产量就已超过 2000 万吨，1995 年日本纸和纸板产量增至近 3000 万吨，2000 年日本纸和纸板产量增至 3180 多万吨，这是迄今为止的历史最高纪录。2005 年日本纸和纸板产量降到 3100 万吨以下，2009 年日本纸和纸板产量降到 3000 万吨以下，2010 年日本纸和纸板产量为 2736 万吨，2015 年日本纸和纸板产量为 2687 万吨。2016 年日本纸和纸板产量降低为 2670 万吨，比上年下降 0.6%，仅少于中国的 1.09 亿吨和美国的 7212 万吨，是世界第三大产纸国[12]。

"一带一路"倡议不断深入推进，已成为各国造纸装备的机会和希望所在。"一带一路"共建国家多为发展中国家，这些国家（特别是一些非木材纤维资源比较丰富的国家）对发展当地的造纸行业有着迫切的愿望，学习并引进他国的造纸技术和造纸装备，是加快当地造纸行业发展，进而带动经济发展的便捷之路。

1.3 绿色"一带一路"建设与生态文明

近年来，我国积极参与全球生态环境治理，引导应对气候变化国际合作，已经成为全球生态文明建设的重要参与者、贡献者和引领者。为进一步推动"一带一路"绿色发展，2017 年 5 月，环境保护部、外交部、国家发展改革委、商务部联合发布了《关于推进绿色"一带一路"建设的指导意见》[13]。中方倡导将生态文明领域合作作为共建"一带一路"重点内容，在努力实现自身绿色发展的同时，与"一带一路"共建国家围绕绿色发展开展广泛的交流与合作。在这一过程中，"一带一路"必将成为全球生态文明建设的重要地带和优先领域，成为维系全球生态环境治理力量的重要纽带。积极推进绿色"一带一路"建设，顺应了共建国家以及全球绿色发展的必然要求，也能够有力推动全球生态文明建设。

"十四五"期间，"一带一路"进入高质量的发展 2.0 时代。绿色是高质量共建"一带一路"的第一理念，是中国提出"一带一路"倡议的初心，是各国参与"一带一路"建设的共识。绿色"一带一路"建设的重要内容是中国与"一带一路"共建国家共同加强生态治理、谋求绿色发展新路，构建"一带一路"生态共同体。绿色"一带一路"建设的核心内容是推动共建国家跨越传统发展路径，处理好经济发展和环境保护之间的关系。"一带一路"共建国家大多为发展中国家和新兴经济体，工业化和城镇化的压力导致了本国或区域性的环境污染、生态退化和气候变化等多种生态环境问题。为摆脱这种困境，"一带一路"共建国家在积极加快发展方式转型，谋求在全球价值链中的地位提升。但受发展阶段的影响，依靠各国自身力量难以有效实现经济和环境的协调发展，"一带一路"建设为各国加大环境保护和治理力度提供了重要机遇。

应对气候变化是推动绿色丝绸之路建设的首要方向。气候变化是全球性问题，是全人类面临的共同挑战，全球控制碳排放并转向更清洁和环保的发展模式刻不容缓。为应对气候变化，"一带一路"共建国家正共同经历史上最大规模的绿色低碳转型，中国着力优化产业结构和能源结构，推动煤炭清洁高效利用，大力发展新能源。中国积极参与全球绿色治理，推动碳达峰、碳中和（简称"双碳"）集成技术和绿色发展理念贯彻到"一带一路"项目实践中，带动"中国装备"、"中国技术"和"中国标准"走出去，"碳中和"经验和成果将成为绿色"一带一路"建设的重要组成部分。

生态治理是"一带一路"建设的重要保障。"一带一路"共建国家中存在许多生态脆弱、人口与产业承载力薄弱的地区，"一带一路"建设面临着严峻的生态风险。夯实共建国家生态本底是各国维护良好生态的需要，也是促进"一带一路"倡议长远发展的现实要求。然而，受发展阶段的影响，仅凭一个国家的力量难以良好地维护生态系统平衡、强化区域生态安全，加强共建国家生态治理合作是必然趋势。因此，"一带一路"是全球生态文明建设的重要实践平台。

生态文明只有在被广泛认同的基础上才具备由理论转变为普遍实践的可能。当前，"一带一路"共建国家已基本建立较为完整的生态环境管理制度框架，但仍存在管理细则不明确、管理能力缺乏、执行力度不足等问题，加上产业发展水平、技术创新能力的限制，共建国家生态环境保护与治理技术的水平参差不齐。中国的发展历程在广大共建国家中具有典型性和代表性，中国生态文明建设与绿色"一带一路"建设相辅相成，国内生态文明建设的成就一定程度上决定了绿色"一带一路"建设的行稳致远[14]。在"一带一路"合作框架下，"一带一路"生态文明建设应首先立足中国实际发展情况，深入开展生态文明建设，与共建国家一道共同提高绿色治理能力，在将中国打造为绿色发展标杆的基础上，在共建国家广泛凝聚生态文明共识，积极构建绿色"一带一路"国际合作机制，推动共建国家实现绿色经济增长和发展模式深刻转变。

一直以来，"一带一路"建设坚持共商共建共享原则，即共同参与、共同建设、共同享有。不是仅就环境和生态来谈环境和气候变化，而是从人类命运共同体的角度来看待生态文明建设。未来气候变化将是所有国家共同面对的全球问题，碳中和是全社会、全人类面临的共同问题，不仅需要国家重视，而且需要每个公民都重视，才能真正实现可持续发展目标。

1.4 全球与"一带一路"共建国家造纸行业发展

造纸行业是为包装、印刷和信息产业等提供商品材料为主的加工工业，也是市场化、国际化程度较高的一般竞争性加工工业。造纸行业发展与国民经济和社会发展密切相关，主要呈现技术密集与资金密集并存、行业存在规模效益、对资源依赖度较大、市场集中度低、资源消耗较高和污染防治任务艰巨的特点。

根据 FAO 统计，2020 年全球纸和纸板总产量为 39983 万吨，相比 2019 年下降 1.16%。在产品结构方面，新闻纸产量占总产量的 3.66%，印刷书写纸产量占总产量的 20.1%，家庭生活用纸产量占总产量的 9.43%，瓦楞材料产量占总产量的 42.97%，其他包装纸和纸板产量占总产量的 23.84%。从全球分布来看，亚洲纸和纸板产量最多，欧洲、北美洲居第二和第三位，产量分别为 19829 万吨、9953 万吨和 7491 万吨，分别占全球纸和纸板总产量的 49.6%、24.9%和 18.7%。2020 年全球纸浆总产量为 19182 万吨，相比 2019 年下降 0.65%。从全球分布来看，北美洲纸浆产量最多，占全球纸浆总产量的 33.29%，欧洲和亚洲居第二和第三位，分别占全球纸浆总产量的 24.65%和 24.10%。

1.4.1 北美洲

北美洲的造纸行业是已相对成熟的大宗商品行业，目前增长相对缓慢。2020 年，北美洲纸和纸板产量占全球纸和纸板总产量的 18.7%，纸浆产量占全球纸浆总产量的 33.29%。与世界其他地区相比，北美洲的纸浆厂设备相对陈旧，但北美洲占据了全球针叶木浆市场的主要地位[15]。当前，北美洲的制浆造纸行业向着生物精炼的方向发展，生物精炼技术能够迎接造纸行业的一些挑战，如减少化石燃料使用量、提高能源利用率。

美国纸和纸板产量占世界纸和纸板总产量的 16.5%，居世界第二位。美国造纸行业大致经历四个发展阶段。第一阶段是 1970 年之前，造纸行业的发展主要靠需求拉动，增长迅速；第二阶段是 1970~2000 年，造纸行业的发展同时受到供给和需求两方面因素的影响，再加上多部环保法令的出台，造纸行业具有行业扩张产能、需求快速增加、环保法令逐步加严的特点；第三阶段是 2001~2010 年，造纸行业达到成熟期，行业的集中度比较高，行业产能也趋于稳定；第四阶段是 2011 年至今，造纸行业步入成熟期后期，开始呈现出一些颓势，造纸行业生产总值占美国整体国内生产总值（gross domestic product，GDP）的比例一直处于下跌的趋势，造纸行业规模也在快速缩减，但行业集中度很高，目前仅有 140 余家造纸企业[16]。另外，美国是全球最大的纸浆生产国，美国造纸所需的原料纸浆及废纸的供应比较充裕。在造纸行业节能减排方面，美国建立科学有效的节能减排技术评价指标体系，使用现有平均技术、最佳经济可行技术、现有最佳示范技术、实际最低耗技术、理论最低值技术等进行考核评价，有效地降低制浆造纸行业的能耗和温室气体排放。

加拿大是全球较大的纸浆、纸和纸板生产国之一。2018 年，加拿大纸和纸板产量居世界第十位，制浆造纸行业 GDP 占加拿大林业总 GDP 的 36%以上，制浆造纸行业雇佣人数占加拿大林业总雇佣人数的 30%以上[17]。加拿大长期致力于促进可再生能源（特别是生物质能）的发展，包括实施税收政策、可再生电力生产激励政策、项目支持政策等，加拿大制浆造纸企业通过设备升级和创新将行业温室气体排放减少近 60%[18]。另外，为推动传统制浆造纸行业的清洁生产，加拿大提出发展林业生物经济的战略，推动林业经济向着以自然资源和清洁技术为基础的可持续发展生物经济转型。基于最大限度利用森林生物质的理念，加拿大在林业生物经济发展中对林业生物产品制造产业链进行了合理布局，使制浆造纸与新的生物产品制造（高级生物材料、化学品，以及生物燃油和生物能源）形成互利互惠、相互补充和依存的关系[17]。

1.4.2 欧洲

欧洲造纸行业是全球造纸行业的重要组成部分。2020 年，欧洲纸和纸板产量占世界纸和纸板总产量的 24.9%，纸和纸板产量为 9953 万吨，纸浆产量为 4568 万吨。2020 年，欧洲新闻纸产量占纸和纸板产量的比例为 5.76%，与 2019 年相比下降 19.48%；印刷书写纸产量占纸和纸板产量的比例为 21.84%，与 2019 年相比下降 16.27%；家庭生活用纸产量占纸和纸板产量的比例为 8.62%，较 2019 年增加

3.07%；瓦楞纸产量占纸和纸板产量的比例为 36.74%，较 2019 年增加 3.46%；其他包装纸和纸板产量占纸和纸板产量的比例为 27.04%，较 2019 年增加 0.78%。制浆造纸行业是欧洲重要的产业，2020 年直接为欧洲提供了 18 万个就业岗位，为欧洲生产总值增加了 185 亿欧元。

欧洲造纸行业一方面越来越多地使用碳密集程度较低甚至碳中性的能源，如生物质能；另一方面投资最先进的生产技术，并利用其自身的工艺副产品和残留物在热电联产装置和生物质锅炉中生产可再生能源，逐步实现造纸行业能源的自给自足。欧洲造纸工业联合会（Confederation of European Paper Industries，CEPI）积极支持制浆造纸企业从事热电联产等节能技术的升级改造，同时于 2010 年启动一套指导方案，帮助欧洲制浆造纸企业从事碳足迹评估工作[18, 19]。另外，欧洲制浆造纸行业拥有或管理的森林中有 90.4%通过了森林管理认证，采购的纸浆中有 83.2%是通过认证的，从锯木厂购买的木材、木屑或残留物中有 70.7%来自经过认证的森林。在欧洲，纸年均回收 3~5 次，造纸行业使用的超过 50%的原料都是回收纸[20]。近年来，造纸行业通过采取上述清洁生产措施取得了良好的环境效应，生产 1 吨纸产品的二氧化碳排放量相比 1990 年减少了 43%，造纸行业的能源使用和发电有 59%来自生物质，纸纤维实现全部回收利用，93%的水经处理后返回环境中。

1.4.3 中国

中国造纸行业产能占世界造纸行业总产能的 29.2%，居世界首位。2020 年，中国纸和纸板产量达 11715 万吨，较 2019 年增长 5.06%，纸浆产量达 7378 万吨，较 2019 年增长 2.4%[21]。目前中国造纸行业的产品结构格局基本形成，主要包括以箱板纸、瓦楞原纸、白板纸为主的包装纸和纸板，以新闻纸、胶纸板为主的文化用纸，以卫生纸、面巾纸和手帕纸为主的家庭生活用纸，以及以卷烟纸和壁纸原纸为主的特种纸和纸板。中国造纸产业群主要集中在东部地区，中西部地区造纸行业发展缓慢；造纸企业呈现集中的趋势，数量有所减少，千万吨级造纸企业出现[22]。

造纸行业作为我国的基础原材料工业和国民经济发展的基础产业，其生产过程具有高能耗、高污染的特征，一直是我国环境保护监管的重点关注产业。我国造纸行业主要依靠煤炭、天然气等化石能源产生的热力进行纸浆和纸张生产，化石能源约占外购能源的 80%，而生物质能占全部能源的不足 20%[23]。造纸的原料主要由木浆、非木浆和废纸构成。近些年来，国产木浆产量缓慢增加，非木浆产量缓慢减少，而废纸的回用量快速增长[22]。造纸生产工艺分为制浆与造纸两个环节，制浆环节产生的污染量占总污染量的 80%，在备料、碱回收、漂白等流程中尤为显著[24]。近年来，随着环保政策的收紧和清洁生产的实施，我国造纸行业在降低能耗和减少污染排放方面都取得了巨大的进步，例如，造纸行业水耗逐年减少，重复用水量及水的重复利用率大幅提升。随着造纸行业污水处理设备的完善，废水排放量明显减少，造纸行业水污染防治取得了良好的效果。

致力于实现"双碳"目标就意味着未来我国能源、环保、生产和消费等各领域都需要面临深度的绿色低碳转型。实现"双碳"目标并不是"齐步走"，而是推动有条件的地方和重点行业、重点企业率先达峰。因此，以生物质为原料的造纸行业要引领减污降碳、协同增效的行业绿色转型。

1.4.4 印度

印度造纸行业是全球造纸行业的重要组成部分。2020 年，印度纸和纸板产量为 1728 万吨，居世界第五位，纸浆产量为 613 万吨，居世界第十位。截至 2021 年，印度有制浆造纸企业 591 家，为 50 万人提供直接就业机会，为 150 万人提供间接就业机会[25]。

印度造纸行业的原料中，木材占比 21%，再生纤维占比 71%，农业残留占比 8%。印度制浆造纸行业是能源和水密集型行业之一。近年来，印度造纸行业以可持续发展为导向，采取了一系列低碳措施，主要体现在水管理、原料采购、工艺过程的清洁生产和全过程环境管理。经过技术提升和改进，2022 年吨纸水耗减少到 50 米^3。除此之外，印度纸业制造商协会（Indian Paper Manufacturers Association，IPMA）在印度制浆造纸行业所有利益相关者的支持下，发起了"将印度制浆造纸工业打造成为世界级工业"的运动，主要目标是促进印度造纸行业能源、水和环境的持续改进，并达到世界级水准。IPMA 还举办了"造纸技术"（PaperTech）年度活动，其目标是介绍与分享印度和海外造纸企业的最佳实践，传播与能源、水和环境改善相关的最新技术和趋势，促进印度制浆造纸企业之间的最佳实践共享。

1.4.5 "一带一路"共建国家

截至 2021 年 10 月底，中国已经与 140 个国家和 32 个国际组织签署了 206 份共建"一带一路"合作文件，建立了 90 多个双边合作机制。2019 年，中国和这 140 个国家的纸浆产量和消费量分别占世界纸浆总产量和总消费量的 40%和 46%，纸和纸板产量与消费量分别占世界纸和纸板总产量与总消费量的 48%和 52%。"一带一路"多数共建国家经济社会发展相对落后，制浆造纸行业广泛存在资源效率低、技术落后、排放高等典型特征；另外，与其他国家相比，"一带一路"共建国家可供采伐的森林资源相对匮乏，造纸行业原料中废纸和非木浆使用比例高。不少"一带一路"共建国家的纸浆产量和消费量位居全球前列，例如，2020年印度尼西亚纸和纸板产量为1195万吨，居世界第七位，纸浆产量为819万吨，居世界第八位。总的来说，"一带一路"共建国家造纸行业是全球造纸行业的重要组成部分。

南非是全球造纸行业中很有发展潜力的国家，以印刷书写纸、包装纸、家庭生活用纸、特种纸为主。2020年，南非纸和纸板产量为158万吨，纸浆产量为191万吨[26]。南非造纸行业在应对气候变化方面取得了重大进展，采取的措施包括从经过第三方认证的森林中采购原料、减少工厂的温室气体排放、提高生物质能等可再生能源在能源结构中的比例、完善纸产品的回收和再循环、用森林资源制造木基产品替代化石基产品。在用水方面，南非的造纸工厂在生产过程中广泛减少水耗，通过技术提高改善水的再利用和回收情况，并提高工厂排放的废水的质量；水在整个工厂中重复使用多达10次，并且根据其用途进行不同程度的处理。在能源方面，南非造纸行业一直致力于高效、可再生和可持续的能源利用，以提高其效率和实现清洁生产，许多工厂使用生物质和煤炭作为燃料，通过热电联产（蒸汽和电力）生产自身所需的能源，其能源需求中有一半以上来自生物质。

1.5 碳中和背景下造纸行业转型

1.5.1 碳中和背景

从第一次工业革命以来，化石能源燃烧产生的二氧化碳累计达2.2万亿吨。近半个世纪以来，二氧化碳体积分数保持较快的增速。截至2021年4月，大气中二氧化碳体积分数已达到419×10^{-6}，全球地表平均温度较19世纪末升高1.1摄氏度。根据联合国政府间气候变化专门委员会（Intergovernmental Panel on Climate Change，IPCC）于2018年发布的《全球升温1.5摄氏度特别报告》（*Global Warming of 1.5℃*），气温升高给人类造成的影响远高于早期预测，2摄氏度温升给世界造成的影响将难以承受，因此，人类必须全力以赴把温升控制在1.5摄氏度[27]。

"碳中和"概念自1997年提出以来，受到越来越多的国家的重视。据统计，目前全球已经实现净零排放的国家有不丹和苏里南，有6个国家完成净零排放立法，分别为匈牙利、瑞典、丹麦、新西兰、英国、法国；部分国家和地区正在推进净零排放立法，包括欧盟、加拿大、智利、西班牙等；有20个国家发布政策文件确立净零排放目标，包括中国、芬兰等。此外，大部分国家尚未提出明确的碳中和目标、政策或法令。各国对碳中和的立场呈现出多样化的特征。

(1）已经碳排放达峰的国家大多支持实现碳中和。根据世界资源研究所（World Resources Institute，WRI）统计，截至 2020 年，全球已经实现碳达峰的国家有 53 个，其排放量占全球总排放量的 40%，其中，欧盟的立场最为积极，欧盟提出 2030 年温室气体排放比 1990 年减少 50%~55%，2050 年实现温室气体净零排放、经济增长与资源消耗脱钩的目标，并于 2020 年 3 月 6 日正式将这一目标递交至《联合国气候变化框架公约》；美国也提出了积极的气候政策，计划到 2030 年温室气体排放比 2005 年减少 50%，到 2050 年实现碳中和，并计划到 2030 年在温室气体减排领域投入 5000 多亿美元，逐步实现电力、工业、交通、建筑等领域脱碳。

（2）碳排放爬坡国家出现明显的分化。当前全球温室气体新增排放主要源自新兴国家和发展中国家，虽然这些国家对碳中和持积极态度，但由于经济增长和能源消耗直接挂钩，在平衡温室气体减排和经济增长方面面临巨大困难。最具有代表性的国家为印度，国际能源署（International Energy Agency，IEA）预计到 2040 年印度温室气体排放将增加 50%，足以抵消欧盟温室气体排放的降幅，目前印度尚未公布具体的温室气体净零排放目标，印度官方也对净零排放持反对态度；中国致力于实现"双碳"目标，为全球生态文明和构建人类命运共同体做出中国贡献，彰显了中国作为世界大国的责任担当。

（3）多数国际组织支持实现碳中和。全球各个领域的主要组织大多对碳中和持积极的立场，世界银行（World Bank）提倡通过各种金融工具降低清洁技术应用的金融风险，通过发展融资、气候融资等方式推动清洁生产技术的规模化应用并扩大清洁能源市场；IEA 于 2021 年 5 月发布《2050 年净零排放报告：全球能源行业路线图》，提出能源转型路线图，但这一路线图被认为过于激进；国际货币基金组织（International Monetary Fund，IMF）提出应通过政策工具帮助各国实现 2050 年净零排放目标。

虽然世界各国家和地区对碳中和目标持不同的立场，但实现碳中和是人类应对气候变化、实现可持续发展的必经之路。以二氧化碳为主的温室气体排放导致的全球气候变化已经成为威胁人类可持续发展的重大问题，是人类面临的又一严峻挑战[28]。当今世界面临百年未有之大变局，面对气候变化这种全球性非传统安全问题，任何一个国家都不能独善其身，世界各国都应加速推动能源结构转型、产业结构升级，努力实现净零排放的全球性目标。

1.5.2 造纸行业可持续转型的必要性

造纸行业是资源密集型的基础原材料产业，纸制品的生命周期过程会带来较大的资源消耗和环境影响。造纸行业产业链长，包括生物质原料的生长和采集、废纸的回收、能源的开采、制浆造纸的生产、能源的加工，以及相关化学品的生产等众多阶段，每个阶段都产生资源的消耗和污染的排放。

2019年全球纸和纸板总产量为40452万吨，主要品种有新闻纸、印刷书写纸、家庭生活用纸、瓦楞材料、其他包装纸和纸板，其中，亚洲纸和纸板产量最多，为19383万吨，占全球纸和纸板总产量的47.92%。根据IEA统计数据，制造业对全球温室气体排放的贡献最大，在碳中和背景下，减少温室气体排放已经成为造纸行业可持续发展的中心议题。

从造纸行业碳排放构成来看，典型造纸企业碳排放构成包括化石燃料燃烧排放、过程排放、净购入电力、净购入热力、废水厌氧处理排放，其中，化石燃料燃烧排放主要源自供热、发电用煤炭及少量汽油、柴油等，过程排放主要源自碳酸盐使用，净购入电力指外购电力间接排放，净购入热力指外购热力间接排放，废水厌氧处理排放指废水厌氧处理过程及废弃后填埋产生的甲烷排放。化石燃料燃烧排放是造纸行业主要排放类型。

从"一带一路"共建国家造纸行业清洁生产情况来看，各国清洁生产技术水平参差不齐。中国造纸行业产量和消费量均居世界第一位，是全球造纸行业生产、消费和贸易大国。中国的造纸行业已发展成一个完整的资源可循环、低能耗、低排放的循环经济体系，其造纸所采用的77%的原料来源于各类固体废物，20%的能源来源于固体废物，热电联产普及率高，生产过程产生的黑液、废渣、污泥和沼气等废弃物均得到回收利用，纸制品使用后也得到了较好的回收[29]。总体来看，中国造纸行业的清洁生产达到国际先进水平。"一带一路"共建国家中除中国和少数国家外，其他国家的造纸行业发展相对落后，制浆造纸企业普遍规模较小、产能低，其清洁生产水平和管理水平仍有较大提升空间。

中国是在"一带一路"建设中发挥引领作用的国家，因此，有必要对"一带一路"共建国家的造纸行业清洁生产状况进行研究，利用我国造纸行业清洁生产的优势，助力其他国家造纸行业转型升级，以实现节能减排和可持续发展，共同应对全球气候变化的威胁。

1.6 全球造纸行业清洁生产技术进展

1.6.1 造纸行业清洁生产发展现状

1. 造纸行业全球分布情况

目前，全球原生浆生产主要集中在北美洲（主要为美国和加拿大，下同）、欧洲、亚洲及拉丁美洲（主要包含中美洲、加勒比地区及南美洲，下同），其原生浆产量占全球原生浆总产量的近九成。其中，拉丁美洲拥有极为丰富的森林资源，近年来进行了大力开发，原生浆产量有了大幅的提升，北美洲、欧洲在世界金融危机过后原生浆产量有所下降，亚洲原生浆产量相对稳定。具体到国家尺度，美国、巴西、中国、加拿大、瑞典及芬兰是原生浆生产大国，其原生浆产量占全球原生浆总产量的一半以上。

再生浆生产主要集中在亚洲，涉及的主要国家包括中国、印度及东南亚各国。其中，中国是废纸浆产量最多的国家，其一半以上的造纸原料为再生浆。在《关于全面禁止进口固体废物有关事项的公告》（简称"禁废令"）发布前，中国进口大量的废纸作为原料生产再生浆；随着"禁废令"的发布和实施，再生浆的生产逐渐从国内转移到周边国家。

亚洲、欧洲和北美洲是三个主要的纸和纸板生产地区，其纸和纸板产量约占全球纸和纸板总产量的一半。近些年来，随着亚洲经济和造纸行业的快速发展，其纸和纸板产量不断上升；世界金融危机过后，欧洲和北美洲纸和纸板产量则持续下降。

2. 各地区造纸行业的技术积累特点与方向

与世界其他国家和地区相比，北美洲造纸企业的设备相对较为陈旧，同时面临着纸浆、废纸和能源等成本压力的问题。但是北美洲造纸行业拥有非常丰富且重要的植物纤维资源和先进的物流设施，因此它依然能满足全球主要造纸消费市场的需求。北美洲造纸企业技术进步主要发生在2000年以前，得益于化学技术、石油化工产品技术和信息技术的发展[30]。

基于其自身能源结构，日本制浆造纸企业的石油、煤炭等矿物燃料严重依赖进口，为了改善和提高能源利用率，日本制浆造纸企业不断强化生产设备和锅炉涡轮机等机器。此外，日本正在不断推动发电设备的高效化，采用生物质等能源替代原先的重油。日本制浆造纸企业在迎接严峻的能源挑战中积累了诸多技术和经验，同时在成本、环境方面取得了巨大的成果，如提高燃料转换效率、降低化石燃料使用量、减少温室气体排放等[31-33]。

中国制浆造纸行业坚持创新驱动导向的绿色可持续发展，重视科技创新。实现驱动变革，使产品质量稳定可靠，并持续创新，不断提高质量；围绕绿色低碳发展道路，在绿色低碳过程技术及装备产业创新方面，从全产业链推广节能降耗先进技术；逐步实现智能生产，配备过程控制系统、过程操作系统及管理系统，实现原料资源高效高值利用的目标，并建立了纤维回收再利用体系[34]。例如，华泰集团通过信息自动控制技术提高了生产过程中调控的精度，降低了故障停机率（90%以上），并且显著提高了生产效率（20%～30%），使得产能提升近20倍；吨纸水耗降低为原来的1/10左右，吨纸综合能耗从1.3吨标准煤下降至0.42吨标准煤，极大地降低了生产成本，实现了绿色生产[35]。

欧洲造纸工业强国正逐步建立可持续发展的新型林纸产业链，用木材加工木产品并生产纸和纸板，同时将过程中产生的生物质用于发电，并利用采伐的剩余物、树桩、树皮等生产第二代生物燃料和生物油，以供造纸企业循环使用。例如，芬欧汇川集团通过建立循环利用体系使得吨纸电耗下降23%，吨纸热耗下降34%，实现能源成本大幅降低，投资回报周期有效缩短[36]。

3. 中国造纸行业清洁生产技术积累与"一带一路"倡议

1993年，我国开始逐步推行清洁生产工作，并启动了一系列推进清洁生产的项目[37]。目前，我国绝大多数省、自治区、直辖市先后开展了清洁生产的培训和试点工作，通过实施清洁生产，普遍取得了良好的经济、环境和社会效益。根据对开展清洁生产审核的企业的调查和统计，推行清洁生产以后，企业废水排放量平均削减40%~60%，化学需氧量（chemical oxygen demand，COD）排放量平均削减约40%，工业粉尘回收率达95%左右[38]。实施清洁生产，从源头治理污染，不但可以降低末端处理污染设施建设费和运行费，而且可以有效控制污染物的排放，同时节约资源、减少污染、降低成本，提高企业综合竞争能力。

近年来，清洁生产工作已得到我国政府的重视。在立法方面，我国政府把推行清洁生产纳入有关的法律和规划。《中华人民共和国大气污染防治法》《中华人民共和国水污染防治法》《中华人民共和国固体废物污染环境防治法》《淮河流域水污染防治暂行条例》等都将实施清洁生产作为重要内容，明确提出了通过实施清洁生产，防治工业污染。2002年颁布的《中华人民共和国清洁生产促进法》更表明了全国的清洁生产工作已走上法制化的轨道。

"十一五"以来，我国大力推行节能减排理念并取得了非常显著的成效。我国造纸行业应用各种先进技术和设备使得废水排放量减少40%以上。同时，废水中的各类重金属离子的含量显著下降。不仅如此，吨纸原料消耗量减少，企业生产能力大幅增强，我国造纸行业正快速迈进全新的发展时期。

造纸行业作为与国民经济和社会发展紧密相关的重要原材料产业，既为工业、农业、科技、国防等提供功能性基础原材料，也为人们文化和生活提供消费材料，是社会经济链条上的重要一环。

以清洁生产为目标，现代造纸行业正在不断发展转型，已经形成了具有循环经济特征的绿色产业。造纸原料主要包括天然的或回收的植物纤维等可再生资源，制浆原料源自林业采伐剩余物、板材加工剩余物、废弃农业秸秆和回收废纸等废弃物。目前，我国造纸行业近77%的原料来源于各类固体废物，约20%的能源来源于固体废物，90%以上的制浆化学品来源于过程产生的固体废物。因此，造纸生产过程排放的废物基本可回收循环利用，作为生产过程所需的原料和能源。现今，造纸行业已基本形成了完整的节能减排、资源可循环利用、可实现自然界碳循环的绿色工业体系[39,40]。

2009~2019年，造纸行业累计淘汰落后产能4000余万吨，通过提高产业集中度、应用先进装备和技术，为资源利用率的提高及环境治理的进步提供了有效的保障。目前，国际上先进的造纸技术和装备集聚中国，中国造纸行业中70%以上产能的技术和装备已经达到甚至领先于国际先进水平。

现代造纸行业属于技术密集型产业，包含多个技术领域，具有技术含量高、自动化程度高、制造精度和材料要求超高的特点，并正在向信息化、数据化、智能化方向发展。中国在植物资源高值化利用、造纸过程节能减排、纸张材料功能化应用等方面展开了多项科技计划重点项目的研究，包括国家科技支撑计划项目、国家高技术研究发展计划（简称863计划）项目和国家自然科学基金项目等80余项，各省级科技主管部门和企业也设立了许多制浆造纸领域技术研发项目。基于经济的高质量发展和人民日益增长的美好生活需要，造纸行业迎来了不小的挑战，同时拥有了可持续发展的广阔空间。

全球造纸产业结构、中国国家政策等因素使得中国造纸行业在过去很长一段时间里形成的发展方向倾向于利用二次纤维（即回收废纸）进行制浆造纸。作为世界最大的废纸消耗国，根据《2022中国造纸年鉴》数据，中国废纸回收量、废纸进口量等均居高位。同时，考虑到中国严格的排放限制、环境保护等相关政策，高消耗、高产能的生产现状更加严格要求中国造纸行业朝低污染、低能耗、低碳排的方向发展。废纸作为世界公认的环境友好型造纸原料，已经成为各国造纸行业争相布局的资源之一。中国出台的"禁废令"对世界废纸流动格局产生了深远影响，中国废纸进口量逐年迅速下降，东南亚已经逐渐取代中国成为新的世界废纸加工厂。中国作为积累了诸多废纸制浆造纸相关技术和实际应用经验的大国，有能力、有责任向"一带一路"新兴废纸制浆造纸国提供帮助，分享先进经验，提高其产品的市场竞争力。

中国是非木材制浆造纸大国，是世界上非木浆产量最多的国家。根据FAO统计数据，2020年中国非木浆产量约占共建"一带一路"主要造纸国家（包括中国、俄罗斯、印度尼西亚、波兰、泰国）非木浆总产量的90.73%。同时，中国非木浆造纸原料丰富，《2022中国造纸年鉴》显示，中国的非木浆造纸原料包括麦草、芦苇、竹子等。丰富的非木材纤维资源制浆使得中国积累了丰富、多样的非木材制浆经验。随着世界各国对林木资源的日益重视，中国正在形成的木浆、非木浆、废纸浆多元化发展路径值得"一带一路"共建国家参考、学习。中国造纸行业的发展历程十分契合"一带一路"共建国家的技术需求和升级发展方向，相对借鉴意义较大。

中国清洁生产技术对"一带一路"共建国家的产业升级有潜在价值。例如，东南亚各国具有优良的气候优势、丰富的森林资源，为其造纸行业提供了良好的原料基础。但是随着"碳中和"内涵的日益丰富，各国对林木资源的保护越发重视。同时，由于中国"禁废令"出台和部分产能外迁，东南亚各国已经成为新的废纸集中地之一，尤其是越南、缅甸等近年来的再生浆产量迅猛增长。中国在多年再生浆生产中形成的高浓碎浆、纤维分级筛、热分散等实际生产经验有助于东南亚各国更加平稳地进行产业转型升级。

智能化是实现制浆造纸行业清洁生产的"最后一公里"。中国在实现数字化的基础上不断在智能化转型探索中积累的宝贵经验也有助于"一带一路"共建国家造纸行业的转型升级。例如，俄罗斯的轻工业并不发达，虽然无法改变造纸设备严重依赖进口的现状，但是可以通过数字化、智能化在现有设备的基础上实现清洁生产。

1.6.2 造纸行业清洁生产技术热点

1. 造纸行业清洁生产技术的研究现状

目前已有大量清洁生产技术应用于制浆造纸过程。其中，化学浆蒸煮过程经常采用新型置换（间歇）蒸煮系统（displacement digester system，DDS）技术和快速置换加热（蒸煮）（rapid displacement heating，RDH）技术；化学机械磨浆过程通常是经化学预浸处理后在碱性过氧化氢环境中进行机械磨浆，由此主要分为化学预处理（碱性过氧化氢机械浆）（preconditioning refiner chemical，PRC）和碱性过氧化氢机械浆（alkaline peroxide mechanical pulp，APMP）的化学机械浆；再生浆制备过程的清洁生产技术主要包括高浓碎浆、纤维分级、热分散等；无元素氯漂白（elemental chlorine free，ECF）和全无氯漂白（total chlorine free，TCF）是目前最常见的纸浆漂白方法；碱回收过程的清洁生产技术包括黑液超浓蒸发技术和超浓黑液燃烧技术；造纸过程的清洁生产技术主要包括真空系统的高速透平真空泵技术、压榨系统的靴式压榨技术和热压榨技术、干燥系统的热风穿透干燥技术、压光过程的软辊压光技术和超级软压光技术、卷曲过程的先进控制技术，以及白水回收过程的超效浅层气浮技术等。此外，在公用工程方面，针对能源和三废（废水、废气、废渣）的热电联产、三废统一管理等清洁生产技术研究和应用较为广泛。

虽然清洁生产技术已经广泛应用于制浆造纸生产，但是现有技术主要针对具体生产环节，局部优化使得各生产环节信息不能及时交互，难以从制浆造纸生产全局来提出整体优化的解决方案。

2. 造纸行业清洁生产技术的发展趋势

随着数字化、信息化技术的不断完善，从制浆造纸生产全局来提出整体的解决方案正成为清洁生产技术的发展趋势。由于制浆造纸生产过程工艺复杂、参数众多，传统人工、比例-积分-微分（proportional-integral-derivative，PID）等控制方式效率较低，并且难以构建准确的数学模型来实现闭环最优控制，容易造成资源、能源及人力的浪费。恰逢物联网、大数据、第五代移动通信技术（5th-generation mobile communication technology，5G）等快速发展，这为制浆造纸行业联合各生产环节，将各子系统统一管理、协同调控提供了新的发展方向。

纸浆硬度是衡量纸浆质量的重要指标，是主要的被控变量。然而，目前尚无在线直接测量纸浆硬度的方法，现阶段采用的人工化验测量方法存在滞后大、无法实时反馈等问题，未来将采用模型预测实现控制，消除滞后、反馈等问题。同时，漂白过程优化控制策略也可采取类似的思路，以成浆白度为指标，以影响成浆白度的各因素为输入变量建立数学模型，来求取使产量最多且生产成本最低的最佳工艺参数值[41]。

采用软测量建模对打浆过程的打浆度进行预测，结合实际打浆度值进行模型修正，实现打浆过程的高效精准控制，避免经验操作带来的错误。此外，将打浆系统自动控制系统分设为进打浆设备的浓度、流量和压力等自动控制系统，继而通过全局控制来满足生产需求。

对流浆箱的总压头和液位实施解耦控制，采用智能预测控制策略对烘缸供汽进行自动控制。由工控机、智能通信卡等组成控制系统，实现多分部传动协调控制。用软件实现纸机的速度链、负荷分配、张力控制等功能，从而提高纸机传动系统的稳定性和精确性[42]。

对纸页水分、成纸定量、断纸、上浆量和纤维浓度等进行实时监测，通过计算机优化运算后控制料门和蒸汽压力，采用解耦控制、大滞后补偿控制、智能预测控制等高级控制算法对重要参数进行调控。将抄纸车间整合成大系统，以实现集成优化控制。当改变产品品种或抄速时，由车间监督管理微机向各现场控制微机发出指令，使整个系统很快进入新的工作状态，并通过优化使纸机在最佳工况下运行。

将各生产子系统同中央数据处理系统实时交互，由车间监督管理微机给定指令，通过现场控制微机对系统进行实时调整，使其保持最佳工作状态，从生产过程这一源头上减少废弃物的产生，并提高生产效率、降低能源消耗。

1.6.3 典型国家造纸行业清洁生产技术现状

印度尼西亚造纸行业发展迅速且具有多方面的竞争优势，包括原料供应充足、劳动力资源丰富、接近亚洲市场及气候适合树木生长等。在造纸行业蓬勃发展的同时，印度尼西亚也遇到了造纸原料短缺等问题，需要大量进口废纸等作为原料。为了造纸行业的可持续发展，印度尼西亚不仅加大了森林建设的面积，而且不断引进先进的技术和设备。汶瑞机械（山东）有限公司就向印度尼西亚浆纸企业提供了世界上最大的高效洗浆设备和全套苛化设备，配套有全球规格最大、产能最高、性价比最优的洗浆设备（SJA2284 双辊挤浆机），其单机产能达 4500 吨风干浆/天，并采用最先进的苛化技术，达到绿色、清洁和环保的目的[43]。印度尼西亚 OKI 纸浆造纸公司为其硫酸盐浆新厂订购了安德里茨集团生产的全球最大的碱回收炉，其总产能比目前运行的其他碱回收炉至少高 50%，黑液燃烧能力为 1.16 万吨固形物/天，单日最大绿色电能产量相当于欧洲一座拥有 100 万人口的城市的日均用电量[44]。

泰国的造纸工业虽然处于初级发展阶段，但其正在积极采取措施以实现可持续发展。例如，鼓励应用清洁能源技术，提高能源利用率；采用生物质清洁燃料替代传统能源；提高生产效率和资源利用效率；提出"清洁发展机制"（clean development mechanism，CDM）计划；建立国家生命周期清单（life cycle inventory，LCI）资料库，提出生命周期评估（life cycle assessment，LCA）计划；支持相关机构宣传资源回收；开展森林管理机构论证（forest stewardship council，FSC）等[45]。

俄罗斯拥有丰富的森林资源，是中国重要的木浆进口国。现今俄罗斯制浆造纸企业仍在使用 20 世纪 90 年代的陈旧设备，基于社会、政府对环保的要求，企业正朝着绿色、节能等方向转型，开始应用清洁生产技术、引进国外先进设备等。俄罗斯西伯利亚及远东制浆造纸工业企业设计院有限公司对制浆造纸清洁生产技术早有研究，2005 年就研发了特有的封闭水循环零排放技术，并应用于北极星公司阿马扎尔制浆厂的设计过程，解决了阿马扎尔河缺水问题，使该制浆厂吨纸浆水耗仅 11 米^3。此外，俄罗斯中央造纸科学研究院股份有限公司当前仍保持着在科研领域的主导地位，其主要研究目的是节能、提高产品竞争力、最大化利用自有能源和二次材料利用率等，重点专注于纳米纤维素制备和应用、优质木浆生产工艺研发、食品包装纸/热敏纸/防水纸/医疗用纸等各类高附加值纸和纸板的研发、纸基材料制备等领域[46]。

波兰是中欧最先进的国家之一，也是欧盟第六大经济体，自 2014 年以来经济一直保持稳定增长。煤炭是波兰的主要燃料，其 80%的发电量依靠煤炭。目前波兰制浆造纸行业的能源主要来自生物质和煤炭，随着新时代环保节能理念的推广及碳税的持续上升，生物质热电联产技术将更受欢迎。波兰的造纸企业也在持续升级生产设施，不断进行生产线的更新换代，使用清洁生产技术，淘汰落后产能，提高国际竞争力。2017 年，德国 WEPA 公司在波兰 Piechowice 工厂安装了领先型 2.0S 卫生纸机，其配备有拓斯克 SYD-15 英尺直径（1 英尺=0.3048 米）的钢制扬克缸，并且具有相应的辅助设备、电气和控制系统，不仅能利用原生浆和再生浆生产超级柔软的卫生纸等多种纸种，而且能在能源方面极大地减少二氧化碳的排放[47]。

马来西亚是棕榈之国，棕榈废弃物可以为非木浆造纸提供大量原料。近年来，马来西亚对纸和纸板需求量逐步增大，但是其工厂因周边国家的廉价进口产品一直无法得到相应的发展，并且抑制了其造纸企业的设备利用率及产能扩张计划。随着能源补助的逐步取消，马来西亚造纸企业扩大产能，应用新的清洁生产技术来提高国际竞争力已刻不容缓[48]。

越南作为东南亚主要国家之一，其工业化进程表现积极，是造纸行业用木片出口大国，但是其造纸行业面临诸多问题。首先，造纸企业的规模小，仅有两条配备欧洲先进设备的漂白阔叶木硫酸盐浆生产线；然后，造纸工艺落后，设备陈旧，生产成本高，竞争力低，现有造纸企业多由20世纪60~70年代建成；最后，长期缺乏制浆生产工艺使木片过剩。因此，越南造纸行业具有很大的发展潜力，正在积极引进国外先进的生产工艺及设备以提高产能，实现清洁生产，提高该国造纸行业的竞争力[49]。

巴西尚未正式签署"一带一路"协议，但鉴于其造纸行业在亚非拉国家中具有典型性，同时有参与"一带一路"的意向，本书将其纳入研究国家中。巴西是全球最大纸浆出口国之一，也是世界十大纸张生产国之一。造纸行业也是巴西最大的能源消费领域之一。巴西拥有优越的自然资源条件，其制浆造纸技术发展围绕自身优势展开。巴西大型制浆企业将育苗、林业、制浆、造纸、运输等部门实行统一管理，企业所需的木材原料自给率达到80%。此外，企业加强对优良树种的培育，以提高林地单位面积的产量和制浆过程中浆的得率，从源头提升纸浆质量和产量。例如，2018年巴西金鱼与鹦鹉公司浆料产量达1100万吨，占据世界商品浆超过14%的份额[50]。

1.7 研究目的与内容

1.7.1 研究目的

（1）系统分析"一带一路"共建国家造纸行业清洁生产现状。"一带一路"共建国家发展水平、生产方式和管理模式存在较大差异，其产业技术、清洁生产和污染排放水平均呈现不同特征。造纸行业是典型的重污染行业，本书尝试梳理"一带一路"共建国家造纸行业生产与消费现状、清洁生产政策与标准体系、清洁生产技术发展与实施现状，对共建国家造纸行业的清洁生产政策、标准和技术的现实需求进行系统分析，为共建国家清洁生产技术转移和合作提供现实依据，为提出适用于

"一带一路"倡议的多技术集成、多系统融合的清洁生产实施路径提供现实基础。

（2）优化造纸行业清洁生产实施路径并分析提升潜力。制浆造纸行业本身具有多参数耦合、多标准决策、多规则限制、多产品切换等行业特征，其清洁生产面临污染排放量大、负荷高、成分复杂、变化快等一系列复杂问题。本书提供造纸行业产品生命周期的水耗、能耗和温室气体排放等的计算方法，旨在分析不同国家清洁生产路径的提升潜力；通过分析智能化在制浆造纸生产工艺、能源结构、公用工程、生产规划方面的应用场景，解决单一技术改造难以实现全局清洁生产的问题，通过智能化技术提出系统的、整体的解决方案。

（3）促进"一带一路"造纸行业低碳化发展。造纸行业具有能源使用和排放强度高、资源密集等特点，温室气体排放量占工业部门温室气体排放总量的比例高。本书尝试建立"一带一路"制浆造纸行业全生命周期、多工艺流程、长时间序列的碳排放数据库；针对造纸行业特点，从行业、企业和产品层面制定一系列碳中和标准，厘清相关概念，明确系统边界和量化方法，用于指导造纸企业核算纸产品碳足迹、制定减排路径、认证和宣告碳中和。通过碳排放数据库和碳中和标准建设，推动"一带一路"造纸行业绿色发展和低碳转型。

1.7.2 研究内容

（1）全球造纸行业生产与消费现状。根据相关机构统计数据，对全球造纸行业生产、消费与贸易时空格局进行分析，着重对"一带一路"共建国家造纸行业时空格局进行分析，在此基础上，从原料、生产技术、市场等角度分析"一带一路"共建国家造纸行业面临的机遇和挑战。

（2）"一带一路"共建国家造纸行业清洁生产政策与标准体系。梳理"一带一路"共建国家造纸行业清洁生产标准、政策及评价指标体系，得到共建国家造纸行业清洁生产概况，并对各国清洁生产评价指标体系进行横向和纵向比较，总结得出现有体系的不足及改进的方向。

（3）造纸行业清洁生产技术发展与实施现状。根据相关机构和企业资料，从国家层面分析部分发达国家、造纸大国、"一带一路"共建国家造纸行业清洁生产技术实施现状，从企业层面分析清洁生产技术在企业中的应用现状，并筛选典型企业案例，分析其清洁生产实施现状与发展规划。

（4）"一带一路"共建国家造纸行业清洁生产实施路径与潜力。在"一带一路"框架下，分析造纸行业清洁生产出现的新形势与格局，并对共建国家造纸行业清洁生产潜力进行分析，指出典型共建国家造纸行业智能化发展路径。

（5）面向碳中和目标的造纸行业清洁生产与可持续发展。在碳中和背景下，全球造纸行业趋于低碳化，在核算"一带一路"典型共建国家造纸行业生命周期碳排放的基础上，提出共建国家低能耗、低碳排放强度清洁生产技术路线，以及国际化的造纸行业碳中和标准。

（6）"一带一路"共建国家造纸行业清洁生产展望。对"一带一路"共建国家造纸行业清洁生产智能化转型和标准体系建设（特别是碳中和目标下行业低碳发展）过程中急需解决的问题和着力点进行分析，就加强同共建国家的技术合作、标准共建、数据共享与人才交流等方面提出建议。

本书重点对"一带一路"典型共建国家造纸行业进行研究分析，部分国家（如巴西、印度）虽未签署"一带一路"合作协议，但其作为重要的造纸大国，对其他共建国家造纸行业的发展具有重要影响，因此本书亦将这些国家纳入考量。

第 2 章 全球造纸行业生产与消费现状

2.1 全球造纸行业生产、消费与贸易时空格局分析

造纸行业加工过程可划分为从上游到下游的"制浆—造纸—加工"三个部分。其中，制浆是指从植物纤维原料或废纸原料中分离出纤维制备成纸浆的过程，这一过程受以原木为主的原料影响较大，因此全球纸浆产能主要集中在林木资源丰富地区；造纸和加工是指将纸浆进一步制备成纸和纸板及其各类纸制品的过程，纸和纸板作为终端产品，其生产空间布局受诸多因素影响，分布规律难以简单概括，但其消费情况在一定程度上可以反映国家和地区的经济发展水平与现代化程度。随着全球化进程的不断推进，各国纸浆、纸和纸板的生产、消费与贸易相互影响程度将不断加深，引导全球造纸行业格局发生变化。本节将依据FAO发布的从造纸原料到纸产品的相关统计数据，分别从生产、消费与贸易三个维度对全球造纸行业时空格局进行分析。

2.1.1 全球造纸行业生产时空格局分析

1. 纸浆生产

纸浆根据材料来源可分为原生浆和再生浆[51]。原生浆是指由原生纤维制成的浆料，包括木浆、草浆、竹浆及棉浆等。再生浆是指由回收废纸等二次纤维制成的浆料。根据原生浆与再生浆两大品类，本节对全球纸浆生产的时空格局进行分析。

1）原生浆

整体而言，全球各地区2006~2020年原生浆生产情况如图2-1所示。从图2-1中发现，基于金融危机对造纸行业的影响，2008年全球原生浆产量出现了显著的负增长，至2009年降幅达到9.57%。虽然2010年原生浆产量出现了报复性增长式的反弹，但是金融危机的阴霾一直持续到了2013年，其间全球原生浆产量呈现整体下降趋势。在短暂的平稳增长后，2018年全球原生浆产量达到峰值（约为19599万吨），之后在中美贸易摩擦、英国脱欧及新冠疫情暴发[52]等诸多因素的影响下，全球原生浆产量持续下滑，2020年全球原生浆产量约为18871万吨，比2018年下降3.7%。

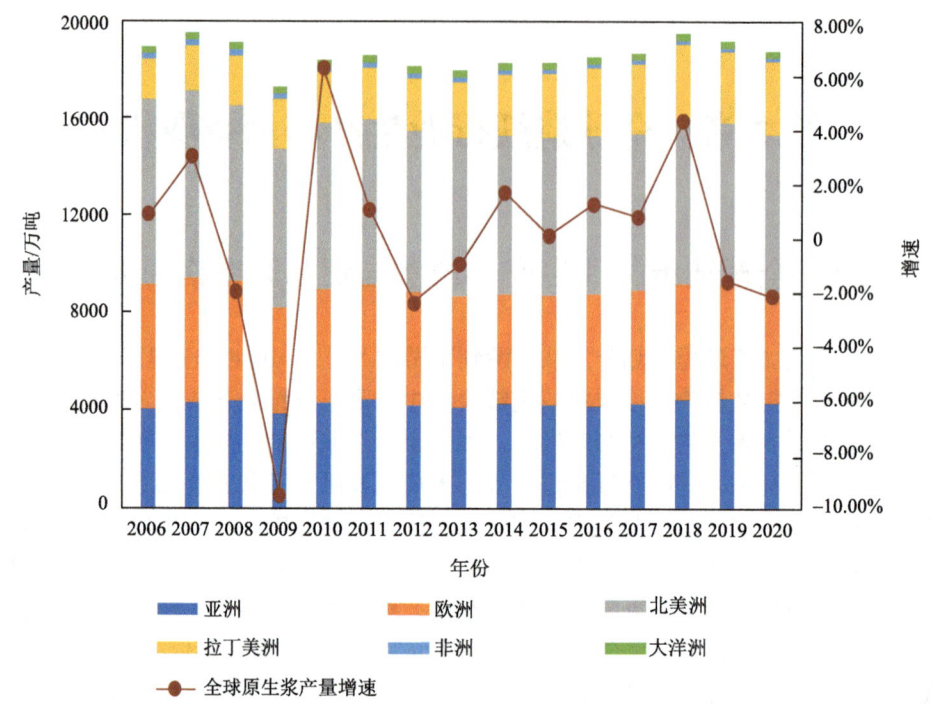

图 2-1 全球各地区 2006～2020 年原生浆产量

北美洲是全球最大的原生浆生产地区，2020 年其原生浆产量约为 6475 万吨，占全球原生浆总产量的 34.3%。其他主要原生浆生产地区包括欧洲、亚洲和拉丁美洲等，相对应的原生浆产量分别为 4611 万吨、4317 万吨、3043 万吨，约占全球原生浆产量的 24.4%、22.9% 和 16.1%。通过对比各地区 2006～2020 年原生浆产量数据可以发现，拉丁美洲的原生浆产量增长最快，反映了过去一段时间内当地对丰富森林资源的快速开发及造纸行业的快速发展；欧洲和北美洲的原生浆产量在世界金融危机后有所下降；其他地区的原生浆产量则整体较为平稳。

国家尺度上，原生浆产量在 1000 万吨以上的有美国、巴西、中国、加拿大、瑞典及芬兰，图 2-2 对这六个国家 2006～2020 年的原生浆生产情况进行了展示。作为最主要的原生浆生产国，2020 年美国原生浆产量为 4990 万吨，约占全球原生浆总产量的 26.4%。紧随其后的为巴西、中国、加拿大、瑞典和芬兰。这六个国家的原生浆产量总体较为稳定，其加总产量长期占全球原生浆总产量的一半以上，其中，2020 年更是超过 66.6%。巴西作为六个主要原生浆生产国中产量增速最快的国家，2006～2020 年增长了 88.0%；加拿大原生浆产量则出现明显下降，2006～2020 年下降了 36.8%。

图 2-2 主要国家 2006~2020 年原生浆产量

2）再生浆

由于林木资源匮乏、原料严重依赖回收纸，中国是全球最大的再生浆生产国，以再生浆为原料的纸产品产量占其纸产品总产量的一半以上。其他国家的再生浆使用情况相对较少且缺乏集中度，因此未收集到相关数据。本节以中国为主要代表（数据来源为《中国造纸工业 2022 年度报告》），介绍全球的再生浆生产情况。中国长期以来大量进口废纸，其再生浆的产量基本取决于废纸的回收量和进口量。如图 2-3 和图 2-4 所示，再生浆是中国产量最多的浆料，在 2015 年产量为峰值时约为 6338 万吨，占纸浆总产量的 79.4%。由于中国在 2017 年底施行了"禁废令"，废纸的进口量大幅下降，2018 年再生浆产量下降了 13.6%，仅为 5444 万吨。在原料短缺的状况下，中国加强了国内废纸回收与再生浆制浆的产线建设，并提高了原生浆的产量。其中，2020 年木浆产量提高到 1490 万吨，比 2017 年增长了 41.9%；废纸制浆产量达到 4763 万吨，比 2017 年增长了 12.4%。但是由于林木资源较为贫乏，木浆扩大生产的规模有限，中国废纸回收量短时间内的提高仍不足以填补废纸进口减少所产生的空白。2020 年，中国纸浆总产量约为 7378 万吨，比 2017 年的 7949 万吨下降了 7.2%。由此可以看出，中国造纸行业自"禁废令"以来陷入了原料短缺的困境。

2. 纸和纸板生产

对纸浆进一步加工可制得纸制品，且根据定量和厚度，又可将纸制品分为纸和纸板。全球各地区 2006~2020 年纸和纸板产量整体情况如图 2-5 所示，可

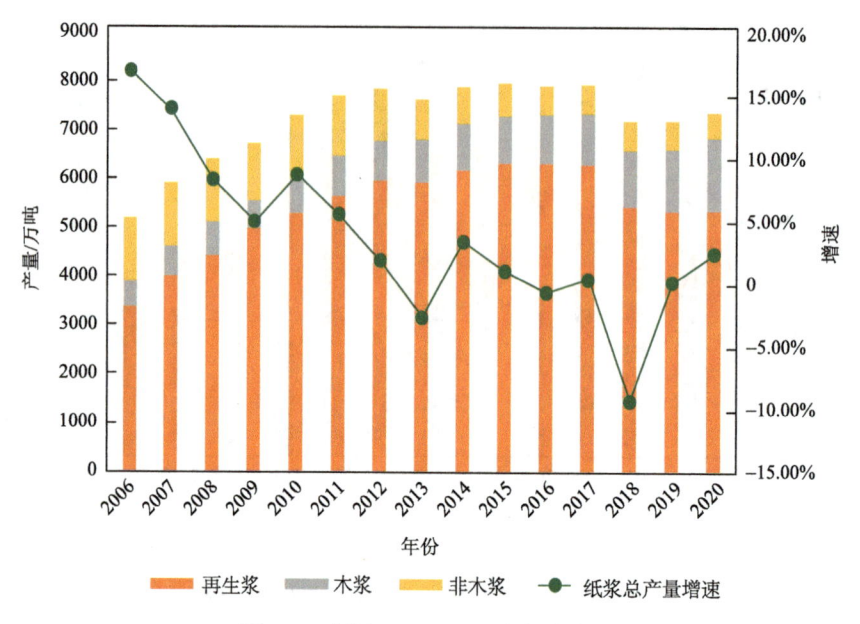

图 2-3　中国 2006~2020 年纸浆产量

图 2-4　中国 2006~2020 年再生浆产量

以发现，全球纸和纸板总产量变化趋势与原生浆总产量基本相同。在地区分布上，亚洲、欧洲和北美洲依次贡献了全球最多的纸和纸板产量，2020 年分别达到 19829 万吨、9953 万吨和 7491 万吨，分别占全球纸和纸板总产量的 49.6%、24.9% 和 18.7%，而其他地区仅占全球纸和纸板总产量的 6.8%。由此可见，亚洲、

第 2 章 全球造纸行业生产与消费现状

欧洲和北美洲是世界造纸行业的三大中心。2006~2020 年数据显示，欧洲和北美洲纸和纸板产量都有所下降（分别下降了 13.1%和 26.9%），其产能可能向亚洲发生了转移（后者在 2006~2020 年实现了较大幅度的增长，增速为 43.4%）。

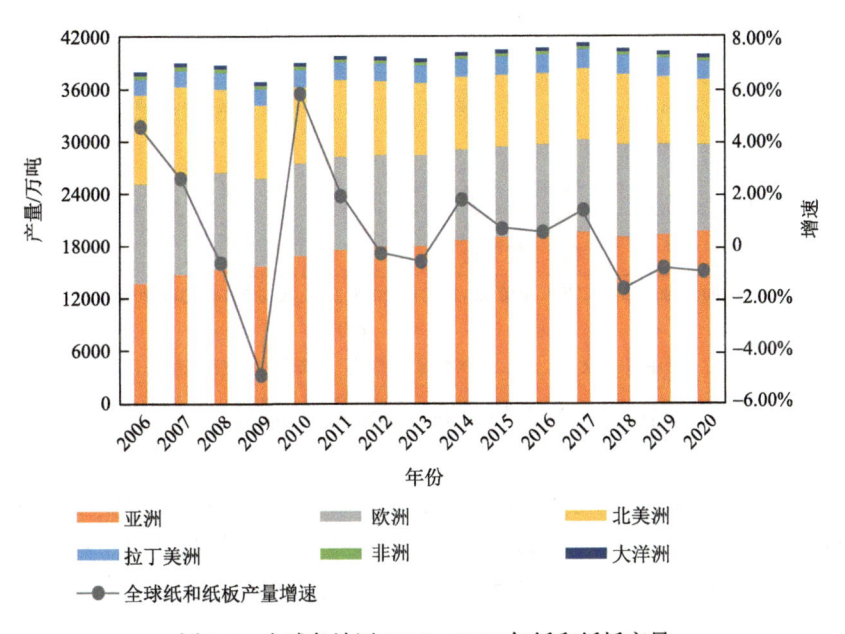

图 2-5　全球各地区 2006~2020 年纸和纸板产量

2020 年，纸和纸板产量超过 1000 万吨的国家有中国、美国、日本、德国、印度、韩国、印度尼西亚和巴西，其加总产量约占全球纸和纸板总产量的 69.5%。图 2-6 展示了这八个国家在 2006~2020 年纸和纸板的产量数据。其中，中国纸和纸板产量增长迅速，2008 年超越美国成为全球纸和纸板产量最多的国家，尽管其产量在随后十几年中略有浮动，但上升趋势明显，2020 年达到 11715 万吨，占全球纸和纸板总产量的 29.3%。美国 2020 年纸和纸板产量约为 6624 万吨，位列世界第二，占全球纸和纸板总产量的 16.6%（但相比 2006 年，其产量下降了 21.4%）。其他国家的纸和纸板产量均小于 2500 万吨，其中，日本纸和纸板产量下降最快，由 2007 年的 3127 万吨降至 2020 年的 2270 万吨（下降了 27.4%）。印度、印度尼西亚和巴西 2020 年纸和纸板产量分别约为 1728 万吨、1195 万吨和 1018 万吨，自 2006 年来均有不同程度的增长。德国和韩国纸和纸板产量则较为平稳，分别在 2200 万吨和 1100 万吨上下。

纸和纸板根据产品用途主要可分为新闻纸、印刷书写纸、家庭生活用纸、包装纸和纸板及其他。2020 年亚洲、欧洲和北美洲纸和纸板产量占全球纸和纸板总产量的 93.2%，这些主要产区在不同种类纸制品的产量上的变化及分布有较多异

图 2-6　主要国家 2006~2020 年纸和纸板产量

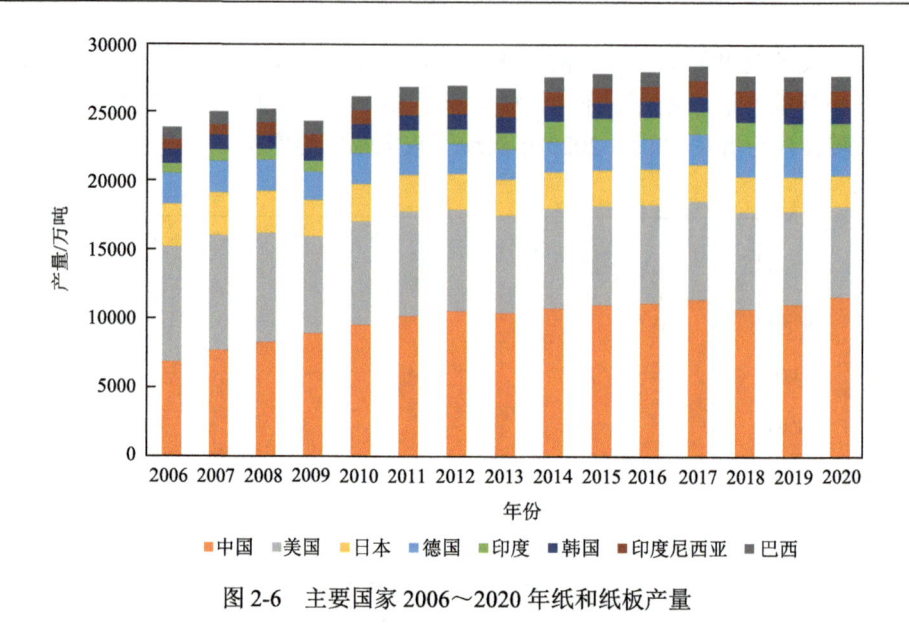

同之处。图 2-7~图 2-9 分别展示了亚洲、欧洲和北美洲 2006~2020 年的各类纸和纸板产量，其中，包装纸和纸板产量在三个地区的纸和纸板产量中均占比最大。具体地，2020 年，亚洲的包装纸和纸板产量约为 11999 万吨，相比 2006 年增长

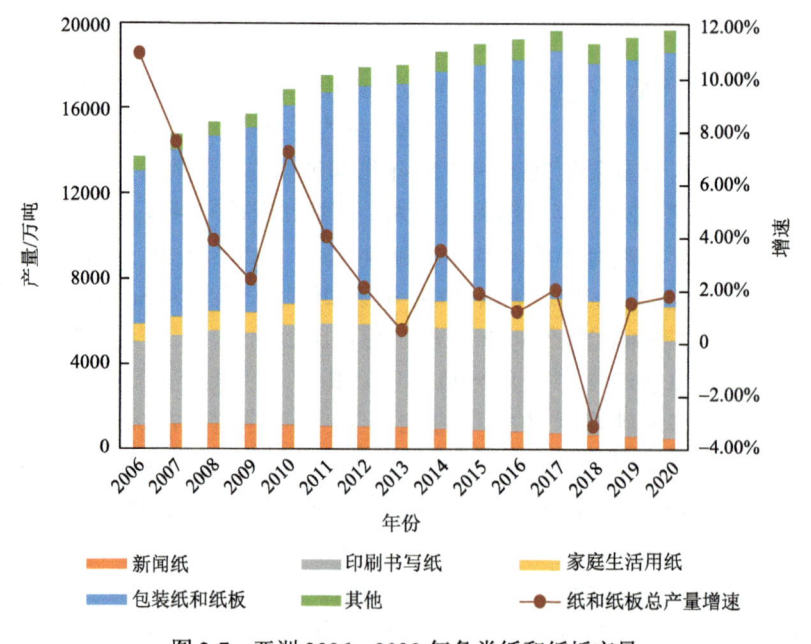

图 2-7　亚洲 2006~2020 年各类纸和纸板产量

第2章 全球造纸行业生产与消费现状

图 2-8 欧洲 2006~2020 年各类纸和纸板产量

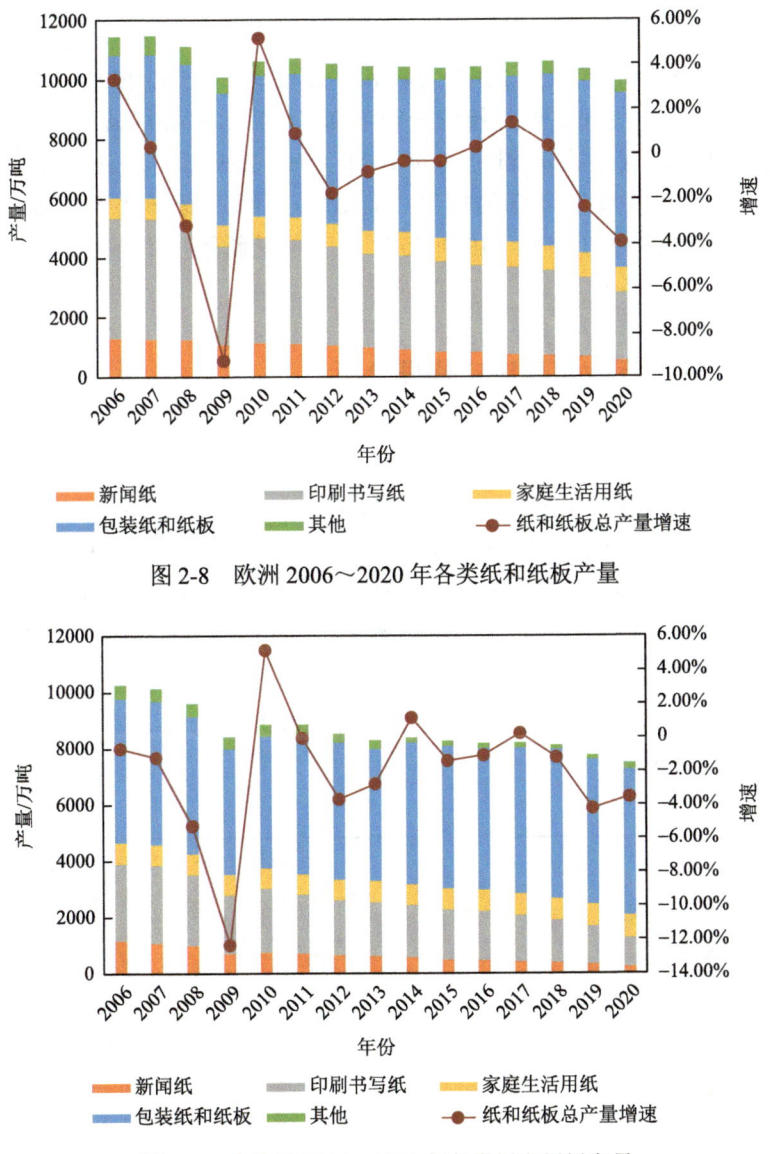

图 2-9 北美洲 2006~2020 年各类纸和纸板产量

了65.6%；欧洲和北美洲的包装纸和纸板产量分别约为5890万吨、5179万吨，相比2006年分别增长了22.7%、1.2%。受到电子商务快速发展等因素的影响，包装纸和纸板产量在各地区都实现了不同程度的增长。同时，随着人们生活水平的不断提高，家庭生活用纸在三个地区的产量亦呈现逐年上升的态势。2020年，亚洲、欧洲和北美洲的家庭生活用纸产量分别为1604万吨、840万吨和799万吨，相比2006年分别增长了94.0%、21.9%和5.6%。相比之下，欧洲和北美洲的印刷书写纸和新闻纸产量则逐年下降，2020年，欧洲的印刷书写纸和新闻纸产量分别下降至2265万吨和559万吨，相比2006年分别下降了44.0%、57.4%，北美洲则更是相应分别下降了62.1%和80.0%（2020年，北美洲的印刷书写纸和新闻纸产量分别为1031万吨、253万吨）。不同于欧美地区，亚洲的新闻纸产量逐年降低的同时，印刷书写纸产量却实现了稳定增长，2006~2020年增长了16.5%，达到4591万吨（受新冠疫情影响，2020年相比2019年下降了3.8%）。

2.1.2 全球造纸行业消费时空格局分析

1. 纸浆消费

全球各地区2006~2020年原生浆表观消费量如图2-10所示，反映了全球各地区当年的原生浆产量与净进口量之和。可以看出，全球原生浆表观消费量2006~2020年的变化趋势与原生浆产量相似，均受到世界金融危机的长期影响，2018年，全球原生浆表观消费量仅实现增速约为4.5%的平稳回升，与金融危机前的峰值相当。其后，在中美贸易摩擦和新冠疫情全球蔓延等背景下，2019年和2020年全球原生浆表观消费量均表现低迷，2020年全球原生浆表观消费量比2018年下降了4.5%。

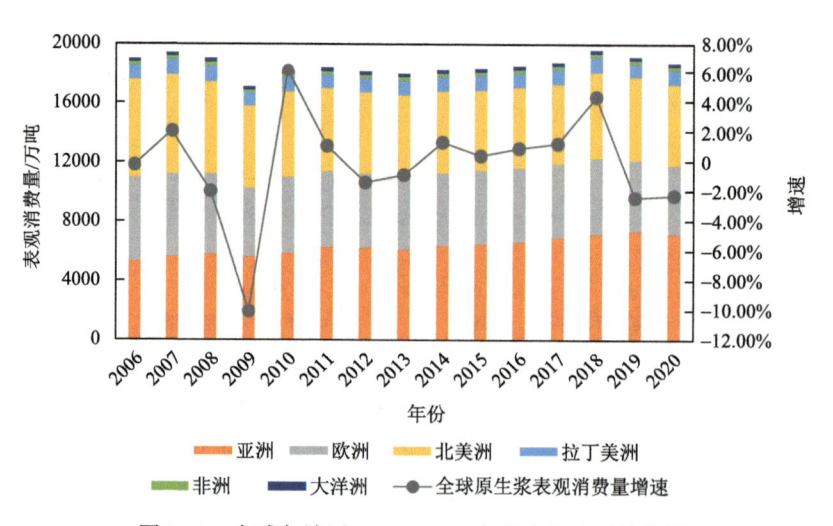

图2-10 全球各地区2006~2020年原生浆表观消费量

2009年后，亚洲成为原生浆表观消费量最多的地区，并在2019年达到峰值（约为7405万吨，与2006年相比增长了37.7%）。分列第二、第三位的北美洲和欧洲 2020 年的原生浆表观消费量分别为 5483 万吨、4624 万吨，相比 2006 年都有较大的降幅（分别下降了 17.8%、17.5%）。拉丁美洲、非洲和大洋洲的表观消费量则都小于 1000 万吨，其对全球造纸格局影响有限。

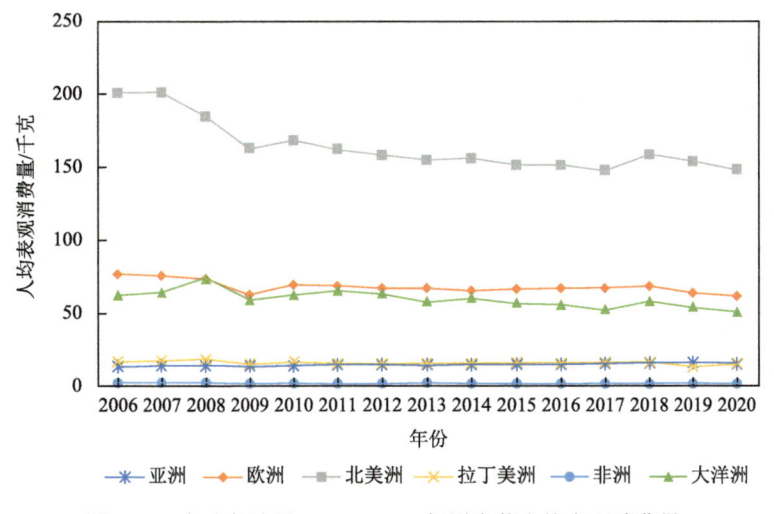

全球各地区 2006~2020 年原生浆人均表观消费量如图 2-11 所示。可以发现，北美洲是原生浆人均表观消费量最多的地区，但整体呈现下滑态势，2020 年原生浆人均表观消费量为 148.6 千克，相较 2006 年下降了 26.1%。欧洲和大洋洲原生浆人均表观消费水平相近，整体徘徊在 50~80 千克，2020 年欧洲、大洋洲原生浆人均表观消费量则分别为 62 千克、51 千克。拉丁美洲和亚洲原生浆人均表观消费量较低，均在 15 千克左右；非洲经济发展滞后，原生浆人均表观消费量仅为 2 千克左右。

图 2-11　全球各地区 2006~2020 年原生浆人均表观消费量

根据国家分类，2020 年原生浆表观消费量在 700 万吨以上的国家有美国、中国、日本、瑞典和印度，其加总原生浆表观消费量占全球原生浆表观总消费量的 61.0%。这五个国家 2006~2020 年原生浆表观消费及人均表观消费情况如图 2-12 和图 2-13 所示。美国和中国是最主要的原生浆消费国，但不同于美国原生浆表观消费量整体稳定在 4500 万~5500 万吨，中国原生浆表观消费量长期稳定增长，2020 年达到 4231 万吨，与美国的差距逐渐缩小。日本、瑞典和印度 2020 年的原生浆表观消费量分别为 846 万吨、823 万吨和 716 万吨。值得一提的是，瑞典作为造纸生产大国，由于人口较少，在这五个国家中原生浆人均表观消费量最多，约为 815 千克（2020 年），高于美国的 146 千克、日本的 67 千克、中国的 29 千克和印度的 5 千克。

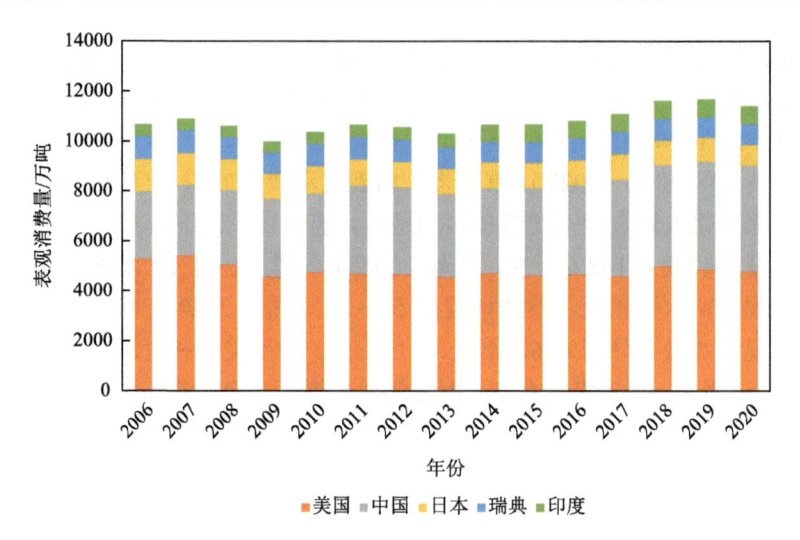

图 2-12　主要国家 2006～2020 年原生浆表观消费量

图 2-13　主要国家 2006～2020 年原生浆人均表观消费量

2. 纸和纸板消费

全球各地区 2006～2020 年纸和纸板表观消费量如图 2-14 所示。与原生浆表观消费量相似，亚洲是纸和纸板表观消费量最多的地区，占全球纸和纸板表观总消费量的 51.3%（2020 年，亚洲纸和纸板表观消费量约为 20477 万吨，较 2006 年增长了 40.4%）。欧洲和北美洲 2020 年纸和纸板表观消费量分别为 8647 万吨和 6859 万吨，走在全球前列，但是相比 2006 年仍分别下降了 16.5% 和 30.1%。拉丁美洲、非洲和大洋洲 2020 年纸和纸板表观消费量分别为 2775 万吨、775 万吨和 382 万吨，与 2006 年相比各有升降（拉丁美洲增长了 17.3%，非洲增长了 24.6%，大洋洲下降了 20.0%）。

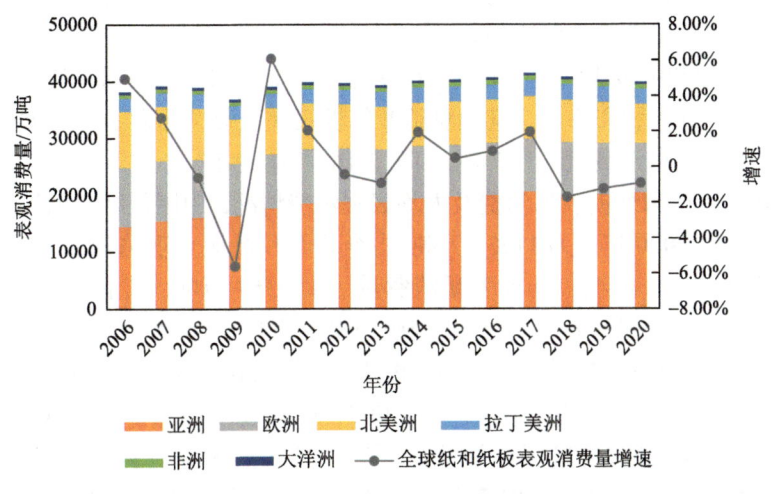

图 2-14　全球各地区 2006~2020 年纸和纸板表观消费量

纸和纸板人均表观消费量高度体现一个地区或国家的经济发展水平和现代化程度。图 2-15 展示了全球各地区 2006~2020 年纸和纸板人均表观消费量。其中，北美洲、欧洲和大洋洲等较发达地区的纸和纸板人均表观消费量最多，

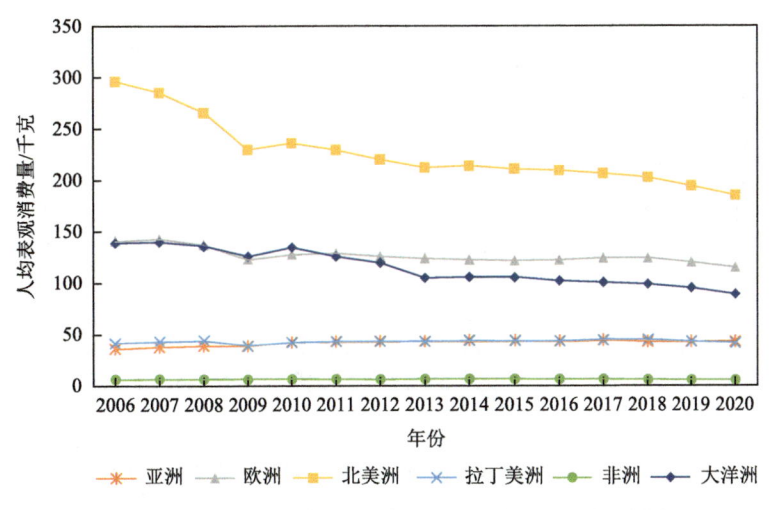

图 2-15　全球各地区 2006~2020 年纸和纸板人均表观消费量

分别为 186 千克、116 千克、89 千克（2020 年），但相比 2006 年都有大幅的下降（分别下降了 37.4%、18.4%、35.8%）。亚洲、拉丁美洲和非洲 2020 年纸和纸板人均表观消费量则均未超过 50 千克（分别为 44 千克、42 千克、6 千克），但相比 2006 年，亚洲纸和纸板人均表观消费量增长了 21.7%，拉丁美洲和非洲纸和纸板人均表观消费量则基本保持稳定。

2020 年纸和纸板表观消费量达 1000 万吨以上的国家有中国、美国、日本、印度、德国、意大利和韩国，其加总纸和纸板表观消费量约为 26084 万吨，占全球纸和纸板表观总消费量的 65.4%。图 2-16 和图 2-17 分别展示了这七个国家 2006~2020 年纸和纸板表观消费及人均表观消费情况。中国是纸和纸板表观消费量最多的国家，2020 年约为 11738 万吨，占全球纸和纸板表观总消费量的 29.4%。其后是美国，2020 年纸和纸板表观消费量达到 6357 万吨。其后五国 2020 年的纸和纸板表观消费量依次为 2252 万吨、1887 万吨、1813 万吨、1020 万吨和 1018 万吨。2006~2020 年纸和纸板表观消费量增长的国家仅有中国、印度和韩国，较 2006 年分别增长了 64.9%、138.9% 和 22.1%。相应地，2006~2020 年纸和纸板人均表观消费量有所增长的国家同样仅有中国、印度和韩国，相比 2006 年分别增长了 53.4%、101.7% 和 16.4%，但差异较大的是，2020 年，中国、印度纸和纸板人均表观消费量分别仅为 80 千克、14 千克，远低于韩国的 198 千克。其他纸和纸板人均表观消费量较多的国家还有德国、美国、日本和意大利等，分别为 216 千克、192 千克、178 千克和 169 千克（2020 年）。

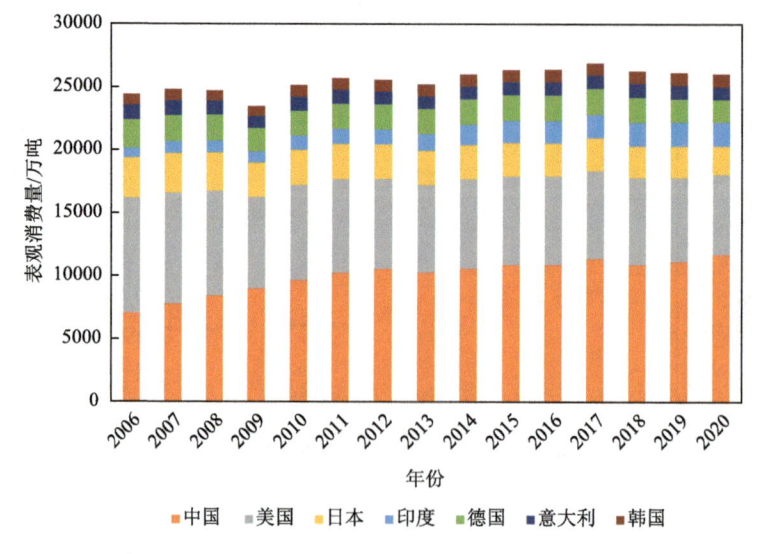

图 2-16　主要国家 2006~2020 年纸和纸板表观消费量

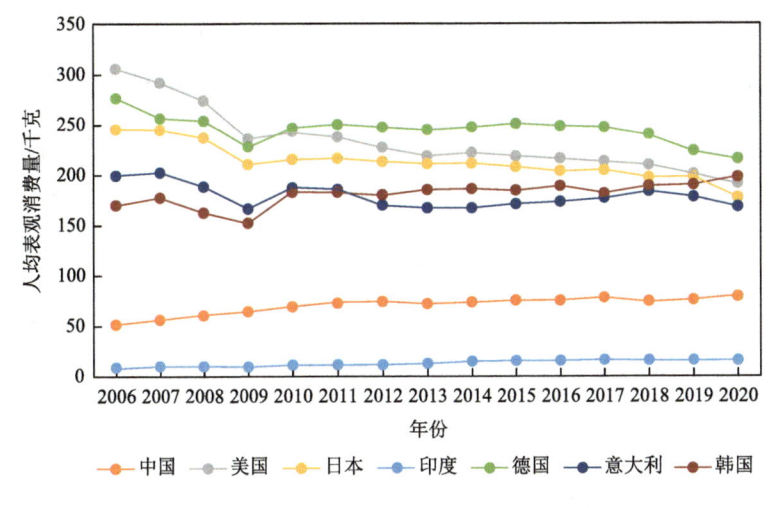

图 2-17　主要国家 2006~2020 年纸和纸板人均表观消费量

2.1.3　全球造纸行业贸易时空格局分析

1. 纸浆贸易

纸浆、纸和纸板均为全球大宗商品，在全球贸易中占有重要地位，但因其影响因素较为多元且复杂，变化规律难以简单概括。全球各地区 2006~2020 年原生浆进出口量如图 2-18 和图 2-19 所示。2006~2020 年，除 2009 年和 2020 年原生浆进出口量因世界金融危机和新冠疫情而短暂下滑外，原生浆贸易量整体呈现稳步增长的态势。2020 年，亚洲进口了全球最多的原生浆（约为 3515 万吨，相比 2006 年增长了 113.6%），欧洲和北美洲虽然分别进口了 1756 万吨和 593 万吨原生浆，但相比 2006 年仍分别下降了 8.0% 和 10.1%。亚洲、欧洲和北美洲 2020 年的原生浆进口量占全球原生浆总进口量的 94.8%。原生浆主要出口地区则为拉丁美洲、欧洲和北美洲，相对应的 2020 年原生浆出口量分别为 2242 万吨、1743 万吨和 1584 万吨，占全球原生浆总出口量的 88.3%。随着亚马孙平原林木资源的加速开发，拉丁美洲成为原生浆出口量增长最快的地区，2006~2020 年增长了 147.8%。

国家层面，2020 年原生浆进口量达 200 万吨以上的国家有中国、美国、德国、意大利和韩国，其加总原生浆进口量占全球原生浆总进口量的 62.8%。图 2-20 展示了这五个国家 2006~2020 年原生浆进口量数据。中国是原生浆进口量最多的国家，2020 年其原生浆进口量达 2414 万吨，占全球原生浆总进口量的 39.0%，相比 2006 年增长了 176.1%。其他原生浆进口量较多的国家依次是美国、德国、意大利和韩国，2020年分别进口了551万吨、369万吨、329万吨和224万吨原生浆，但相比2006年都有所下降（分别下降了12.4%、26.5%、10.3%和7.6%）。

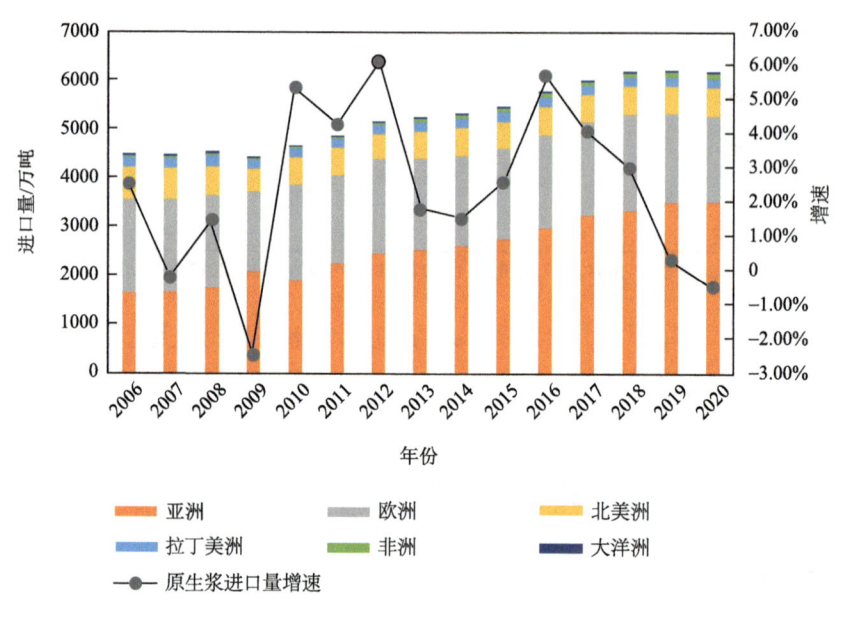

图2-18 全球各地区2006~2020年原生浆进口量

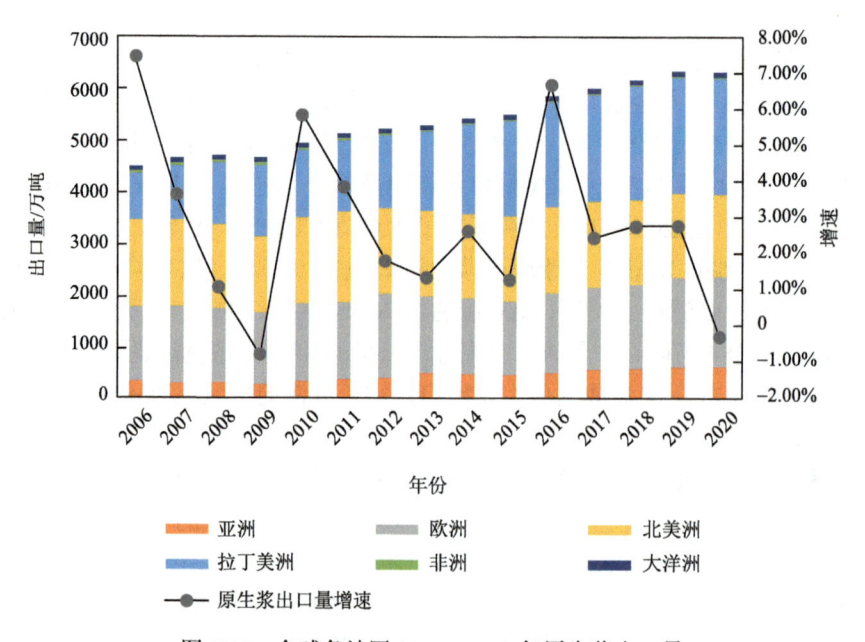

图2-19 全球各地区2006~2020年原生浆出口量

图 2-20　主要国家 2006~2020 年原生浆进口量

2020 年原生浆出口量达 400 万吨以上的国家有巴西、加拿大、美国、智利、印度尼西亚和芬兰，其加总原生浆出口量约为 4432 万吨，占全球原生浆总出口量的 70.2%。这六个国家 2006~2020 年原生浆出口量数据如图 2-21 所示。巴西是 2020 年原生浆出口量最多的国家，约为 1493 万吨，其次是加拿大、美国、智利、印度尼西亚和芬兰，分别出口原生浆 867 万吨、717 万吨、472 万吨、469 万吨和

图 2-21　主要国家 2006~2020 年原生浆出口量

413万吨。六个主要原生浆生产国中，仅有加拿大的原生浆出口量呈下降趋势（2006～2020年下降了19.2%），巴西在2009年超越加拿大成为原生浆第一出口国（2006～2020年增长了142.4%）。

全球各地区2006～2020年再生浆进出口量如图2-22和图2-23所示。相比原生浆，全球再生浆的贸易总量较少，2018年前普遍少于40万吨。2017年底，作

图2-22 全球各地区2006～2020年再生浆进口量

图2-23 全球各地区2006～2020年再生浆出口量

为废纸第一进口国的中国开始施行"禁废令",如图 2-24 所示,中国废纸进口量由 2017 年的 2685 万吨下降到了 2020 年的 836 万吨。全球废纸贸易也因此受到了较大影响,如图 2-25 和图 2-26 所示,2018~2020 年全球的废纸进出口量大幅降低。近几年,中国为了填补"禁废令"产生的原料空缺,加大了再生浆的进口量(2020 年再生浆进口量约为 65 万吨,比 2017 年增长了 64 万吨)。因此,从 2018 年开始,亚洲再生浆进口量增长显著,2017~2020 年增量达 67 万吨,基本归功于中国再生浆进口增量。北美洲和亚洲则一举超越欧洲,成为再生浆主要出口地区,2020 年分别出口再生浆 36 万吨和 45 万吨,较 2017 年分别增长了 30 万吨和 44 万吨。值得注意的是,2021 年,中国废纸进口量已接近零,再生浆进口逐步取代废纸进口,全球再生浆的进出口量或将因此保持持续增长。

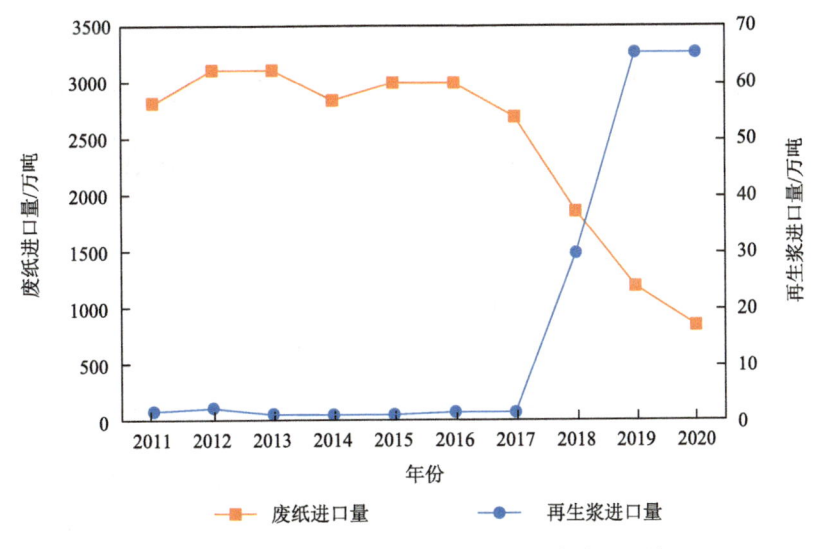

图 2-24 中国 2011~2020 年废纸和再生浆进口量

2. 纸和纸板贸易

全球各地区 2006~2020 年纸和纸板进出口情况如图 2-27 和图 2-28 所示。纸和纸板作为终端产品受经济影响较大,其贸易量存在不确定性,变化规律同样难以概括。例如,受金融危机的影响,全球纸和纸板进出口量 2008~2009 年有较大幅的下降,2009 年全球纸和纸板进口量下降了 11.7%(下降至 10113 万吨)。2018~2019 年,在中美贸易摩擦、英国脱欧和新冠疫情等多个国际事件的影响下,全球纸和纸板进口量再次出现了持续的下降,2020 年相比 2018 年下降了 8.0%。

欧洲是纸和纸板进口量与出口量最多的地区,2020 年纸和纸板进口量与出口量分别为 5156 万吨和 6463 万吨,与 2006 年相比均有所下降(分别下降了 12.6%

和 7.8%）。其他纸和纸板进口量较多的地区依次为亚洲、北美洲、拉丁美洲和非洲，2020年分别进口了纸和纸板2939万吨、996万吨、936万吨和538万吨。亚洲和北美洲是除欧洲以外的纸和纸板主要出口地区，2020年纸和纸板出口量分别为2292万吨、1627万吨。

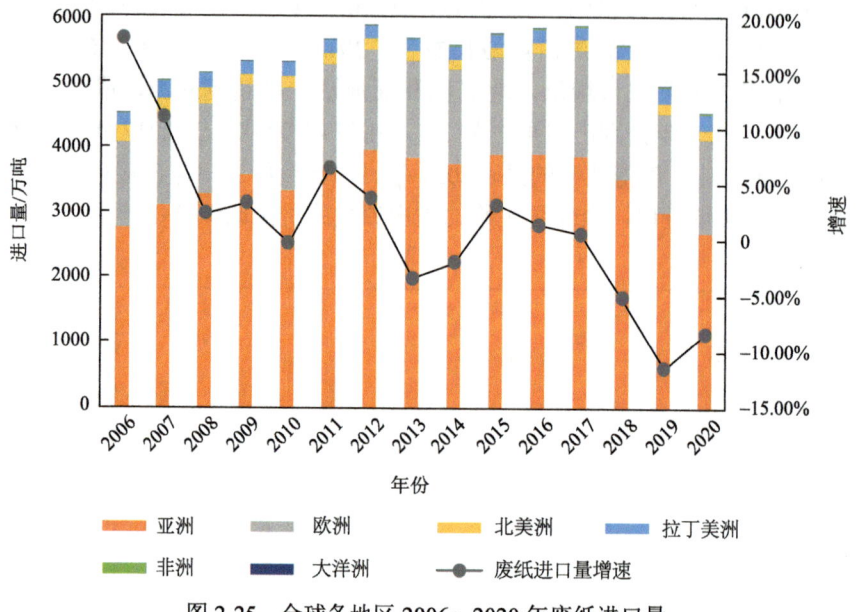

图2-25 全球各地区2006～2020年废纸进口量

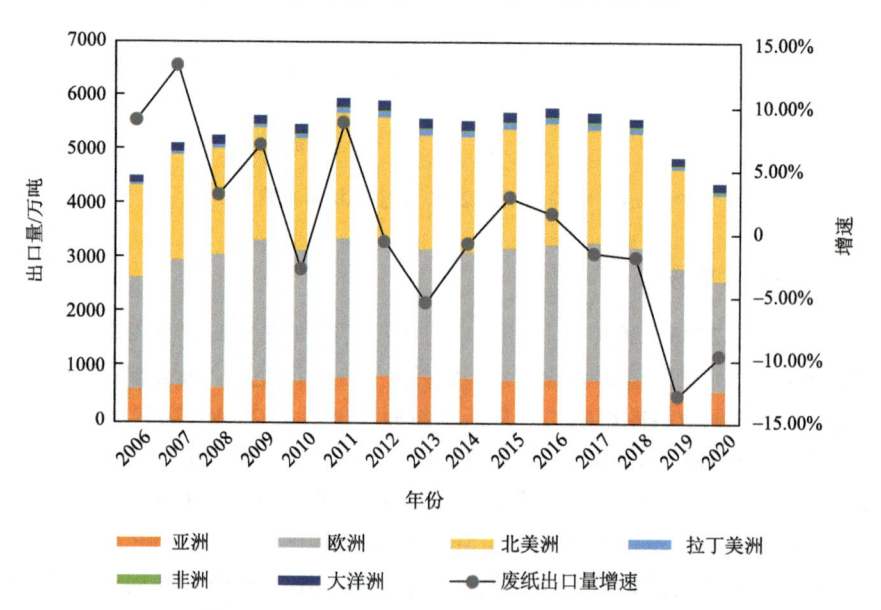

图2-26 全球各地区2006～2020年废纸出口量

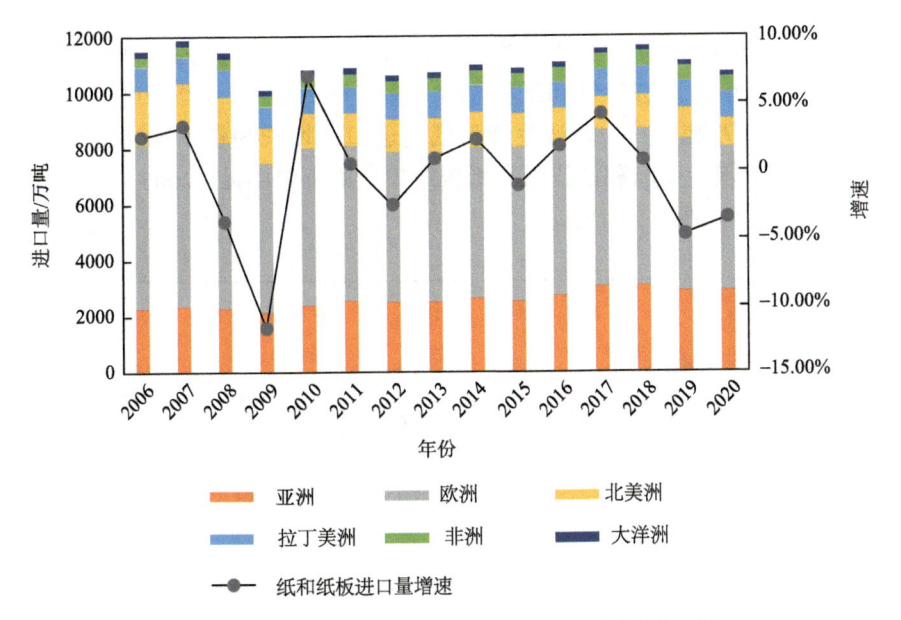

图 2-27　全球各地区 2006~2020 年纸和纸板进口量

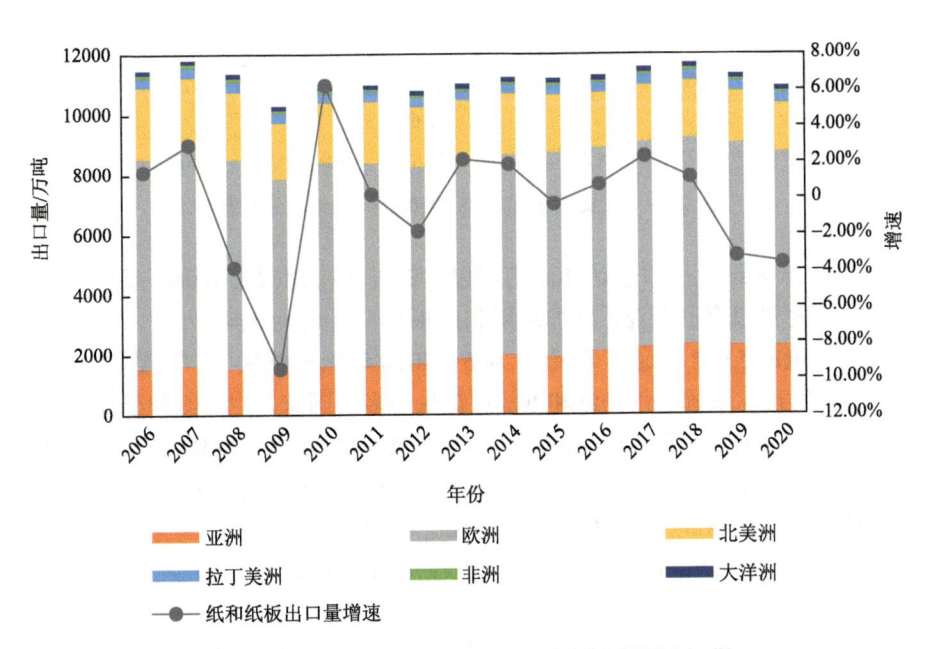

图 2-28　全球各地区 2006~2020 年纸和纸板出口量

国家层面，2020 年纸和纸板进口量达 400 万吨以上的国家有德国、美国、中国、意大利、英国、波兰和法国，其加总纸和纸板进口量约为 4256 万吨，占全球纸和纸板总进口量的 39.7%，2006~2020 年这七个国家的纸和纸板进口量数据如

图 2-29 所示。德国进口了全球最多的纸和纸板（2020 年约为 1042 万吨），其他国家在 2020 年依次进口纸和纸板 764 万吨、699 万吨、477 万吨、433 万吨、424 万吨和 416 万吨。其中，波兰纸和纸板进口量增长最快，2006~2020 年增长了 64.7%。美国、英国和法国纸和纸板进口量则下降明显，2006~2020 年分别下降了 53.8%、44.0%、33.1%。

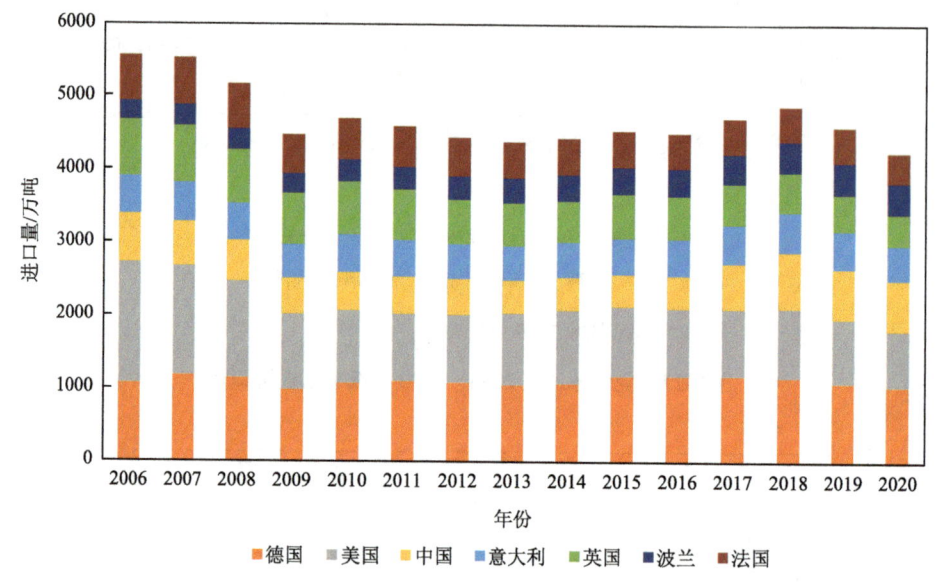

图 2-29　主要国家 2006~2020 年纸和纸板进口量

2020 年纸和纸板出口量达 400 万吨以上的国家有德国、美国、瑞典、芬兰、中国、加拿大和印度尼西亚，其加总纸和纸板出口量约为 5843 万吨，占全球纸和纸板总出口量的 53.4%。这七个国家 2006~2020 年纸和纸板出口量数据如图 2-30 所示。可以发现，德国不仅是纸和纸板进口量最多的国家，也是纸和纸板出口量最多的国家（约为 1363 万吨），其后各个国家的纸和纸板出口量依次为 1031 万吨、908 万吨、783 万吨、676 万吨、596 万吨和 485 万吨。加拿大和芬兰纸和纸板出口量降幅较大，2006~2020 年分别下降了 58.0% 和 39.3%。与之相反，德国、中国和印度尼西亚 2006~2020 年纸和纸板出口量分别实现了 25.9%、39.6% 和 38.5% 的增长。

2020 年全球各地区纸和纸板进口量从大到小依次是欧洲、亚洲、北美洲、拉丁美洲、非洲和大洋洲，除大洋洲外，其他五个地区纸和纸板进口量为 10565 万吨，约占全球纸和纸板总进口量的 98.5%。根据纸和纸板的品种分类，下面将对亚洲、欧洲、北美洲、拉丁美洲和非洲纸和纸板进口量进行分析。如图 2-31~图 2-35 所示，新闻纸作为报刊主要用纸，在数字媒体快速发展的背景下，全球各地

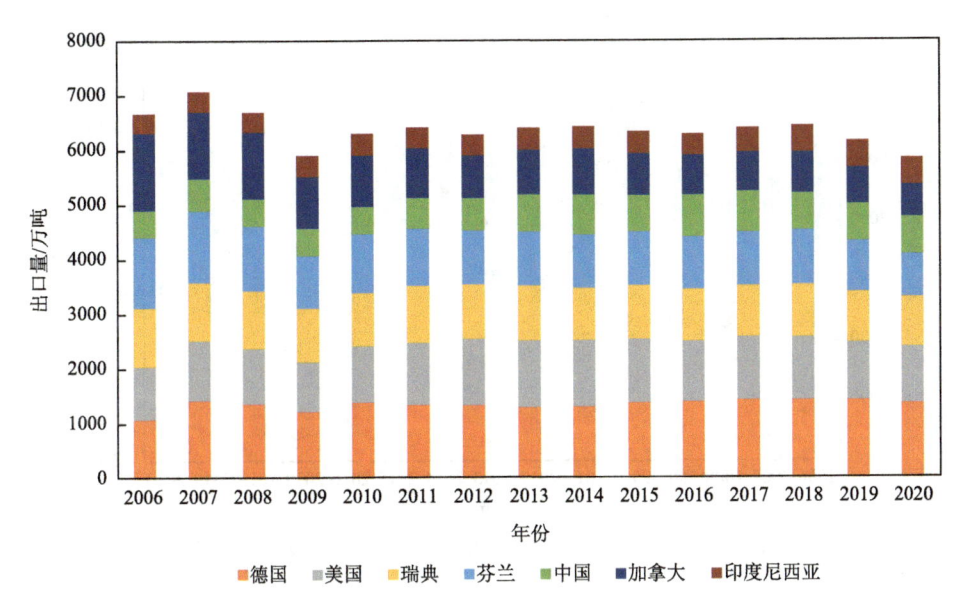

第 2 章　全球造纸行业生产与消费现状

图 2-30　主要国家 2006～2020 年纸和纸板出口量

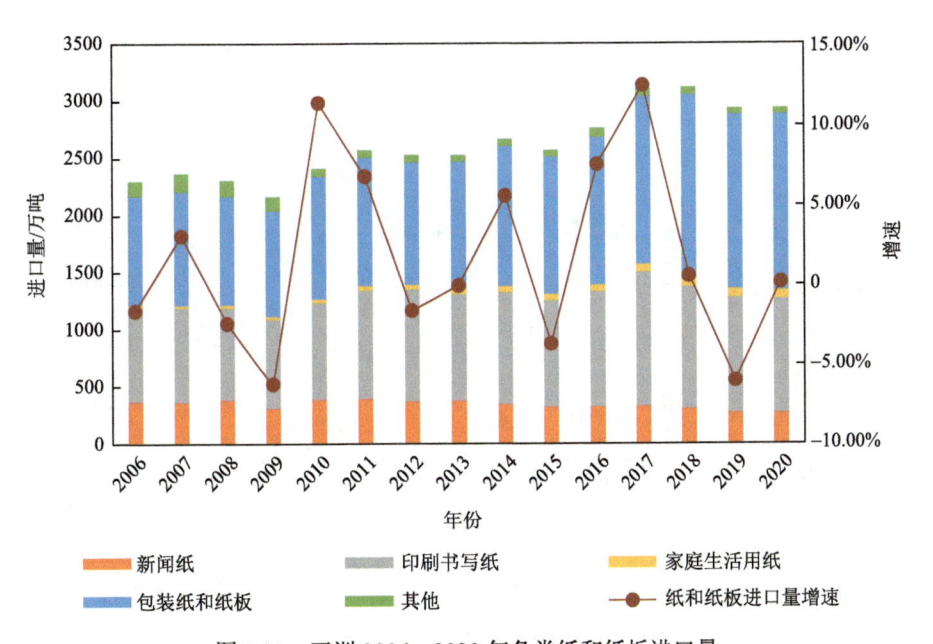

图 2-31　亚洲 2006～2020 年各类纸和纸板进口量

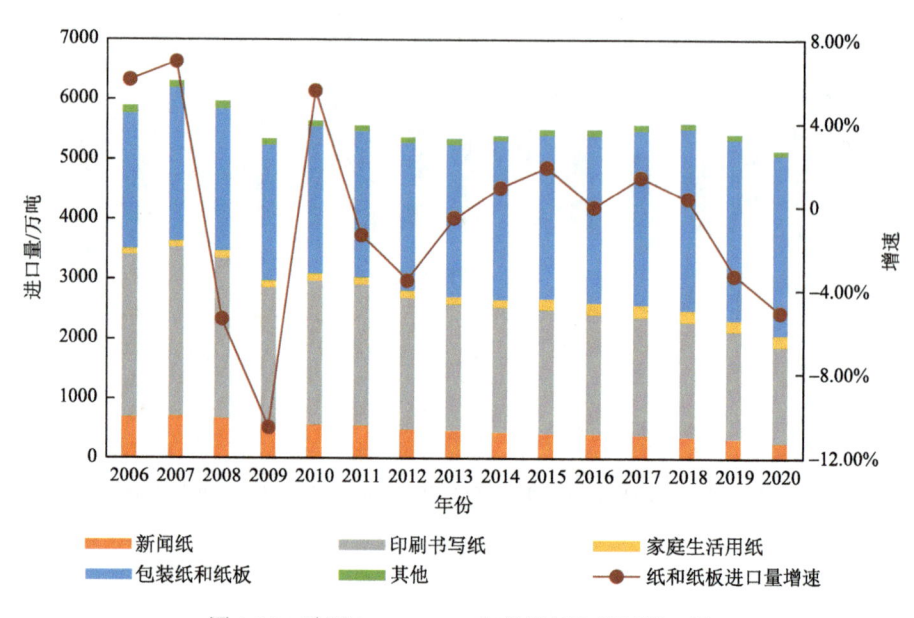

图 2-32 欧洲 2006～2020 年各类纸和纸板进口量

图 2-33 北美洲 2006～2020 年各类纸和纸板进口量

第 2 章 全球造纸行业生产与消费现状

图 2-34 拉丁美洲 2006~2020 年各类纸和纸板进口量

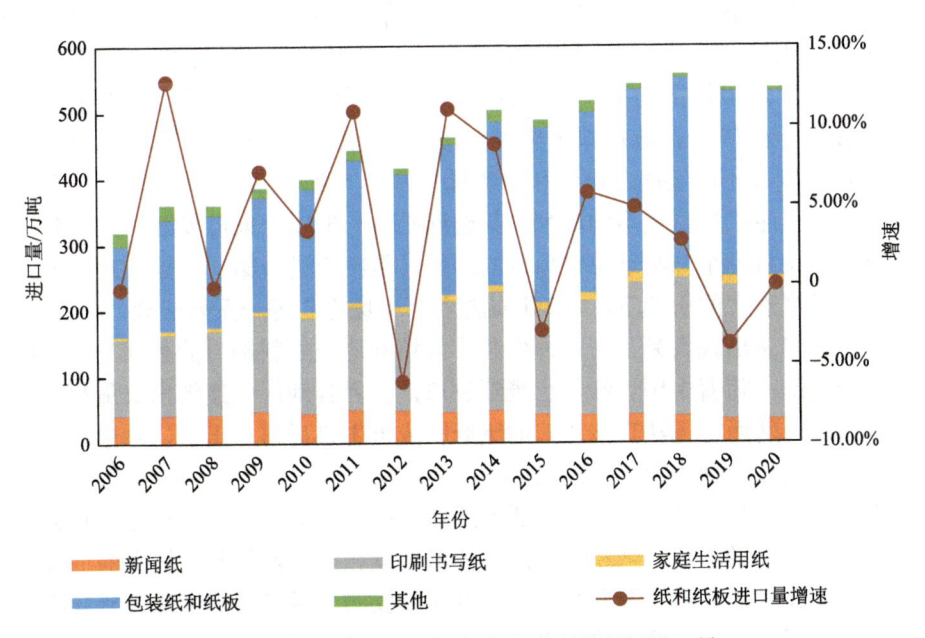

图 2-35 非洲 2006~2020 年各类纸和纸板进口量

区新闻纸的进口量都有不同程度的下滑，相比 2006 年，2020 年北美洲、拉丁美洲、欧洲和亚洲新闻纸进口量分别下降了 78.6%、63.2%、57.2% 和 49.0%，非洲新闻纸进口量降低较少，为 15.6%。全球各地区印刷书写纸进口量的变化表现则有所分化，2006~2020年亚洲和非洲印刷书写纸进口量分别增长了30.0%、75.8%（增长至1000万吨、202万吨），欧洲、北美洲和拉丁美洲印刷书写纸进口量则分别下降了44.0%、62.1%、16.0%。家庭生活用纸运输成本较高，受地域局限较大，全球进口量不大，但作为日常生活的必需品，该品类纸产品与地区的经济发展水平相关性更高。2020年亚洲、欧洲、北美洲、拉丁美洲和非洲的家庭生活用纸进口量分别比2006年增长了227.0%、89.5%、69.7%、16.1%、213.9%。包装纸和纸板作为包装购物商品的原料，随着电子商务与物流行业的发展，需求增长显著。2020年亚洲、欧洲、北美洲、拉丁美洲和非洲的包装纸和纸板进口量分别为1541万吨、3011万吨、471万吨、602万吨和281万吨，比2006年分别增长了61.7%、32.9%、8.9%、72.9%和103.5%。

2.1.4 总结和展望

北美洲、欧洲、亚洲和拉丁美洲依次是原生浆产量最多的地区。随着亚洲造纸行业在近年来的快速发展，该地区对纸浆的需求提高。受限于区域木材资源相对短缺等问题，亚洲的自产原生浆的上升空间有限，仍需要从其他地区进口更多的原生浆作为造纸的原料。对比之下，森林资源极为丰富的拉丁美洲是原生浆产量增速最快的地区，但当地纸浆需求量有限，因此拉丁美洲生产的原生浆大多用于出口，目前是原生浆出口最多的地区。相应地，欧洲和北美洲的原生浆市场则在不断萎缩，产量和消费量整体呈下降趋势。

中国是再生浆产量最多的国家，其造纸原料一半以上来自废纸。2017年，中国废纸进口量接近全球废纸总进口量的一半，是废纸进口第一大国。2017年底，在可持续发展理念的引领下，中国开始施行"禁废令"等一系列法规，受其影响，中国废纸进口量出现大幅下降，再生浆作为填补这一原料缺口的替代品，其进口量呈直线上涨。随着中国逐渐禁止废纸进口，世界各地区的废纸出口量都有不同程度的下滑，转而将无法直接出口的废纸制成再生浆后再行出口，除中国外的其他亚洲国家及北美洲成为再生浆出口的主要增长地区。

亚洲、欧洲和北美洲是三个主要的纸和纸板生产地区。在亚洲经济和造纸行业快速发展的背景下，其纸和纸板的整体消费量和产量都得到了较大的增长。欧洲和北美洲在经过世界金融危机之后，纸和纸板的产量和消费量都在持续降低。纸和纸板的贸易受到经济、政策等诸多因素的影响，变化不规律、波动较大，但总体而言，北美洲纸和纸板的进出口量都出现了大幅的下降，相反的是亚洲纸和纸板的进出口量出现了大幅的增长。随着电子商务的逐渐发展，包装纸和纸板已成为各地区产量增速最快的纸和纸板品种。随着人们生活水平的提高，家庭生活用纸的产量和消费量也在不断增长。数字媒体的普及则使得各地区新闻纸产量都有不同程度的下降。印刷书写纸在不同地区则出现不同的趋势，具体表现为欧洲、北美洲、拉丁美洲和大洋洲的印刷书写纸产量总体呈下降趋势，而亚洲、非洲的印刷书写纸产量有所增长。

总体而言，亚洲是最大的纸和纸板生产和消费地区，并且随着亚洲各国造纸行业的快速发展，其产量和消费量将进一步提升。欧洲和北美洲纸和纸板的产量正不断下降，纸和纸板消费中心也逐渐向亚洲转移。然而，亚洲仍存在林木资源缺乏、纸浆供不应求的难题，因此需要从其他地区进口大量的原料。其中，中国主要以废纸作为制浆造纸原料，每年都需要从全球各国进口大量废纸，施行"禁废令"后，废纸进口将逐步禁止[53]。中国造纸行业为填补这一原料空缺，将大幅增加再生浆的进口作为废纸的替代品。在中国需要大量再生浆和许多国家有大量废纸无法处理的背景下，全球再生浆的产量和进出口量都直线增长。2021年中国全面禁止废纸进口后，越来越多的废纸将流向其他国家，这些国家将废纸制成再生浆后再出口至中国是当前主要的趋势。东南亚等地区相比欧美地区的生产成本较低，将逐渐成为再生浆的生产基地。随着亚洲各国造纸行业的发展，以再生浆为原料直接生产纸和纸板产品将更具有经济效益，是未来发展的重要方向。2020年新冠疫情的暴发和迅速蔓延对全球造纸行业的生产、消费和贸易格局都产生了深远的影响。其间，电商物流得到了快速的发展，包装纸和纸板的产量和消费量将会继续增长，同时消费者的个人卫生意识的提高将促进家庭生活用纸市场规模的不断扩大。随着居家办公和无纸化办公的推行，印刷书写纸的产量和消费量将有所下降。另外，环境是当前国际聚焦和关注的重点话题，为贯彻可持续发展的理念，中国将积极探索研究实现"双碳"目标的路径，造纸行业作为以煤为主的高碳能源结构将迎来巨大的挑战[54]，同时欧盟推动建立的碳边境调节税制度将一定程度上影响世界的纸业贸易[55]。对环境的逐渐重视也将给全球纸业带来机遇，例如，纸作为可持续性纤维材料，在功能上可替代塑料制品，并且有利于循环回收和利用，是未来行业的发展趋势。

2.2 "一带一路"共建国家造纸行业时空格局分析

"一带一路"共建国家的造纸行业受林木资源、水资源、国内市场、政策等因素影响不一，因此发展水平参差不齐。其具体表现可以从各国原生浆、再生浆以及纸和纸板的生产、消费与贸易的时空格局情况入手进行分析。

2.2.1 原生浆

"一带一路"共建国家中主要的原生浆生产国包括中国、俄罗斯、印度尼西亚、波兰及泰国等。2010~2020 年"一带一路"共建国家中主要的原生浆生产国生产情况如图 2-36 所示。这些国家加总原生浆产量在 2012~2013 年产生了阶段性下滑，2014 年后恢复增长，并在 2019 年突破了 4000 万吨。

图 2-36 2010~2020 年"一带一路"共建国家中主要原生浆生产国及生产情况

中国是"一带一路"共建国家中原生浆产量最多的国家，2010~2020 年产量均超过 1000 万吨；俄罗斯和印度尼西亚的年均产量为 500 万~1000 万吨，是"一带一路"共建国家中主要的原生浆生产国；波兰与泰国的年均产量相当，为 100 万~500 万吨；捷克、斯洛伐克、巴基斯坦和越南的原生浆产量则相对较低，年均产量低于 100 万吨。

1. 原生浆产量超过 1000 万吨的国家

作为"一带一路"共建国家中最大的原生浆生产国，中国 2011~2020 年原生浆生产情况如图 2-37 所示。2011~2016 年，中国原生浆产量呈下降趋势，仅 2014 年波动增长了 0.42%。受国内环保政策、林业资源受到保护、国际贸易提升等因素的影响，国产木浆的产量下降，同时效率较低、规模化困难、污染排放较高的非木浆的产量下降，综合导致中国原生浆产量下降。2017~2019 年，原生浆产量连续三年保持增长，这应该归因于我国 2017 年底起实施的"禁废令"[56]。相关政策使得废纸作为我国造纸行业长期以来的重要生产原料出现紧缺，导致生产企业对国产原生浆需求的增长，进而促进其产量提升。

中国的原生浆生产以木浆为主，其中，硫酸盐法制浆是制备木浆的主要方法。非木浆是中国造纸行业的特色之一。中国的非木浆造纸原料包括苇浆、蔗渣浆、竹浆、稻麦草浆等。图 2-38 对中国 2018~2020 年原生浆生产组成情况进行了展示。非木浆产量（610.4万吨、587.7万吨、522.5万吨）及其在原生浆总产量中的占比都在逐年下降。

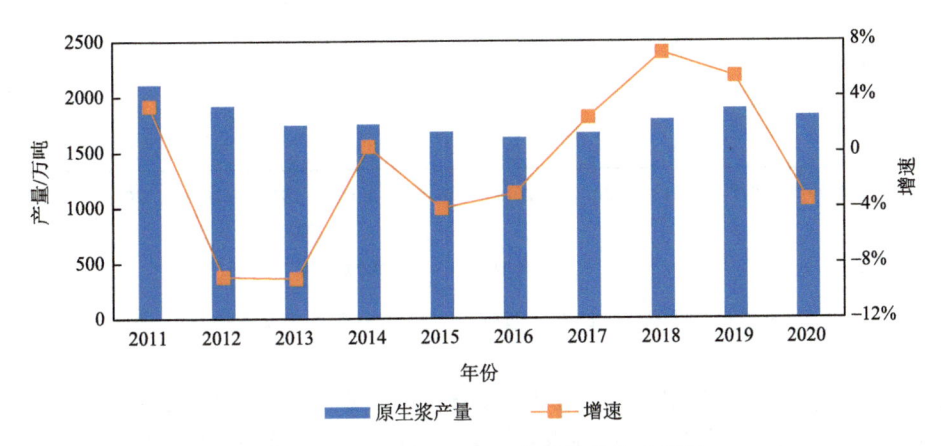

图 2-37 中国 2011～2020 年原生浆生产情况

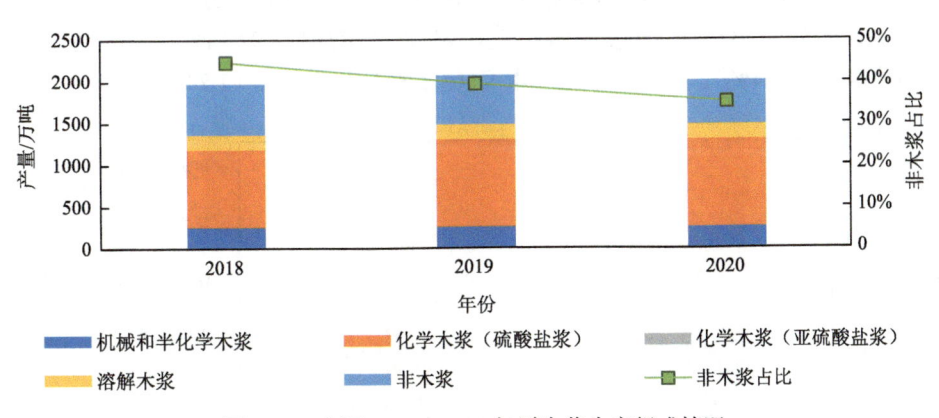

图 2-38 中国 2018～2020 年原生浆生产组成情况

2. 原生浆产量为 500 万～1000 万吨的国家

俄罗斯、印度尼西亚是"一带一路"共建国家中主要的原生浆生产国，产量为 500 万～1000 万吨。图 2-39 展示了俄罗斯、印度尼西亚 2010～2020 年原生浆生产情况。

俄罗斯拥有丰富的森林资源，其国内造纸企业拥有稳定的原料来源[57]。2010～2020 年俄罗斯原生浆产量仅次于中国，且整体保持稳定的增长趋势，2018～2020 年产量分别为 867 万吨、832 万吨、886 万吨。印度尼西亚造纸行业具备多项行业竞争优势，包括土地覆被广、劳动力价值低、原料供应足、距离（亚洲）贸易市场近，以及气候适宜速生林生长等[58]。基于这些优势，印度尼西亚的原生浆产量增长迅速，以高于俄罗斯的增速缩小着两国之间的差距。

图 2-39　俄罗斯、印度尼西亚 2010～2020 年原生浆生产情况

在原生浆的来源和制成方法上，俄罗斯和印度尼西亚有着较大的差异，如图 2-40 所示，木浆是俄罗斯原生浆生产最重要的组成部分，占原生浆总产量的 98.87%，但制浆方法差异较大，其硫酸盐浆、机械和半化学木浆、亚硫酸盐浆分别占木浆总产量的 68.64%、27.37%、3.99%。印度尼西亚则主要生产硫酸盐浆（92.18%），少量生产了一些溶解木浆（3.31%）、机械和半化学木浆（3.27%）及非木浆（1.24%）。

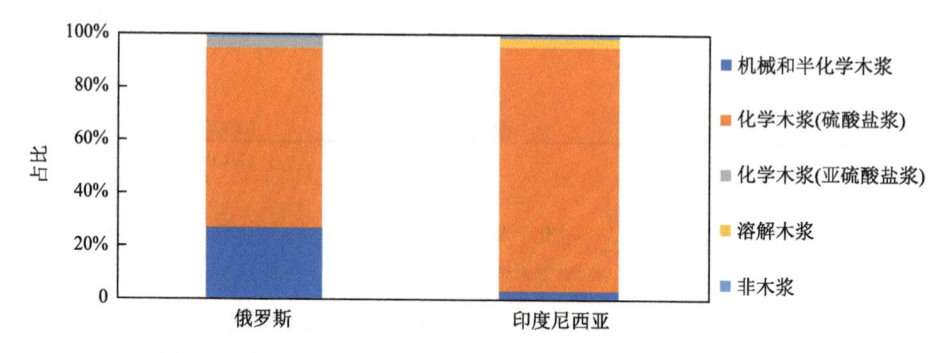

图 2-40　俄罗斯、印度尼西亚 2020 年原生浆生产组成占比情况

3. 原生浆产量为 100 万～500 万吨的国家

波兰、泰国 2011～2020 年的原生浆产量均超过 100 万吨，具体情况如图 2-41 所示。波兰原生浆生产情况整体可以概括为 2015 年前小范围波动和 2015 年后稳步增长两个阶段。泰国原生浆的生产相较于波兰波动更加明显，2015 年降幅为 8.75%，2016 年出现报复性增长，增速高达 10.16%。

波兰和泰国的原生浆生产组成占比情况如图 2-42 所示。两国均以生产硫酸盐浆为主，同时都有一定的非木浆及机械和半化学木浆产量。两国较为显著的差异在于：泰国生产一定比例的亚硫酸盐浆，而波兰主要生产硫酸盐浆。

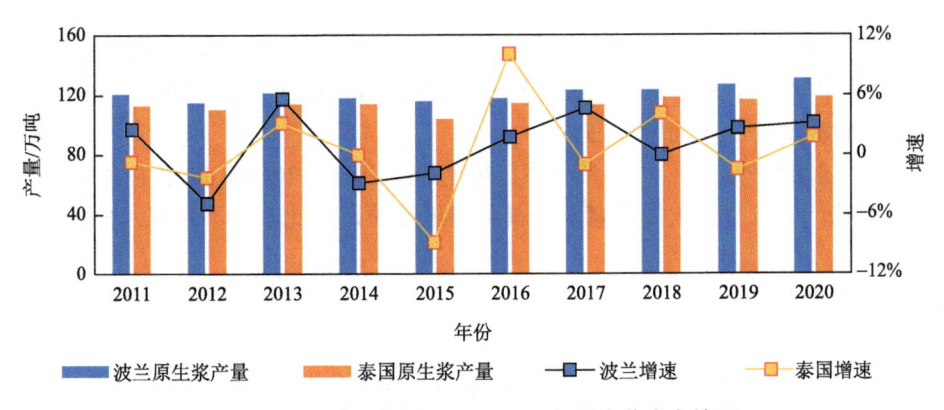

图 2-41　波兰、泰国 2011～2020 年原生浆生产情况

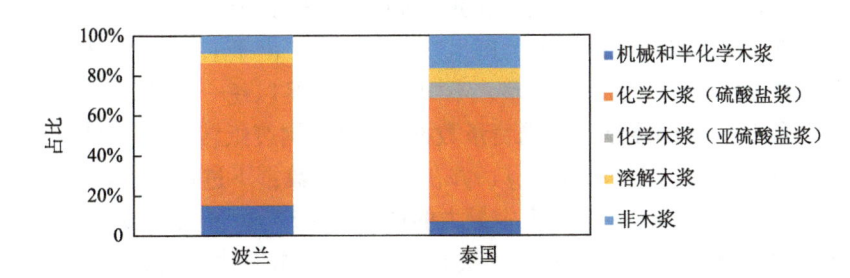

图 2-42　波兰和泰国 2020 年原生浆生产组成占比情况

4. 原生浆产量低于 100 万吨的国家

捷克、斯洛伐克、巴基斯坦、越南 2011～2020 年原生浆生产情况如图 2-43 所示。捷克是原生浆产量增长最快的国家，但经过若干年的波动，尤其是 2013 年产量下跌了近 25 万吨，跌至约 45 万吨，2014～2015 年产量持续低迷，直至 2016 年

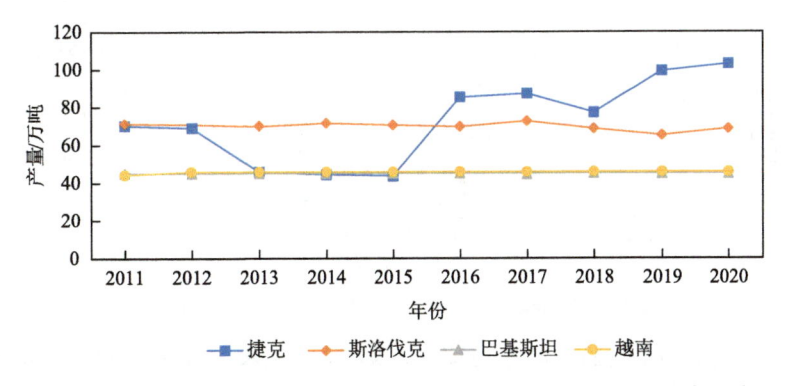

图 2-43　捷克、斯洛伐克、巴基斯坦、越南 2011～2020 年原生浆生产情况

产量突破 80 万吨后，增长逐渐稳定，并在 2020 年产量超过 100 万吨。斯洛伐克的原生浆产量相对稳定（70 万吨左右）。巴基斯坦和越南接近，2011~2020 年原生浆产量均稳定在 45 万吨左右。

除上述国家外，其他"一带一路"共建国家 2011~2020 年的原生浆产量均低于 30 万吨，造纸行业欠发达甚至不具备造纸行业，因此本节不做深入分析。

2.2.2 再生浆

再生浆是以废纸为原料制备而成的浆料。废纸主要包括国内回收废纸和进口废纸，因此，再生浆的产量主要与全球废纸流动情况及各国自身废纸回收水平有关。中国再生浆生产情况已在 2.1 节进行分析（具体见图 2-4），本节不再复述。针对"一带一路"其他共建国家的再生浆生产情况，由于 FAO 未统计相关数据，且其他来源的数据存在数据不完整、不同口径数据难以统一比较等问题，本节将依据 FAO 统计的各国废纸表观消费量数据，参考中国废纸转化率，对"一带一路"其他共建国家再生浆产量进行估算，并在同一口径数据下进行分析。

中国是"一带一路"共建国家中最大的再生浆生产国，其废纸转化率为 80%~82%，且近年来因垃圾分类等政策的实施推广，其废纸转化率提高到了 85.21%~86.75%，具体情况如图 2-44 所示。由于垃圾分类政策逐步实施、国内废纸回收体系不断完善，且严格的污染排放要求和"禁废令"的发布所导致的废纸原料短缺加速了造纸行业的集中化和规模化，落后产能逐步淘汰，使整体废纸制浆技术水平得到提升[59-62]。

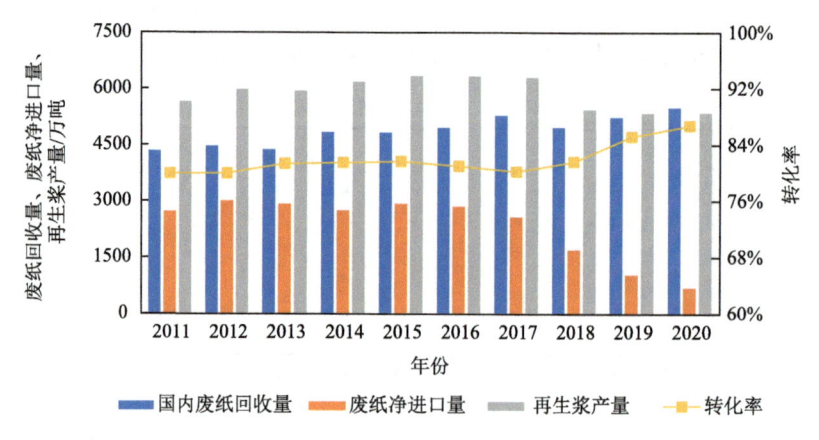

图 2-44 中国 2011~2020 年废纸回收量、废纸净进口量、再生浆产量及转化率情况

由于缺少其他国家再生浆产量的直接数据来源，本节将参考中国的废纸转化

率，对其他国家的再生浆产量进行估算。为了排除中国自身因素对转化率数值的影响，本节采用中国 2011~2017 年的废纸平均转化率作为其他国家的转化率数值进行估算，具体计算式为

$$M_1 = \alpha(M_2 + M_3 - M_4)$$

其中，α 为中国 2011~2017 年的废纸平均转化率；M_1 为一国再生浆估算产量；M_2 为一国再生纸产量；M_3 为一国再生纸进口量；M_4 为一国再生纸出口量。M_2、M_3 和 M_4 均为 FAO 原始数据，部分数据为 FAO 给出的估计值。

根据以上再生浆的估算方法得到的数据，2011~2020 年印度尼西亚、泰国、俄罗斯年均产量超过 200 万吨；波兰、土耳其、马来西亚、越南年均产量为 100 万~200 万吨；菲律宾、沙特阿拉伯、匈牙利、乌克兰年均产量为 50 万~100 万吨；罗马尼亚、埃及、斯洛文尼亚、巴基斯坦、捷克、塞尔维亚、立陶宛、缅甸、阿拉伯联合酋长国（简称阿联酋）年均产量为 10 万~50 万吨；其他国家年均产量低于 10 万吨。

1. 再生浆产量估算值超过 200 万吨的国家

根据估算，印度尼西亚、泰国及俄罗斯 2011~2020 年再生浆年均产量超过 200 万吨，所用估算基础数据如表 2-1~表 2-3 所示。计算得到的这些国家 2011~2020 年再生浆生产情况如图 2-45 所示。印度尼西亚是"一带一路"共建国家中仅次于中国的再生浆生产大国，2011~2020 年再生浆年均产量整体稳定在 400 万~500 万吨，波动较小。泰国与俄罗斯相似，两国的再生浆产量整体均呈现稳定增长的趋势，但产量相对较低，2011~2020 年年均产量分别约为 290 万吨和 210 万吨。

表 2-1 印度尼西亚再生纸相关数据（单位：万吨）

年份	产量	进口量	出口量
2011	393.4	232.4	1.8
2012	393.4	229.2	0.6
2013	393.4	221.6	2.7
2014	393.4	228.0	1.8
2015	393.4	169.2	1.7
2016	393.4	202.1	0.7
2017	323.3	219.2	10.4
2018	323.3	319.3	5.3
2019	323.3	298.8	2.3
2020	323.3	298.8	2.3

表 2-2　泰国再生纸相关数据（单位：万吨）

年份	产量	进口量	出口量
2011	185.6	92.4	3.2
2012	185.6	100.0	3.1
2013	236.5	85.8	4.2
2014	236.5	85.9	7.2
2015	276.5	113.4	4.3
2016	278.5	108.7	5.0
2017	275.8	150.0	8.9
2018	284.2	139.6	19.2
2019	291.0	164.3	10.6
2020	296.7	164.3	10.6

表 2-3　俄罗斯再生纸相关数据（单位：万吨）

年份	产量	进口量	出口量
2011	230.0	0.2	29.2
2012	260.0	0.5	46.8
2013	270.0	0.8	40.9
2014	286.0	1.2	37.0
2015	272.0	4.7	25.9
2016	272.0	2.5	19.9
2017	311.5	3.4	34.9
2018	345.0	1.9	36.8
2019	345.0	3.2	24.4
2020	345.0	3.2	24.4

图 2-45　印度尼西亚、泰国、俄罗斯 2011～2020 年再生浆产量估算情况

2. 再生浆产量估算值为 100 万～200 万吨的国家

波兰、土耳其、马来西亚及越南再生浆估算基础数据如表 2-4～表 2-7 所示。计算得到的这些国家 2011～2020 年再生浆生产情况如图 2-46 所示。其中，波兰再生浆产量增长主要集中在 2014 年以前，其后变化不显著，整体稳定在 190 万吨左右。土耳其再生浆产量整体增长稳定，2020 年超过 240 万吨，相较于 2011 年产量翻倍。越南和马来西亚同属于东南亚国家，两国有着相似的变化趋势。2017 年以前，两国再生浆产量变化并不显著，自 2017 年后以不同的幅度增长，尤其是越南，2016～2020 年再生浆产量增长了 2.5 倍，增幅约 170 万吨。

表 2-4　波兰再生纸相关数据（单位：万吨）

年份	产量	进口量	出口量
2011	184.0	30.7	53.1
2012	185.8	39.3	54.2
2013	217.0	45.8	59.3
2014	253.5	51.9	58.7
2015	249.5	44.6	67.3
2016	268.2	47.9	74.8
2017	280.0	41.8	83.1
2018	289.2	39.1	94.0
2019	290.0	42.6	103.8
2020	295.0	44.9	97.9

表 2-5　土耳其再生纸相关数据（单位：万吨）

年份	产量	进口量	出口量
2011	153.4	7.2	12.0
2012	153.4	5.2	4.0
2013	153.4	8.0	4.0
2014	153.4	18.4	4.3
2015	153.4	30.1	6.0
2016	153.4	45.1	4.6
2017	153.4	75.3	4.0
2018	153.4	75.3	7.2
2019	153.4	122.6	9.1
2020	153.4	154.3	4.4

表 2-6　马来西亚再生纸相关数据（单位：万吨）

年份	产量	进口量	出口量
2011	120.0	21.9	0.0
2012	120.0	22.5	0.3
2013	120.0	15.6	0.1
2014	120.0	14.7	0.0
2015	120.0	18.9	0.0
2016	120.0	27.5	0.1
2017	120.0	26.3	0.1
2018	120.0	33.5	0.0
2019	120.0	56.6	0.7
2020	120.0	56.6	0.7

表 2-7　越南再生纸相关数据（单位：万吨）

年份	产量	进口量	出口量
2011	12.0	59.1	0.2
2012	12.0	69.7	1.4
2013	12.0	45.1	1.8
2014	12.0	63.7	1.6
2015	12.0	64.8	0.4
2016	12.0	71.3	0.6
2017	12.0	180.1	0.5
2018	12.0	213.0	0.3
2019	12.0	279.5	0.2
2020	12.0	279.5	0.2

图 2-46　波兰、土耳其、马来西亚、越南 2011～2020 年再生浆产量估算情况

3. 再生浆产量估算值为 50 万～100 万吨的国家

菲律宾、沙特阿拉伯、匈牙利及乌克兰再生浆估算基础数据如表 2-8～表 2-11 所示。计算得到的这些国家 2011～2020 年再生浆生产情况如图 2-47 所示。可以看出，菲律宾自 2012 年产量下降后，一直在 70 万吨小幅波动，到 2020 年出现较大增长，产量恢复到 78 万吨左右。沙特阿拉伯在 2018 年由前期的整体不断下降转折为快速增长，到 2020 年产量也达到 78 万吨左右。相比之下，虽然匈牙利再生浆产量呈现下降趋势，但整体波动较小，2011～2020 年年均产量约为 58 万吨。乌克兰再生浆产量则在 2017 年出现大幅增长，2017～2020 年年均产量约为 84 万吨，与 2017 年以前形成了鲜明对比。

表 2-8 菲律宾再生纸相关数据（单位：万吨）

年份	产量	进口量	出口量
2011	85.5	27.0	12.1
2012	85.5	5.8	7.1
2013	85.5	4.4	4.7
2014	85.5	5.8	6.0
2015	85.5	8.2	3.8
2016	85.5	13.1	7.1
2017	85.5	13.5	12.3
2018	85.5	15.4	14.2
2019	85.5	12.0	7.3
2020	91.2	12.0	7.3

表 2-9 沙特阿拉伯再生纸相关数据（单位：万吨）

年份	产量	进口量	出口量
2011	100.0	12.9	19.6
2012	100.0	11.1	22.1
2013	100.0	5.7	26.9
2014	100.0	4.6	25.0
2015	100.0	3.9	19.2
2016	100.0	1.2	26.8
2017	100.0	3.2	38.0
2018	100.0	6.9	26.5
2019	100.0	10.2	13.6
2020	100.0	10.2	13.6

表 2-10　匈牙利再生纸相关数据（单位：万吨）

年份	产量	进口量	出口量
2011	50.0	39.0	16.9
2012	50.0	41.5	14.9
2013	50.0	44.3	16.0
2014	50.0	42.8	16.0
2015	50.0	39.8	18.9
2016	50.0	44.6	21.4
2017	50.0	46.9	25.0
2018	50.0	43.8	28.4
2019	50.0	46.0	27.4
2020	50.0	46.0	27.4

表 2-11　乌克兰再生纸相关数据（单位：万吨）

年份	产量	进口量	出口量
2011	33.9	26.8	0.3
2012	17.5	28.2	0.4
2013	14.7	32.1	0.6
2014	14.7	32.9	0.4
2015	14.7	33.7	0.2
2016	14.7	27.2	0.5
2017	72.5	34.6	1.2
2018	72.5	39.2	0.9
2019	72.5	25.7	1.0
2020	72.5	31.1	1.0

图 2-47　菲律宾、沙特阿拉伯、匈牙利、乌克兰 2011~2020 年再生浆产量估算情况

4. 再生浆产量估算值为 10 万～50 万吨的国家

罗马尼亚、埃及、斯洛文尼亚、巴基斯坦、捷克、塞尔维亚、立陶宛、缅甸及阿联酋的原始数据同样来源于 FAO，在此不再罗列。通过计算得到各国 2011～2020 年年均产量均为 10 万～50 万吨。其中，绝大部分国家再生浆产量估算值整体保持稳定增长。缅甸再生浆产量变化较为特殊。缅甸 2011～2018 年再生浆年均产量仅为 3 万吨左右，2019～2020 年则大幅增长。这与中国废纸造纸企业产能向外转移有较大关系。计算得到的缅甸 2011～2020 年再生浆生产情况如图 2-48 所示。

图 2-48 缅甸 2011～2020 年再生浆产量估算情况

其他"一带一路"共建国家 2011～2020 年年均再生浆产量估算值均低于 10 万吨，造纸行业发展水平偏低，因此本节不做分析。

2.2.3 纸和纸板

中国纸和纸板产量在"一带一路"共建国家纸和纸板总产量中的占比较高，2011～2020 年占比均超过 60%，年均产量超过 5000 万吨。因此，单独针对其他主要纸和纸板生产国进行统计分析更能反映"一带一路"共建国家造纸情况。如图 2-49 所示，2011～2020 年"一带一路"共建国家中主要纸和纸板生产国（除中国外）的纸和纸板产量整体呈现增长趋势。其中，印度尼西亚、俄罗斯年均纸和纸板产量为 500 万～5000 万吨，是"一带一路"共建国家中主要的纸和纸板生产国；泰国、波兰、土耳其、马来西亚、越南、沙特阿拉伯及乌克兰年均纸和纸板产量为 100 万～500 万吨；其他国家年均纸和纸板产量低于 100 万吨。

图 2-49　2011～2020 年纸和纸板总产量及各国占比情况

1. 纸和纸板产量超过 5000 万吨的国家

2011～2020 年中国纸和纸板产量、表观消费量及"一带一路"其他共建国家纸和纸板总产量如图 2-50 所示。中国是"一带一路"共建国家中主要的纸和纸板生产国，2011～2020 年产量占比均超过 60%，但下降趋势明显。"一带一路"倡议在促进共建国家经济水平发展的同时，加速了共建国家造纸行业的发展。从 2013 年开始，中国纸和纸板产量在"一带一路"共建国家纸和纸板总产量中的占比逐年缓慢下滑，并在 2018 年受"禁废令"政策影响，废纸原料进口量减少，产量明显下降。另外，随着国内废纸回收体系不断完善、再生浆进口量与原生浆产量不断提升，中国纸和纸板产量在 2019～2020 年逐渐恢复增长，占比也有所提高。中国纸和纸板的表观消费量与同期产量接近，均为 1.0 亿～1.2 亿吨。

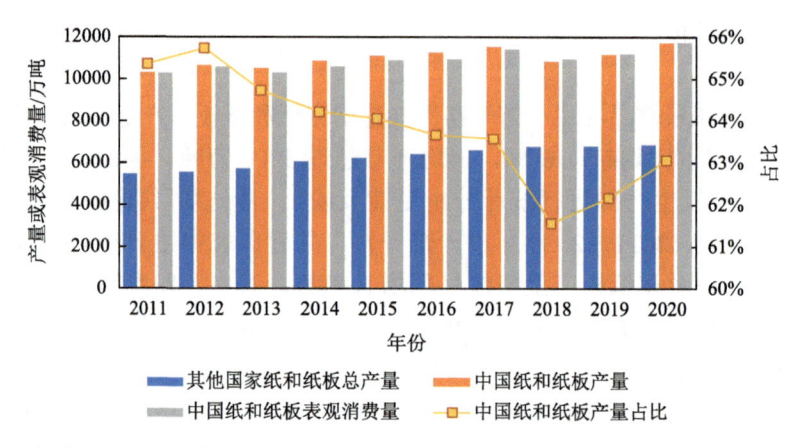

图 2-50　中国 2011～2020 年纸和纸板生产与表观消费及"一带一路"其他共建国家纸和纸板生产情况

第 2 章　全球造纸行业生产与消费现状　　　·61·

中国 2011~2020 年纸和纸板人均产量和表观消费量变化趋同，具体情况如图 2-51 所示。两者在 2013 年和 2018 年均出现短期下跌，但都迅速恢复了增长。2020 年，新冠疫情导致线上购物激增，纸和纸板人均产量和表观消费量快速增长，两者都达到 2011~2020 年的最高水平。

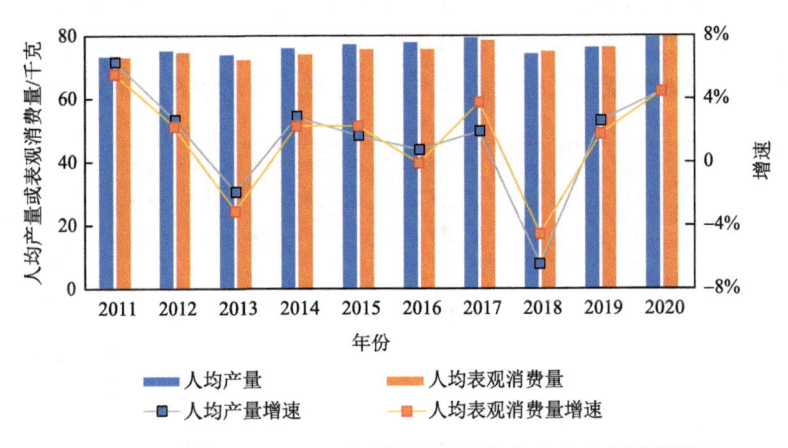

图 2-51　中国 2011~2020 年纸和纸板人均生产和表观消费情况

中国 2011~2020 年各类纸和纸板产品生产情况如图 2-52 所示。包装纸和纸板是 2011~2020 年产量最多且产量增长最快的纸种，虽然 2018 年受原料影响大幅减少了约 500 万吨，但是 2019 年产量迅速反弹，并在 2020 年突破 7353 万吨，创下新高。家庭生活用纸则以约 5.19%的年均增速在 2011~2020 年增长了约 250 万吨。印刷书写纸 2011~2020 年产量一直稳定在 2450 万~2650 万吨。新闻纸产量下降明显，2011~2020 年产量下降了约 280 万吨，2020 年仅为 112.7 万吨。

图 2-52　中国 2011~2020 年各类纸和纸板产品生产情况

2. 纸和纸板产量为 500 万～5000 万吨的国家

1）印度尼西亚（与泰国对比）

印度尼西亚是东南亚地区最大的纸和纸板生产国，其次是泰国。图 2-53 显示了东南亚地区 2011～2020 年纸和纸板产量分布情况。泰国 2011～2020 年年均纸和纸板产量虽然低于 500 万吨，但是作为"一带一路"共建国家中纸和纸板主要生产国和东南亚地区纸和纸板主要生产国，亦被本节考虑在内作对比分析。

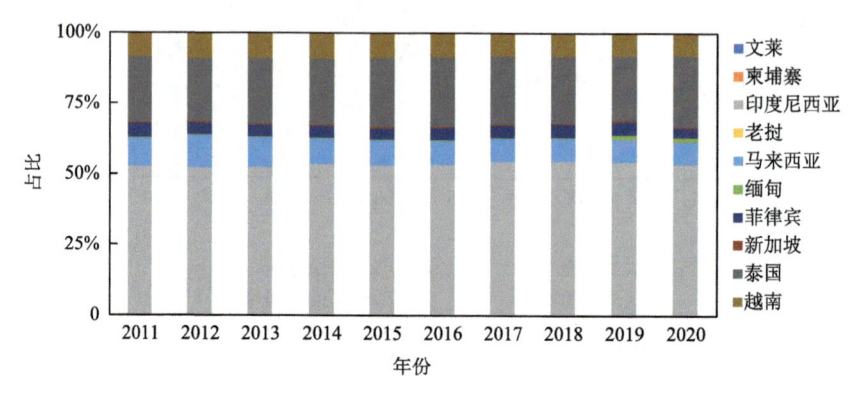

图 2-53 东南亚地区 2011～2020 年纸和纸板生产情况

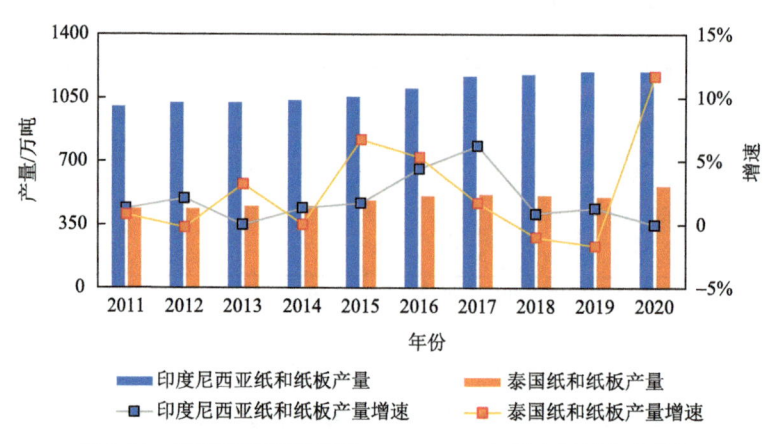

印度尼西亚和泰国 2011～2020 年纸和纸板生产情况如图 2-54 所示。印度尼西亚 2014～2017 年纸和纸板产量增长明显，2017 年增速高达 6.15%，然而 2018 年增速放缓至仅 1%左右，2020 年产量增长至 1200 万吨左右。泰国纸和纸板产量整体呈现增长趋势，但增速在−2%～7%频繁波动，2015 年和 2016 年分别达到 6.7%和 5.3%，2020 年产量增长至约 562 万吨。

图 2-54 印度尼西亚和泰国 2011～2020 年纸和纸板生产情况

印度尼西亚、泰国 2011~2020 年人均纸和纸板生产及表观消费情况分别如图 2-55 和图 2-56 所示。印度尼西亚纸和纸板产量大于泰国，但是人均水平较低，2011~2020 年人均纸和纸板产量为 40~45 千克。同时，其整体增速变化不显著，仅在 2016~2017 年出现较大幅度波动。泰国人均纸和纸板产量为 60~85 千克，整体呈现增长趋势，其中，2015 年、2016 年及 2020 年增长较快，增速分别达到 6.29%、4.89% 及 11.40%。印度尼西亚人均纸和纸板表观消费量不到同期泰国人均水平的一半，虽然在 2016 年出现了短期较大幅度的增长，但是基数较低导致绝对值变化量不大，其 2011~2020 年人均表观消费量整体维持在 25~30 千克。相比之下，泰国人均表观消费水平较高，从 2011 年的 62.3 千克增长至 2017 年的 70.8 千克，虽然此后出现过下滑，但 2020 年出现反弹，人均表观消费量达到 75.6 千克。

图 2-55 印度尼西亚和泰国 2011~2020 年人均纸和纸板生产情况

图 2-56 印度尼西亚和泰国 2011~2020 年人均纸和纸板表观消费情况

印度尼西亚和泰国 2011~2020 年各类纸和纸板产品生产情况分别如图 2-57

和图 2-58 所示。2014 年以前，印刷书写纸是印度尼西亚主要的生产纸种，年均产量约 480 万吨。之后印度尼西亚纸和纸板产品结构发生变化，印刷书写纸产量大幅下降，至 2020 年方企稳至约 480 万吨。包装纸和纸板在 2014 年成为印度尼西亚主要的生产纸种且产量持续增长，2020 年产量约为 570 万吨。家庭生活用纸产量整体呈现增长趋势，2020 年相较 2011 年增长了约 55 万吨，增速约 130%。新闻纸产量整体呈现下降趋势，从 2011 年的 65 万吨下降到了 2020 年的 30 万吨左右。泰国主要生产包装纸和纸板，其产量稳定增长，从 2011 年的 292 万吨增长至 2020 年的 390 万吨左右。2011~2019 年，泰国印刷书写纸产量稳中有升，整体维持在 120 万吨左右，2020 年增长到 144.7 万吨。新闻纸和家庭生活用纸产量低且变化小，因此不展开分析。

图 2-57　印度尼西亚 2011~2020 年各类纸和纸板产品生产情况

图 2-58　泰国 2011~2020 年各类纸和纸板产品生产情况

2）俄罗斯（与波兰对比）

俄罗斯是欧洲最大的纸和纸板生产国，其次是波兰。波兰纸和纸板产量低于

500万吨，但与俄罗斯同属欧洲国家，并且波兰是欧洲第二大纸和纸板生产国，本节将波兰纳入对比分析。俄罗斯和波兰 2011~2020 年纸和纸板生产情况如图 2-59 所示。2020 年俄罗斯纸和纸板产量约为 950 万吨，波兰纸和纸板产量约为 500 万吨，两国有近 1 倍的差距。在增速方面，2011 年俄罗斯纸和纸板产量增速高达 35.57%，而后进入较为稳定的增长阶段，与波兰一致，维持在 0.5%~7.5%。

图 2-59　俄罗斯和波兰 2011~2020 年纸和纸板生产情况

俄罗斯和波兰 2011~2020 年人均纸和纸板生产及表观消费情况分别如图 2-60 和图 2-61 所示。2011~2020 年，俄罗斯人均纸和纸板产量从 52.9 千克增长到了 65.3 千克，连续十年保持增长。波兰在 2016 年前增长较快，而后放缓，2016~2020 年人均纸和纸板产量稳定在 125 千克左右。在人均表观消费量方面，俄罗斯和波兰有着明显的差距。俄罗斯 2011~2020 年人均表观消费量整体为 30~50 千克，而波兰 2011 年人均表观消费量高达 125.4 千克，到 2017 年更是超过了 175 千克。

图 2-60　俄罗斯和波兰 2011~2020 年人均纸和纸板生产情况

图 2-61 俄罗斯和波兰 2011~2020 年人均纸和纸板表观消费情况

俄罗斯和波兰 2011~2020 年各类纸和纸板产品生产情况分别如图 2-62 和图 2-63 所示。俄罗斯主要生产纸种为包装纸和纸板且 2011~2020 年产量持续稳定增长，2011~2020 年增长了约 190 万吨，增速为 43%左右；新闻纸是俄罗斯第二大生产纸种，但产量逐年下降，2011~2020 年下降了约 60 万吨，降幅接近 46%；印刷书写纸产量整体呈现增长趋势，与新闻纸产量差距逐年减小，未来或替代后者成为俄罗斯第二生产纸种；家庭生活用纸产量增长稳定，2011~2020 年增长了约 30 万吨，增速达到 97%。波兰造纸行业产品结构和生产情况与俄罗斯接近。其中，包装纸和纸板作为波兰主要生产纸种，增长较为稳定，2011~2020 年增长了 100 万吨左右，增速约为 41%；新闻纸产量逐年减少，2020 年产量仅为 1 万吨左右；印刷书写纸产量保持稳定，2011~2020 年维持在 75 万吨左右；家庭生活用纸产量逐年增长，2011~2020 年增长了约 20 万吨，增速约 58%。

图 2-62 俄罗斯 2011~2020 年各类纸和纸板产品生产情况

第 2 章 全球造纸行业生产与消费现状

图 2-63 波兰 2011~2020 年各类纸和纸板产品生产情况

3. 纸和纸板产量为 100 万~500 万吨的国家

泰国、波兰、土耳其、马来西亚、越南、沙特阿拉伯、乌克兰等造纸行业较为发达，2011~2020 年年均纸和纸板产量为 100 万~500 万吨。这些国家 2011~2020 年纸和纸板生产情况如图 2-64 所示。由于泰国和波兰已在前面进行展示，在此不再复述。其他国家中，土耳其产量最多，年均产量接近 300 万吨，但 2011~2020 年整体变化不大；马来西亚 2012 年产量出现过约 30 万吨的短暂上升，2014 年产量下降至 175 万吨左右，其后几乎稳定不变；越南产量整体稳定在 175 万吨左右；沙特阿拉伯和乌克兰产量亦保持平稳，分别在 120 万吨与 100 万吨左右。

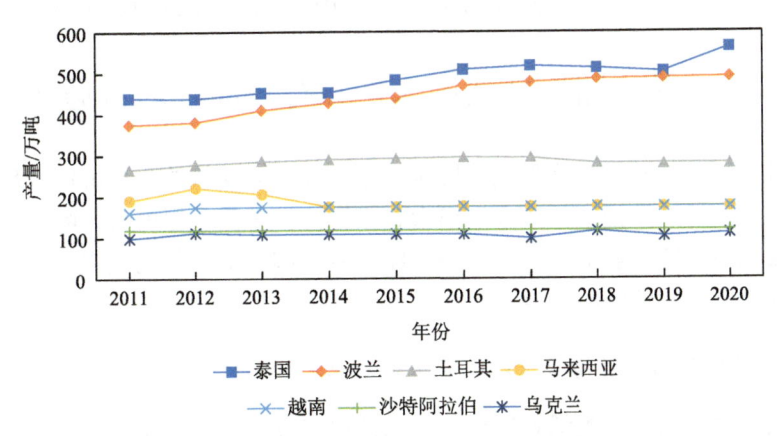

图 2-64 其他国家 2011~2020 年纸和纸板生产情况

4. 纸和纸板产量低于 100 万吨的国家

菲律宾、巴基斯坦、匈牙利、斯洛伐克、捷克、伊朗、斯洛文尼亚、埃及、塞尔维亚、罗马尼亚、希腊、克罗地亚、保加利亚、白俄罗斯、阿联酋、哈萨克斯坦、立陶宛、波斯尼亚和黑塞哥维那（简称波黑）、缅甸、黎巴嫩、新加坡、叙利亚、爱沙尼亚、孟加拉国、约旦、乌兹别克斯坦、科威特、拉脱维亚、北马其顿、斯里兰卡、阿塞拜疆、格鲁吉亚、摩尔多瓦、尼泊尔、伊拉克、巴林、亚美尼亚、阿曼、卡塔尔、吉尔吉斯斯坦、也门及黑山等国家的造纸行业发展水平较低，2011~2020 年年均纸和纸板产量小于 100 万吨。除去产量变化不大及产量相对较小的国家，值得一提的国家有菲律宾、巴基斯坦和斯洛伐克。三国 2016~2020 年纸和纸板生产情况如图 2-65 所示。菲律宾 2016~2019 年纸和纸板产量逐年上升，并于 2019 年超过 100 万吨，但 2020 年产量大幅下降；巴基斯坦纸和纸板产量整体呈现下降趋势，2016~2020 年产量下降了约 30 万吨；斯洛伐克纸和纸板产量逐年缓慢下降，2020 年产量约为 75 万吨。

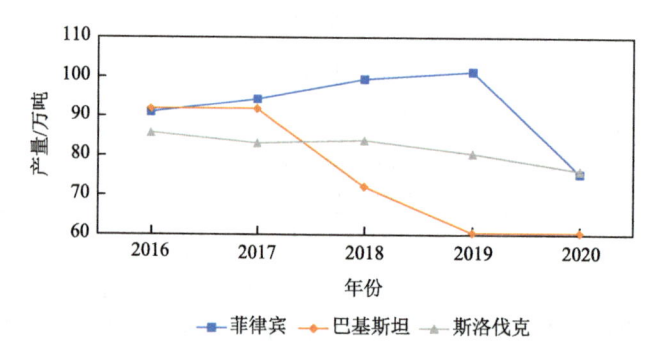

图 2-65 菲律宾、巴基斯坦和斯洛伐克 2016~2020 年纸和纸板生产情况

2.3 "一带一路"共建国家造纸行业面临的机遇和挑战

通过前面对"一带一路"共建国家造纸行业发展现状的分析可以发现，近年来中美贸易摩擦、中国"禁废令"出台、新冠疫情等诸多国内与国际事件均对此产生了长期或短暂的影响，给"一带一路"共建国家造纸行业既带来了一系列机遇，也提出了一些严峻的挑战。

1. 全球纸产品消费增长及转型带来的机遇与挑战

未来消费市场对各类纸和纸板的需求情况将发生较大变化，包装纸和纸板、家庭生活用纸的消费量将会快速增长，印刷书写纸和新闻纸消费量或将迎来下降。

在全球"限塑""禁塑"的趋势下，人们对塑料制品所产生的危害和对环境影响的认知不断提升，一次性塑料制品的消费量将明显下降，取而代之的是包装纸和纸板的广泛应用。目前，纸袋、纸盒、纸吸管等纸制品开始逐步取代原有的塑料产品，在食品包装、医疗用品包装等领域应用较多。此外，电商物流的快速发展也增加了消费市场对包装纸和纸板的需求。通过现有数据可以发现，包装纸和纸板早已成为各国造纸行业的最主要生产纸种且保持着良好的增长势头。同时，家庭生活用纸消费量快速增长。在后疫情时代，人们将愈加重视个人和公共卫生，家庭生活用纸的应用场景将变得更加丰富。印刷书写纸和新闻纸的需求量或将逐渐减少。无纸化办公的兴起对文化用纸造成较大冲击，印刷书写纸消费量将难以避免地下降。同时，电子设备的普及使人们获取知识和信息的媒介发生转变，将加速新闻纸消费量减少（这已经在"一带一路"共建国家中主要纸和纸板生产国的新闻纸产量变化中得到体现）。除了全球整体变化趋势影响，"一带一路"共建国家还具备自身优势：绝大部分共建国家属于发展中国家，人均纸和纸板消费水平较低，纸和纸板消费量有显著的提升空间。

"一带一路"共建国家造纸行业要结合自身经济发展情况积极调整产品结构、合理扩大产能以顺应时代发展趋势。

2. 全球废纸贸易格局变化带来的机遇与挑战

全球化使得各国造纸行业的联系愈加紧密。中国作为最大的废纸造纸国，其发展变化对"一带一路"共建国家造纸行业都将产生较大影响。

2017年底，中国开始施行"禁废令"等一系列法规。受此政策影响，全球废纸贸易格局发生了较大变化。中国废纸进口量快速下降，欧美地区难以迅速消化其国内产生的大量废纸，急需在全球寻找新的废纸加工基地。"一带一路"共建国家凭借诸多优势成为废纸的最好消纳地。俄罗斯、波兰等国家造纸行业本身不过分依赖废纸原料，也没有国外废纸造纸产能转移或境外废纸造纸投资，因此受此事件影响较小。泰国、越南等其他大部分国家对废纸需求量均有不同程度的增长。这一方面由中国企业产能转移引起的需求转移导致；另一方面是各国自身经济快速发展促进了造纸行业的发展，使得其国内造纸行业对废纸原料需求量快速增长。

废纸正逐步向亚洲国家转移，再生浆产量增长情况也部分反映了废纸流动趋势。2020年东南亚地区废纸总进口量已经小额超过中国，成为"一带一路"共建国家中新的废纸集中地。不仅如此，新兴废纸造纸国还拥有相对廉价的劳动力、电力、交通运输成本等优势。充足的原料和较低的生产成本为上述国家的造纸行业发展奠定了良好基础，但也将为其环境治理带来巨大压力。新兴废纸造纸产能要维持造纸行业发展和生态环境治理之间的平衡，努力实现造纸行业绿色、健康、可持续发展。

3. 全球低碳发展趋势带来的机遇与挑战

"一带一路"共建国家要为造纸的低碳发展做好准备。减少二氧化碳排放、实现碳中和已经成为当今的热门话题，越来越多的国家制定了碳中和目标，"一带一路"共建国家中的主要造纸国也不例外。泰国、波兰计划于 2050 年实现净零排放；俄罗斯、印度尼西亚计划于 2060 年实现净零排放[63]。对于小部分造纸行业相对发达国家，低碳趋势将会扩大其产品竞争力；对于大部分"一带一路"共建国家，低碳趋势将会严重限制其造纸行业的快速发展。目前，绝大部分"一带一路"共建国家造纸生产技术水平较为落后，节能、降耗、降碳等相关政策挤压着各国造纸行业的利润空间。"一带一路"共建国家造纸行业急需进行转型升级，实现清洁、高效生产。

4. "一带一路"倡议为主要造纸国带来的机遇

"一带一路"倡议可以助力打通共建国家造纸行业的壁垒，促进各国造纸行业在生产技术、原料、市场等方面的交流与联系，加快各国造纸行业的转型升级。

中国通过"一带一路"倡议降低了国内先进造纸企业"走出去"的成本。目前已有大量国内造纸企业在东南亚等地区布局。此举有多方面的好处：第一，可以解决中国国内产能过剩的问题，缓解激烈的市场竞争；第二，为中国造纸企业提供分享国外资源和市场的机会；第三，为其他国家提供就业岗位；第四，加速"一带一路"共建国家造纸行业在设备、技术等方面的交流，助力共建国家突破各自的瓶颈；第五，促进"一带一路"共建国家在原料、产能等方面的合理流动与配置，充分发挥各国的优势。

东南亚国家作为新兴的废纸进口国，可通过"一带一路"倡议加深与中国的合作，学习中国废纸造纸优秀经验，缓解废纸造纸给环境带来的压力。俄罗斯和波兰同属于欧洲国家。与大多数国家相同，俄罗斯造纸行业急需进行技术升级。目前，俄罗斯有大量造纸设备依赖进口，每年设备进口贸易额超过 2 亿美元。俄罗斯可以借助"一带一路"倡议给予的诸多便利，从"一带一路"共建国家进口设备、引进技术，在设备和技术方面实现共同进步。波兰造纸行业较为发达，但也面临节能、减排、降碳等方面的难题。波兰正积极改造升级国内造纸行业，提高清洁能源使用占比，并逐步淘汰落后产能。其可通过"一带一路"倡议加深与中国先进造纸企业的合作，交流分享节能降耗、清洁生产、工业智能化等相关技术，实现互利共赢。

"一带一路"共建国家造纸行业面临诸多机遇和挑战，利用"一带一路"倡议促进各国间的相互交流，分享先进技术与经验，解决各国造纸行业自身面临的问题是未来共建国家造纸行业健康发展的关键之一。

第 3 章 "一带一路"共建国家造纸行业清洁生产政策与标准体系

3.1 造纸行业清洁生产政策

3.1.1 中国造纸行业清洁生产政策

造纸行业是我国国民经济发展的重要行业，以木材、芦苇和废纸等可再生性纤维为原料，具有可持续发展的特点。从《国民经济和社会发展"九五"计划和2010年远景目标纲要》到《国民经济和社会发展第十四个五年规划和2035年远景目标纲要》，中国造纸行业清洁生产政策逐步从结构调整阶段过渡到可持续发展阶段，直至目前的绿色制造阶段。

"九五"时期，造纸行业生产经营面临严峻挑战，环境治理压力逐渐增大，市场竞争激烈。造纸行业进行了工业结构的重大调整，深化机制体制改革，调整产业结构，提高增长质量。"十五"时期，造纸行业以调整结构为主，继续加大产业结构调整力度，提高行业现代化生产技术水平，提高行业整体的市场竞争能力。2001年8月，国家经贸委发布了《造纸工业"十五"规划》，力在改善造纸行业规模小、技术落后、污染严重的状况，促进原料结构和产品结构的合理化，促进重点企业实现规模大型化和生产现代化，节能降耗、治理污染，使造纸行业带来的环境污染问题得到有效控制，大幅提高造纸行业的整体素质，实现造纸行业的可持续发展。

"十一五"至"十三五"时期，造纸行业坚持走可持续发展道路，打造现代化的造纸工厂。2007年10月，国家发展改革委发布了《造纸产业发展政策》，在产能规划、环境保护、产业布局、纤维原料和行业准入方面做出了具体的规定。"十二五"时期，我国造纸行业面临转变发展方式、加快结构调整、加大节能减排力度、走绿色发展之路等重要任务。2011年12月，国家发展改革委、工业和信息化部、国家林业局联合发布了《造纸工业发展"十二五"规划》，为指导造纸行业发展、加快传统造纸工业向可持续发展的现代造纸工业转变提供了指导。2013年，环境保护部颁布了《造纸行业木材制浆工艺污染防治可行技术指南（试行）》《造纸行业非木材制浆工艺污染防治可行技术指南（试行）》《造纸行业废纸制浆及造纸工艺污染防治可行技术指南（试行）》等三项指导性技术文件，加强造纸行业环境管理体系建设，提供造纸行业清洁生产技术指导，促进行业可持续发展。

2016年7月，工业和信息化部颁布了《轻工业发展规划（2016—2020年）》，推动造纸行业向节能、减排、环保、绿色方向发展，加强造纸行业原料高效利用技术、高速纸机自动化控制集成技术、清洁生产和资源综合利用技术的研发及应用。重点发展未漂白的家庭生活用纸、白度适当的文化用纸、高档包装用纸和高技术含量的特种纸，增加纸和纸制品的功能、种类并提高其质量。充分利用开发国内外资源，加强国内废纸回收体系建设，提高资源利用效率，解决原料对外依赖度过高的问题。

"十四五"时期，造纸行业加快改造升级，实现绿色制造。2017年8月，环境保护部发布了《造纸工业污染防治技术政策》，从生产过程污染防控、污染治理及综合利用、二次污染防治、鼓励研发新技术四个方面引导造纸行业绿色低碳发展。2018年1月，环境保护部颁布了《制浆造纸工业污染防治可行技术指南》，规定了制浆造纸企业废气、废水、固体废物和噪声的污染防治可行技术，包括污染预防、污染治理和污染防控技术。2020年12月，生态环境部生态环境执法局印发了《火电、水泥和造纸行业排污单位自动监测数据标记规则（试行）》，规定了造纸行业排污单位要如实标记生产设施、污染治理设施和自动监控系统运行情况，保证排污单位自动监测数据的真实性、完整性、准确性和有效性。2021年2月，《国务院关于加快建立健全绿色低碳循环发展经济体系的指导意见》发布，加快实施造纸行业绿色低碳循环发展的生产体系，健全绿色低碳循环发展的流通体系和绿色低碳循环发展的消费体系，加快基础设施绿色升级，构建市场导向的绿色技术创新体系。

3.1.2 欧美造纸行业清洁生产政策

以欧美地区为代表的发达国家或地区处于工业化后期阶段，针对工业清洁生产制定了较为完善的政策。

1. 欧盟

（1）新森林战略。森林能够提供气候效益和生态系统服务，如清洁空气、生物多样性、生物经济原料、可再生能源等。从可持续管理的森林中采购木材可以确保森林可持续地为社会提供这些气候效益和生态系统服务，这些特质是造纸行业可持续发展的核心。2021年，欧盟通过了"2030年新欧盟森林战略"（New EU Forest Strategy for 2030）。该战略是以欧盟为基础的2030年生物多样性战略，其提出的措施建议有助于欧盟在2030年前实现至少55%的温室气体减排[64]，并在

2050年实现碳中和目标。该战略将社会、经济、环境三方面结合起来,确保欧盟森林的多功能性和森林的保护、恢复及可持续管理。

（2）可持续性和循环性政策。欧洲造纸行业注重发展可持续性和循环性,使其成为欧洲最具可持续性的行业之一,从2005年至今已经实现31%的脱碳[65],成为工业共生、共享材料/能源/水的锚定产业。欧盟的目标是在2050年成为具有市场竞争力、创新和可持续的净零碳供应商,即通过加强木材和纸产品在日常生活中的作用,通过收集和回收技术来取代二氧化碳密集型原料和化石能源。在满足欧洲民众日常需求的基础上提供有助于可持续发展的方案。欧洲践行可持续发展的又一步举措是成立4evergreen联盟。该联盟旨在提高纤维包装在可持续发展和循环发展中的贡献,最大限度地减弱气候和环境影响[66]。根据麦肯锡公司的数据,2019年,纤维包装占欧洲市场所有包装的比例达38%。该联盟希望通过完善产品的循环,为减缓气候变化做出贡献,目标是到2030年将纤维包装的整体回收率提高到90%。

（3）产品安全政策。2019年4月,CEPI下属欧洲纸袋包装纸和包装用牛皮纸生产商协会（European Association for Producers of Sack Kraft Paper for the Paper Sack Industry and Kraft Paper for the Packaging Industry, Eurokraft）发布了新版《食品接触准则：纸与纸板材料的合规性》（*Food Contact Guidelines: For the Compliance of Paper & Board Materials and Articles*）,旨在加强生产者和消费者对食品级纸板材料安全性的信任。该准则于2010年首次发布,并于2012年更新,概述了食品级纸和纸板产品的最高安全标准[67]。

（4）产品创新政策。欧洲造纸行业是一个高度创新型行业,其可持续发展的战略愿景、原料的可持续性及该行业正在经历的转型带来了新的产品、技术,以及新的生物价值和商业机会。2011年,CEPI推出了"2050年低碳生物经济路线图"（2050 Roadmap to a Low Carbon Bioeconomy）项目,成为第一个对欧盟的低碳经济路线图做出反应的欧洲制造业。该项目于2013年启动,旨在寻找行业内最具创新性的突破性技术。2015年,CEPI在《纤维时代》（*The Age of Fibre*）中收集了40多种业界最具创新性的产品,再次展示了造纸行业的多功能性和创新性[68]。

（5）造纸行业转型政策。欧洲纸浆、纸和纸板行业处于世界领先水平,是纸产品的净出口地区,同时为欧洲提供了150万个直接和间接就业机会。造纸行业以源自可持续发展的可再生原料为基础,设计可回收利用的产品,为保护环境、延缓气候变化、实现绿色增长和可持续发展做出贡献。生物经济的核心不是生产原始的生物基产品——纸和板材,而是通过有效利用可再生原料来替代化石燃料。欧盟市场自2004年以来一直全面开放,大约1/3的欧盟纸和纸板出口面临关税壁垒。欧盟造纸行业正在通过多边和双边谈判及与欧盟贸易伙伴的高级别谈判为其产品和原料寻求公平的竞争环境[69]。

2. 美国

美国森林与纸业协会（American Forest and Paper Association，AF&PA）制定了五个可量化的可持续发展目标，并计划于2030年实现相关目标[70]。

（1）减少温室气体排放。自2005年以来，AF&PA已经将温室气体排放减少了23%以上。为了更好地应对气候变化，AF&PA承诺到2030年，以2005年为基线将温室气体排放总量降低50%；到2025年，为范围三（scope3）温室气体排放制定目标。

（2）推进循环价值链。造纸行业有固定的循环供应链，从重新植树造林以提供纤维材料保护环境到回收利用纸产品和包装材料以生产新产品。AF&PA计划通过生产可再生和可回收产品来推进循环价值链，加强造纸行业在循环经济中的作用。具体措施包括：①创新产品、包装，以及制造工艺；②将造纸行业的回收纤维和木材残渣利用率提高到50%；③提高可回收或可堆肥产品的占比；④与利益相关方合作，普及可再生材料的环境价值。

（3）实现零事故率。AF&PA重点关注职工健康安全。2010~2020年，造纸行业在保证职工健康安全方面不断取得进展，AF&PA计划于2030年实现工业制造零事故率，防止纸浆和造纸企业发生严重伤亡事件。

（4）推动水管理计划。造纸行业消耗大量水资源，自2005年以来，AF&PA水耗减少了近7%。AF&PA将在整个制造运营过程中推动水管理计划，承诺到2021年底确定并开发潜在的行业特定水资源管理技术，包括促进水资源管理的最佳做法；2022~2023年部署水资源管理技术；2030年为不断增加使用水资源管理技术的成员设定新的目标。

（5）实行弹性森林计划。AF&PA一直以来致力于发展可持续林业，提高美国森林提供的多样化环保价值，如水资源、森林资源和生物多样性等。具体措施包括：①支持森林保护和森林恢复倡议；②建立伙伴关系，加大森林资源的研究教育力度；③促进可持续森林管理；④提高供应链在采购方面的透明度。

3.2 造纸行业清洁生产标准

3.2.1 中国造纸行业清洁生产标准

中国造纸行业清洁生产标准分为生产工艺与装备要求（定性）、资源能源利用指标（定量）、产品指标（定量）、污染物产生指标（末端处理前）（定量）、废物回收利用指标（定量）、环境管理要求（定性）6个大类[71]。其中，中国造纸行业清洁生产相关标准实施及废止/作废日期如表3-1所示。

表 3-1　中国造纸行业清洁生产相关标准实施及废止/作废日期

标准	实施日期	废止/作废日期
《造纸工业水污染物排放标准》（GB 3544—1992）	1992/7/1	2002/1/1
《造纸工业水污染物排放标准》（GWPB 2—1999）	2001/7/1	2002/1/1
《环境标志产品技术要求 再生纸制品》（HJBZ 5—2000）	2000/3/10	2006/1/1
《造纸工业水污染物排放标准》（GB 3544—2001）	2002/1/1	2008/8/1
《取水定额 第5部分：造纸产品》（GB/T 18916.5—2002）	2005/1/1	2013/1/1
《环境标志产品技术要求 再生纸制品》（HJ/T 205—2005）	2006/1/1	现行
《清洁生产标准 造纸工业（漂白碱法蔗渣浆生产工艺）》（HJ/T 317—2006）	2007/2/1	2015/4/15
《清洁生产标准 造纸工业（硫酸盐化学木浆生产工艺）》（HJ/T 340—2007）	2007/7/1	2015/4/15
《清洁生产标准 造纸工业（漂白化学烧碱法麦草浆生产工艺）》（HJ/T 339—2007）	2007/7/1	2015/4/15
《建设项目竣工环境保护验收技术规范 造纸工业》（HJ/T 408—2007）	2008/4/1	2021/11/25
《制浆造纸工业水污染物排放标准》（GB 3544—2008）	2008/8/1	现行
《清洁生产标准 造纸工业（废纸制浆）》（HJ 468—2009）	2009/7/1	2015/4/15
《制浆造纸废水治理工程技术规范》（HJ 2011—2012）	2012/6/1	现行
《取水定额 第5部分：造纸产品》（GB/T 18916.5—2012）	2013/1/1	2023/4/1
《排污单位自行监测技术指南 造纸工业》（HJ 821—2017）	2017/6/1	现行
《制浆造纸工业污染防治可行技术指南》（HJ 2302—2018）	2018/3/1	现行
《污染源强核算技术指南 制浆造纸》（HJ 887—2018）	2018/3/27	现行
《取水定额 第5部分：造纸产品》（GB/T 18916.5—2022）	2023/4/1	现行

我国在1999年颁布的《造纸工业水污染物排放标准》（GWPB 2—1999）是对1992年修订的《造纸工业水污染物排放标准》（GB 3544—1992）的再次修订。《造纸工业水污染物排放标准》首次发布于1983年，1992年为第一次修订，1999年为第二次修订。《造纸工业水污染物排放标准》（GWPB 2—1999）对部分指标值进行了调整，生化需氧量（biochemical oxygen demand，BOD）、悬浮物（suspend solid，SS）、排水量加严，COD基本保持不变；不再分级，排入城镇污水处理厂的造纸企业废水应达到地方规定的污水处理厂进水标准。2001年，国家环境保护总局发布了《造纸工业水污染物排放标准》（GB 3544—2001）。该标准内容等同于《造纸工业水污染物排放标准》（GWPB 2—1999），自该标准实施之日起，代替 GWPB 2—1999。2003年，国家环境保护总局发布了《关于修订〈造纸工业水污染物排放标准〉的公告》（环发〔2003〕152号），对《造纸工业水污染物排放标准》（GB 3544—2001）进行修订。该次修订对本色和脱墨工艺排水量、BOD、COD、SS和pH制定了标准。2008年，环境保护部颁布了《制浆造纸工业水污染

物排放标准》（GB 3544—2008）。该次修订主要内容如下：①调整了排放标准体系，增加了控制排放的污染物项目，提高了污染物排放控制要求；②规定了污染物排放监控要求和水污染物基准排水量；③将可吸附有机卤素指标调整为强执行项目。该次修订后的标准自 2008 年 8 月 1 日起实施。自标准实施之日起，《造纸工业水污染物排放标准》（GB 3544—2001）、《关于修订〈造纸工业水污染物排放标准〉的公告》（环发〔2003〕152 号）废止。该标准沿用至今。

2002 年 1 月，国家环境保护总局启动了全国清洁生产标准的编制工作，经过宣传、推广，清洁生产标准在全国环保系统、工业行业和企业中产生了广泛的影响，成为清洁生产领域的基础性标准。

在我国现行的清洁生产标准中，与制浆造纸行业相关的共有四项，分别为《清洁生产标准 造纸工业（漂白碱法蔗渣浆生产工艺）》（HJ/T 317—2006）、《清洁生产标准 造纸工业（硫酸盐化学木浆生产工艺）》（HJ/T 340—2007）、《清洁生产标准 造纸工业（漂白化学烧碱法麦草浆生产工艺）》（HJ/T 339—2007），以及《清洁生产标准 造纸工业（废纸制浆）》（HJ 468—2009）。这四个标准都选择了污染相对较重的制浆工艺，包括蔗渣浆、草浆、木浆和废纸浆。标准文件中包括适用范围、规范性引用文件、术语和定义、规范性技术要求、数据采集和计算方法、标准实施这六个部分。从发布时间来看，HJ/T 317—2006 发布较早。从标准框架结构来看，HJ/T 339—2007、HJ/T 340—2007 和 HJ 468—2009 框架结构基本一致，是在 HJ/T 317—2006 的基础上进行的统一调整，均包括生产工艺与装备要求、资源能源利用指标、污染物产生指标（末端处理前）、废物回收利用指标、环境管理要求这五大类清洁生产评价指标。HJ/T 317—2006 框架结构主要包括生产工艺与装备要求、资源消耗指标、废弃物综合利用标准、特征工艺指标、污染物产生指标（末端处理前）、环境管理要求这六大类清洁生产评价指标。

目前我国造纸行业清洁生产标准化体系处于初期形成阶段，还不够完善。已发布的标准中按照生产工艺分类只有制浆工艺，还没有涉及造纸工艺；从浆的种类来说，只包括化学法蔗渣浆、草浆、木浆和废纸浆，还没有涉及化学法竹浆、非化学浆等。

3.2.2 "一带一路"共建国家造纸行业清洁生产标准

"一带一路"共建国家也通过制定环境排放标准或清洁生产标准来规范工业生产活动，但相关标准建设发展水平不一。一些国家（如印度尼西亚、斯洛文尼亚、奥地利）针对造纸行业的生产特点制定了专门的行业清洁生产标准，对造纸行业生产过程中的污染物排放进行了限制。另一些国家（如摩尔多瓦、老挝、越南）制定了一般性的环境保护标准，概括性地对工业生产的废弃物排放进行约束。其中，"一带一路"共建国家造纸行业清洁生产标准如表 3-2 所示。

表 3-2 "一带一路"共建国家造纸行业清洁生产标准

国家	标准	中文名	年份	是否现行
印度尼西亚	*Effluent Quality Standard for Pulp and Paper Industry in Indonesia*	印度尼西亚制浆造纸工业的排放水质标准	1991	否
斯洛文尼亚	*Regulation on the Emission of Substances and Heat in the Discharge of Waste Water from the Production of Pulp*	制浆废水中的物质和热量排放法规	2006	是
斯洛文尼亚	*Regulation on the Emission of Substances and Heat in the Discharge of Waste Water from the Production of Paper and Paperboard*	纸和纸板生产废水中的物质和热量排放法规	2006	是
老挝	*Provisions of the Minister of Industry-Handicraft on the Discharge of Waste Water from Factories*	工业-手工业部关于工厂废水排放的规定	1994	是
奥地利	*Waste Water Emission Ordinance-Paper Industry*	废水排放条例-造纸工业	2000	是
奥地利	*Waste Water Emission Ordinance-Textile, Leather and Paper*	废水排放条例-纺织、皮革和纸张	2000	是
摩尔多瓦	*Law No. 409-XV Amending Law on Environmental Protection*	第 409-XV 修订环境保护法	2004	是
越南	*Environmental Protection Regulation Applicable to Discarded Materials Imported for Use as Production Raw Materials*	适用于作为生产原料进口的废弃物的环保法规	1993	是
马来西亚	*Environment Quality (Sewage and Industrial Effluents) Regulations, 1979*	环境质量（生活污水和工业废水）法规，1979 年	1979	否
马来西亚	*Environmental Quality (Industrial Effluent) Regulations, 2009*	环境质量（工业废水）法规，2009 年	2009	是
马来西亚	*Environmental Quality (Sewage) Regulations, 2009*	环境质量（生活污水）法规，2009 年	2009	是

1. 印度尼西亚

印度尼西亚在 1991 年发布的 *Effluent Quality Standard for Pulp and Paper Industry in Indonesia* 中提出了对制浆造纸行业的污水排放质量标准。该标准分为三类对象，分别为制浆工厂、造纸工厂及制浆造纸工厂。其中，制浆工厂 BOD_5 最大浓度为 150 毫克/升，最大污染负荷为 15 千克/吨；COD 最大浓度为 350 毫克/升，最大污染负荷为 35 千克/吨；TSS 最大浓度为 200 毫克/升，最大污染负荷为 20 千克/吨；pH 为 6~9。造纸工厂 BOD_5 最大浓度为 125 毫克/升，最大污染负荷为 10 千克/吨；COD 最大浓度为 250 毫克/升，最大污染负荷为 20 千克/吨；TSS 最大浓度为 125 毫克/升，最大污染负荷为 10 千克/吨；pH 为 6~9。制浆造纸工厂 BOD_5 最大浓度为 150 毫克/升，最大污染负荷为 25.5 千克/吨；COD 最大浓度为 350 毫克/升，最大污染负荷为 59.5 千克/吨；TSS 最大浓度为 150 毫克/升，最大污染负荷为 25.5 千克/吨；pH 为 6~9。

2. 斯洛文尼亚

斯洛文尼亚于 2006 年发布了 *Regulation on the Emission of Substances and Heat in* the Discharge of Waste Water from the Production of Pulp 和 Regulation on the Emission of Substances and Heat in the Discharge of Waste Water from the Production of Paper and Paperboard，规定了将废水直接排入水中的装置废水参数限值标准、排入公共下水道的装置废水参数限值标准、不溶物的总排放因子限值标准，以及参数总氮、总磷、COD、BOD$_5$ 和可吸收有机卤化物（absorbable organic halogen，AOX）标准。

3. 老挝

老挝在 1994 年发布的 Provisions of the Minister of Industry-Handicraft on the Discharge of Waste Water from Factories 中规定了制浆工厂和造纸工厂的排放指标。对于制浆工厂，该标准规定 BOD$_5$ 排放浓度不得超过 90 毫克/升，TSS 排放浓度不得超过 60 毫克/升，氨氮排放浓度不得超过 7 毫克/升，酚类化合物排放浓度不得超过 1 毫克/升，pH 为 6~9.5。对于造纸工厂，该标准规定 BOD$_5$ 排放浓度不得超过 30 毫克/升，TSS 排放浓度不得超过 30 毫克/升，pH 为 6~9.5。

4. 越南

越南在 1993 年发布的 Environmental Protection Regulation Applicable to Discarded Materials Imported for Use as Production Raw Materials 中规定了当废弃原料（钢、铜、铝、锌、玻璃、纸板、纸、塑料等）被进口并在国内用作不被视为废物的次要材料时的环境保护要求。

2005 年，越南政府颁布了《环境保护法》（Law on Environmental Protection，第 52/2005/QH11 号），并采取了一些措施来促进工业可持续发展。1993 年，越南国会通过了该法的第一个版本，旨在为以环境可持续的方式管理国内资源提供一个基本框架。根据该法的规定，从事特定污染行业的企业必须向国家环境总局提交其活动的环境影响评估报告。报告必须包括以下信息：①评估项目或企业运营领域的环境现状；②评估项目或企业运作对环境的影响；③拟议的环境保护计划和措施。如果企业符合环境影响评估相关规定，则获得一份证书，该证书将列出企业所有者未来需要解决的环境问题，包括水污染、空气质量、废物处理、土壤退化、噪声和热量问题。该证书是可续期的，对使用有毒或放射性物质的企业，有效期为三年，对其他企业，有效期为五年。

5. 马来西亚

马来西亚在 1979 年发布了 Environment Quality（Sewage and Industrial Effluents）Regulations，1979，并于 2009 年废除，取而代之的是 Environmental Quality（Industrial Effluent）Regulations，2009 和 Environmental Quality（Sewage）Regulations，2009。这些文件是面向所有工业部门的一般性标准，没有针对造纸行业进行单独规范。为

支持《2014 年环境质量（清洁空气）条例》[*Environmental Quality（Clean Air）Regulations，2014*]的实施，马来西亚环境部为 9 个主要工业行业编写了最佳可行技术（best available techniques，BAT）文档，制浆造纸行业是其中之一。

BAT 通常被定义为在技术可行性和经济可行性方面表现良好的最佳技术。BAT 不仅涵盖所使用的技术，而且涵盖相关装置的操作方式。此外，BAT 的重点是污染预防，而不是末端处理，以确保实现高水平的环境保护。《制浆造纸行业最佳可行技术指导文件》（*Best Available Techniques Guidance Document on Pulp and Paper Industry*）没有制定具有法律约束力的标准，旨在为制浆造纸行业提供信息，以指导使用特定技术时可实现的排放和消耗水平。该文件提出了制浆造纸过程产生的二氧化硫、氮氧化物、粉尘等一系列污染物排放的控制措施，并给出了使用 BAT 后的排放水平参考值。

3.2.3 其他国家造纸行业清洁生产标准

其他国家也制定了造纸行业相关的清洁生产标准，如表 3-3 所示。其中，欧美地区的发达国家标准化建设起步较早，标准化体系相对健全，且不仅限于关注生产阶段的污染物排放。

表 3-3 其他国家造纸行业清洁生产标准

国家	标准	中文名	年份	是否现行
美国	40 CFR (Title 40—Protection of Environment)：Part 430—The Pulp, Paper, and Paperboard Point Source Category	40 CFR（联邦法规标题 40—环境保护）：第 430 部分—制浆、造纸和纸板点源类别	1998	是
美国	Formaldehyde Emissions from Pressed Wood Products	压制木制品的甲醛排放规定	2016	是
美国	Pulp, Paper and Paperboard Effluent Guidelines	制浆及纸和纸板生产废水的排放指南	1974	是
美国	Pulp and Paper Production (MACT I & III)：National Emissions Standards for Hazardous Air Pollutants (NESHAP) for Source Categories	纸浆和纸生产（MACT I & III）：有害空气污染物国家排放标准（NESHAP）	2001	是
美国	Kraft, Soda, Sulfite, and Stand-Alone Semichemical Pulp Mills (MACT II)：National Emission Standards for Hazardous Air Pollutants (NESHAP) for Chemical Recovery Combustion Sources	牛皮纸、碱法、亚硫酸盐和独立半化学制浆厂（MACT II）：化学回收过程中燃烧源的有害空气污染物国家排放标准（NESHAP）	2001	是
美国	Paper and Other Web Coating：National Emission Standards for Hazardous Air Pollutants (NESHAP)	纸张和其他网状涂层：有害空气污染物国家排放标准（NESHAP）	2002	是
美国	Best Available Techniques (BAT) Reference Document for the Production of Pulp, Paper and Board	制浆、造纸和纸板生产的最佳可用技术（BAT）参考文件	2010	是
芬兰	The National Goals for Environmental Protection by the Forest Industry in Finland	芬兰林业行业的环境保护国家目标	1993	否

续表

国家	标准	中文名	年份	是否现行
德国	Waste Paper Collection Ordinance	废纸收集条例	2010	是
德国	Effluent Standards for Pulp and Paper Industry in Germany	德国制浆造纸工业废水标准	1989	否
法国	Maximum Permitted Amounts of Suspended Solids and Oxygen-consuming Substances in Wastewaters from Chemical Pulp Mills in France	法国化学制浆厂废水中悬浮固体和耗氧物质的最高允许量	1993	否
加拿大	The Pulp and Paper Effluent Regulations	制浆造纸污水处理条例	1992	是
加拿大	Pulp and Paper Mill Effluent Chlorinated Dioxins and Furans Regulations	制浆和造纸厂废水中二噁英和呋喃含量规定	1992	是
加拿大	Pulp and Paper Mill Defoamer and Wood Chip Regulation	制浆和造纸厂消泡剂和木屑管理条例	1992	是
加拿大	Industry Emissions-Nitrogen Oxides and Sulphur Dioxide	工业排放中的氮氧化物和二氧化硫	2005	是
加拿大	Household Packaging and Paper Stewardship Program Regulations	家用包装和纸张管理计划条例	2013	是
加拿大	Environmental Management and Protection (General) Regulations	环境管理与保护（一般）条例	2014	是
印度	Environment (Protection) Third Amendment Rules	环境保护条例第三次修正案	1986	是
荷兰	Decree No. 183 Containing Rules Relative to Packing, Packing Waste, Paper and Cardboard	第183号法令——包装、包装废弃物、纸板和纸张相关条例	2005	是
巴西	Law No. 14.128 Providing for the State Policy on Recycling of Materials and the Economic and Financial Instruments Applicable to the Management of Solid Waste	第14.128号法律——适用于固体废弃物管理的国家材料回收政策及经济金融手段	2001	是
巴西	Federal Effluent Standards in Brazil	巴西联邦污水排放标准	1993	否

1. 美国

美国早在1974年就制定了 *Pulp, Paper and Paperboard Effluent Guidelines*，经过不断补充、细化和完善，2010年出台了 *Best Available Techniques（BAT）Reference Document for the Production of Pulp, Paper and Board*，为制浆造纸行业的清洁生产技术升级提供标准化示范参考。

2. 芬兰

芬兰是造纸大国，具有丰富的林业资源，为造纸行业的重要原料来源——林业生产制定了相关保护标准。

3. 加拿大

加拿大出台了多项关于造纸行业清洁生产的细化标准，包括造纸企业消泡剂和木屑的相关标准、家庭生活用纸和包装纸的管理和计划标准等。

4. 印度

印度在固体、液体、气体废物的处置和排放方面发布了环境标准。直到 20 世纪 90 年代初,这些标准都以污染物浓度为基础。由于水的价格很低,这导致工业对污水进行稀释,造成大量浪费。为了反对这一进程,印度于 1993 年对相关标准进行了负载、浓度和工艺等方面的修订。

3.3 造纸行业清洁生产评价指标体系

3.3.1 工业清洁生产评价指标体系发展

工业部门是许多国家经济发展的主要贡献者,涵盖了各种各样的活动,为国民经济各部门提供物质技术基础的主要生产资料或直接生产消费资料。近年来,工业部门面临水和空气污染加剧、土壤退化、酸雨、全球变暖和臭氧消耗等诸多具有挑战性的全球环境问题。为了创造更加持续的生产方式,必须转变传统的废物管理做法,从末端治理转向源头预防。工业部门清洁生产是保护人类和环境健康,实现经济、社会和生态环境可持续发展的实用方法,建立合理的评价指标体系则是工业清洁生产的关键。

合理的清洁生产评价指标体系是进行技术和管理措施筛选、清洁生产效果评估的有效手段。因此,建设合理有效的清洁生产评价指标体系,一方面可以帮助政府有关部门了解掌握行业/企业的清洁生产状况、评估各项技术和管理措施取得的效果、设置预期提升改进目标等,为宏观调控和政策的实施提供依据,从而规范和指导行业清洁生产持续有效发展;另一方面能够为清洁生产政策的出台、新制度和新机制(如市场准入机制、清洁生产激励机制、预评估制度)的建立提供基础性研究支撑。

2013 年 6 月,我国发布了《清洁生产评价指标体系编制通则》(试行稿),规定了清洁生产评价指标体系的编制原则、体系框架、评价方法和数据采集方法。自此我国开展了各个特定工业行业清洁生产评价指标体系的编制工作,截至 2020 年已颁布了 53 项标准,如表 3-4 所示。

表 3-4 工业行业清洁生产评价指标体系汇总

行业名称	发布时间	发布单位
钢铁行业	2014.2	国家发展改革委、环境保护部、工业和信息化部
水泥行业	2014.2	国家发展改革委、环境保护部、工业和信息化部

续表

行业名称	发布时间	发布单位
平板玻璃行业	2015.10	国家发展改革委、环境保护部、工业和信息化部
铅锌采选业	2015.10	国家发展改革委、环境保护部、工业和信息化部
电镀行业	2015.10	国家发展改革委、环境保护部、工业和信息化部
黄磷行业	2015.10	国家发展改革委、环境保护部、工业和信息化部
生物药品制造业（血液制品）	2015.10	国家发展改革委、环境保护部、工业和信息化部
电池行业	2015.12	国家发展改革委、环境保护部、工业和信息化部
镍钴行业	2015.12	国家发展改革委、环境保护部、工业和信息化部
锑行业	2015.12	国家发展改革委、环境保护部、工业和信息化部
再生铅行业	2015.12	国家发展改革委、环境保护部、工业和信息化部
电力（燃煤发电企业）	2015.4	国家发展改革委、环境保护部、工业和信息化部
纸浆造纸行业	2015.4	国家发展改革委、环境保护部、工业和信息化部
稀土行业	2015.4	国家发展改革委、环境保护部、工业和信息化部
电解锰行业	2016.10	国家发展改革委、环境保护部、工业和信息化部
涂装行业	2016.10	国家发展改革委、环境保护部、工业和信息化部
合成革行业	2016.10	国家发展改革委、环境保护部、工业和信息化部
光伏电池行业	2016.10	国家发展改革委、环境保护部、工业和信息化部
黄金行业	2016.10	国家发展改革委、环境保护部、工业和信息化部
制革行业	2017.7	国家发展改革委、环境保护部、工业和信息化部
环氧树脂行业	2017.7	国家发展改革委、环境保护部、工业和信息化部
1,4-丁二醇行业	2017.7	国家发展改革委、环境保护部、工业和信息化部
有机硅行业	2017.7	国家发展改革委、环境保护部、工业和信息化部
活性染料行业	2017.7	国家发展改革委、环境保护部、工业和信息化部
钢铁行业（烧结、球团）	2018.12	国家发展改革委、生态环境部、工业和信息化部
钢铁行业（高炉炼铁）	2018.12	国家发展改革委、生态环境部、工业和信息化部
钢铁行业（炼钢）	2018.12	国家发展改革委、生态环境部、工业和信息化部
钢铁行业（钢延压加工）	2018.12	国家发展改革委、生态环境部、工业和信息化部
钢铁行业（铁合金）	2018.12	国家发展改革委、生态环境部、工业和信息化部
再生铜行业	2018.12	国家发展改革委、生态环境部、工业和信息化部
电子器件行业（半导体芯片）	2018.12	国家发展改革委、生态环境部、工业和信息化部
合成纤维制造业（氨纶）	2018.12	国家发展改革委、生态环境部、工业和信息化部
合成纤维制造业（锦纶）	2018.12	国家发展改革委、生态环境部、工业和信息化部
合成纤维制造业（聚酯涤纶）	2018.12	国家发展改革委、生态环境部、工业和信息化部
合成纤维制造业（维纶）	2018.12	国家发展改革委、生态环境部、工业和信息化部

续表

行业名称	发布时间	发布单位
合成纤维制造业（再生涤纶）	2018.12	国家发展改革委、生态环境部、工业和信息化部
再生纤维素纤维制造业（粘胶法）	2018.12	国家发展改革委、生态环境部、工业和信息化部
印刷业	2018.12	国家发展改革委、生态环境部、工业和信息化部
洗染业	2018.12	国家发展改革委、生态环境部、工业和信息化部
煤炭采选业	2019.8	国家发展改革委、生态环境部、工业和信息化部
硫酸锌行业	2019.8	国家发展改革委、生态环境部、工业和信息化部
锌冶炼业	2019.8	国家发展改革委、生态环境部、工业和信息化部
污水处理及其再生利用行业	2019.8	国家发展改革委、生态环境部、工业和信息化部
肥料制造业（磷肥）	2019.8	国家发展改革委、生态环境部、工业和信息化部
纺织行业——机织染整布	2019.8	佛山市清洁生产与低碳经济协会
纺织行业——针织染整布	2019.8	佛山市清洁生产与低碳经济协会
化学原料药制造业	2020.12	国家发展改革委、生态环境部、工业和信息化部
硫酸行业	2020.12	国家发展改革委、生态环境部、工业和信息化部
再生橡胶行业	2020.12	国家发展改革委、生态环境部、工业和信息化部
锗行业	2020.12	国家发展改革委、生态环境部、工业和信息化部
住宿餐饮业	2020.12	国家发展改革委、生态环境部、工业和信息化部
淡水养殖业（池塘）	2020.12	国家发展改革委、生态环境部、工业和信息化部

国际上与清洁生产概念类似的还有绿色生产、可持续生产等，有关国际组织还制定了评价企业环境绩效的指标。表 3-5 对常见的与前述各类概念有关的评价指标体系进行了总结和梳理。

表 3-5 国际上与清洁生产、绿色生产、可持续生产等概念有关的评价指标体系

发布机构名称	评价指标体系名称	中文名	主要内容
ISO	Environmental Performance Evaluation （ISO 14031）	环境绩效评价（ISO 14031）	适用于组织的环境绩效评估，由环境状况指标及环境绩效指标组成，后者又细分为管理绩效指标与运营绩效指标
耶鲁大学、哥伦比亚大学、WEF、JRC	Environmental Performance Index	环境绩效指数	对国家政策的环境绩效进行量化和数字标记，由 2002 年首次提出的试点环境表现指数发展而来，旨在补充联合国千年发展目标中设定的环境目标
GSSB	Global Reporting Initiative Standards	全球报告倡议标准	于 2000 年首次推出，目前已被 90 多个国家的跨国组织、政府、中小企业、非政府组织和行业组织广泛使用，最新版本于 2016 年 10 月发布
SAM、标普道琼斯指数有限公司	Dow Jones Sustainability Indexes	道琼斯可持续发展指数	基于对企业经济、环境和社会绩效的分析，评估企业治理、风险管理、品牌、气候变化缓解、供应链标准和劳动实践等问题

续表

发布机构名称	评价指标体系名称	中文名	主要内容
OECD	Green Growth Indicators	绿色增长指标	包括4个主要领域的26个指标：①经济的环境和资源生产力；②自然资产基础；③生活质量的环境维度；④经济机会及政策反应
	Core Environmental Indicators	核心环境指标	跟踪环保工作的进度及所涉及的因素，并监察环保政策
	Key Environmental Indicators	关键环境指标	概述OECD成员国的主要环境问题和相关趋势
	Sectoral Environmental Indicators	部门环境指标	在制定和实施政策时促进和监督环境问题的整合
	Decoupling Environmental Indicators	脱钩环境指标	衡量环境压力与经济增长的脱钩
欧盟	Environmental Pressure Indicators for the EU	欧盟环境压力指标	包含9个领域的48个指标：①资源损耗；②废物；③有毒物质扩散；④水污染；⑤海洋环境与海岸带；⑥气候变化；⑦空气污染；⑧臭氧层损耗；⑨城市环境
WWF	Environmental Paper Company Index 2019	纸业公司环境指数2019	揭示各企业自愿提供的50多项指标的数据，用以评价企业在生产新闻纸、印刷书写纸、纸巾、包装纸、纸浆产品方面的环境政策、承诺和环境绩效

注：ISO 指国际标准化组织（International Organization for Standardization）；WEF 指世界经济论坛（World Economic Forum）；JRC 指欧洲联盟联合研究中心（Joint Research Centre）；GSSB 指全球可持续发展标准委员会（Global Sustainability Standards Board）；SAM 指可持续资产管理（Sustainable Asset Management）公司；OECD 指经济合作与发展组织（Organisation for Economic Co-operation and Development）；WWF 指世界自然基金会（World Wide Fund for Nature）。

3.3.2 中国造纸行业清洁生产评价指标体系

我国清洁生产领域的技术规范主要分为两类：一类是由国家发展改革委组织制定的行业清洁生产评价指标体系；另一类是由原环境保护部组织制定的行业清洁生产标准。按照全国人民代表大会环境与资源保护委员会的意见，需要将两类清洁生产领域的技术规范统一整合为清洁生产评价指标体系。

2015年4月15日，为贯彻《中华人民共和国环境保护法》和《中华人民共和国清洁生产促进法》，指导和推动制浆造纸企业依法实施清洁生产，提高资源利用率，减少和避免污染物的产生，保护和改善环境，国家发展改革委、环境保护部、工业和信息化部联合发布了《制浆造纸行业清洁生产评价指标体系》。自此，《清洁生产标准 造纸工业（漂白碱法蔗渣浆生产工艺）》（HJ/T 317—2006）、《清洁生产标准 造纸工业（漂白化学烧碱法麦草浆生产工艺）》（HJ/T 339—2007）、《清洁生产标准 造纸工业（硫酸盐化学木浆生产工艺）》（HJ/T 340—2007）、《清洁生产标准 造纸工业（废纸制浆）》（HJ 468—2009）停止施行。

制浆造纸行业清洁生产评价指标体系由相互联系、相对独立、互相补充的一系列清洁生产水平评价指标组成，包括一级指标和二级指标。由于制浆造纸企业种类繁多，为更好地进行评价指标体系的实施，确定评价指标体系的适用范围包括制浆和造纸两部分。

（1）制浆（按制浆方法分）：本色硫酸盐木（竹）浆、漂白硫酸盐木（竹）浆、化学机械木浆、漂白化学非木浆、非木半化学浆和废纸浆。

（2）造纸（按品种分）：新闻纸、印刷书写纸、家庭生活用纸、涂布纸和纸板。

制浆企业的清洁生产评价指标的一级指标包括五类：生产工艺及设备要求、资源和能源消耗指标、资源综合利用指标、污染物产生指标和清洁生产管理指标，如表 3-6 所示。造纸企业因为涉及纸产品的生产，增加产品特征指标，如表 3-7 所示。

表 3-6　制浆企业清洁生产评价指标

制浆企业类型	一级指标	一级指标权重	二级指标	二级指标权重
漂白硫酸盐木（竹）浆	生产工艺及设备要求	0.3	原料	0.05
			备料	0.15
			蒸煮	0.2
			洗涤	0.15
			筛选	0.15
			漂白	0.2
			碱回收	0.1
	资源和能源消耗指标	0.2	单位产品取水量	0.5
			单位产品综合能耗（外购能源）	0.5
	资源综合利用指标	0.2	黑液提取率	0.1
			碱回收率	0.26
			碱炉热效率	0.23
			白泥综合利用率	0.1
			水重复利用率	0.17
			锅炉灰渣综合利用率	0.07
			备料渣综合利用率	0.07
	污染物产生指标	0.15	单位产品废水产生量	0.47
			单位产品 COD_{Cr} 产生量	0.33
			可吸附有机卤素产生量	0.2
	清洁生产管理指标	0.15	—	

续表

制浆企业类型	一级指标	一级指标权重	二级指标	二级指标权重
本色硫酸盐木（竹）浆	生产工艺及设备要求	0.3	原料	0.1
			备料	0.1
			蒸煮	0.15
			洗涤	0.2
			筛选	0.2
			碱回收	0.25
	资源和能源消耗指标	0.2	单位产品取水量	0.5
			单位产品综合能耗（外购能源）	0.5
	资源综合利用指标	0.2	黑液提取率	0.1
			碱回收率	0.26
			碱炉热效率	0.23
			白泥综合利用率	0.1
			水重复利用率	0.17
			锅炉灰渣综合利用率	0.07
			备料渣综合利用率	0.07
	污染物产生指标	0.15	单位产品废水产生量	0.67
			单位产品COD_{Cr}产生量	0.33
	清洁生产管理指标	0.15	—	—
化学机械木浆	生产工艺及设备要求	0.3	化学预浸渍	0.5
			磨浆	0.5
	资源和能源消耗指标	0.2	单位产品取水量	0.5
			单位产品综合能耗（自用浆）	0.5
	资源综合利用指标	0.2	水重复利用率	0.5
			锅炉灰渣综合利用率	0.25
			备料渣综合利用率	0.25
	污染物产生指标	0.15	单位产品废水产生量	0.6
			单位产品COD_{Cr}产生量	0.4
	清洁生产管理指标	0.15	—	—

续表

制浆企业类型	一级指标	一级指标权重	二级指标	二级指标权重
漂白化学非木浆	生产工艺及设备要求	0.3	备料	0.1
			蒸煮	0.1
			洗涤	0.1
			筛选	0.15
			漂白	0.2
			碱回收	0.25
			能源回收设施	0.1
	资源和能源消耗指标	0.2	单位产品取水量	0.5
			单位产品综合能耗（外购能源）	0.5
	资源综合利用指标	0.2	黑液提取率	0.17
			碱回收率	0.29
			碱炉热效率	0.23
			水重复利用率	0.17
			锅炉灰渣综合利用率	0.06
			白泥残碱率	0.08
	污染物产生指标	0.15	单位产品废水产生量	0.47
			单位产品COD_{Cr}产生量	0.33
			可吸附有机卤素产生量	0.2
	清洁生产管理指标	0.15	—	—
非木半化学浆	生产工艺及设备要求	0.3	备料	0.25
			蒸煮	0.25
			洗涤	0.25
			筛选	0.25
	资源和能源消耗指标	0.25	单位产品取水量	0.5
			单位产品综合能耗（自用浆、外购能源）	0.5
	资源综合利用指标	0.15	锅炉灰渣综合利用率	0.4
			水重复利用率	0.6
	污染物产生指标	0.15	单位产品废水产生量	0.6
			单位产品COD_{Cr}产生量	0.4
	清洁生产管理指标	0.15	—	—
废纸浆	生产工艺及设备要求	0.3	碎浆	0.25
			筛选	0.25

续表

制浆企业类型	一级指标	一级指标权重	二级指标	二级指标权重
废纸浆	生产工艺及设备要求	0.3	浮选	0.25
			漂白	0.25
	资源和能源消耗指标	0.3	单位产品取水量	0.5
			单位产品综合能耗	0.5
	资源综合利用指标	0.1	水重复利用率	1
	污染物产生指标	0.15	单位产品废水产生量	0.6
			单位产品 COD_{Cr} 产生量	0.4
	清洁生产管理指标	0.15	—	—

注：COD_{Cr} 即重铬酸盐指数（chemical oxygen demand-dichromate），指采用重铬酸钾（$K_2Cr_2O_7$）作为氧化剂测定的污水化学需氧量。

表 3-7　造纸企业清洁生产评价指标

造纸企业类型	一级指标	一级指标权重	二级指标	二级指标权重
新闻纸、印刷书写纸、家庭生活用纸、纸板、涂布纸	纸产品定量评价指标（权重为0.6）			
	资源和能源消耗指标	0.33	单位产品取水量	0.5
			单位产品综合能耗	0.5
	资源综合利用指标	0.17	水重复利用率	1
	污染物产生指标	0.5	单位产品废水产生量	0.5
			单位产品 COD_{Cr} 产生量	0.5
	纸产品定性评价指标（权重为0.4）			
	生产工艺及设备要求	0.375	真空系统	0.2
			冷凝水回收系统	0.2
			废水再利用系统	0.2
			填料回收系统	0.13
			汽罩排风余热回收系统	0.13
			能源利用	0.14
	产品特征指标	0.25	染料	0.4
			增白剂	0.2
			环境标志	0.4
	清洁生产管理指标	0.375	环境法律法规标准执行	0.155
			产业政策执行	0.065
			固体废物处理处置	0.065
			清洁生产审核	0.065

续表

造纸企业类型	一级指标	一级指标权重	二级指标	二级指标权重
新闻纸、印刷书写纸、家庭生活用纸、纸板、涂布纸	清洁生产管理指标	0.375	环境管理体系制度	0.065
			废水处理设施运行管理	0.065
			污染物排放监测	0.065
			能源计量器具配备	0.065
			环境管理制度和机构	0.065
			污水排放口管理	0.065
			危险化学品管理	0.065
			环境应急	0.065
			环境信息公开	0.13

每个一级指标又包括若干二级指标。考虑各制浆造纸企业生产工序和工艺过程的不同，评价指标体系根据企业各自的实际生产特点，对其所设置的二级指标的内容及其评价基准值、权重各有一定差异，使其更具有针对性和可操作性。在制浆企业的一级指标中，不同制浆企业的清洁生产管理指标（0.15）、生产工艺及设备要求（0.3）、污染物产生指标（0.15）的权重是固定的，而对于资源和能源消耗指标，废纸浆的权重为0.3，非木半化学浆的权重为0.25，其余制浆类型的权重均为0.2，对于资源综合利用指标，废纸浆的权重为0.1，非木半化学浆的权重为0.15，其余制浆类型的权重均为0.2。每个一级指标下的二级指标也因制浆种类的不同而有所区分，例如，废纸浆企业的生产工艺及设备要求指标包括碎浆、筛选、浮选和漂白，非木半化学浆企业的生产工艺及设备要求指标包括备料、蒸煮、洗涤和筛选。对于不同的造纸企业类型，不管是定性指标还是定量指标，各项一级指标和二级指标均采用相同的权重。

3.3.3 国际造纸行业清洁生产评价指标体系

WWF 每两年邀请全球约 100 家最重要的纸浆及纸和纸板企业参与环保造纸企业指数（environmental paper company index，EPCI）测评，展示其在透明度方面及减少全球纸浆、纸和纸板及包装业的生态足迹方面的领导地位。EPCI 揭示了各企业自愿提供的 50 多项指标的数据，用以评价企业在生产新闻纸、印刷书写纸、纸巾、包装纸、纸浆产品方面的环境政策、承诺和环境绩效。这些指标分属三个部分：用于本产品类别生产的木纤维的责任有多大（第 1 部分，占总分的 35%）；

贵企业在全球范围内生产该产品的清洁度和效率如何（第 2 部分，占总分的 35%）；透明度和报告（第 3 部分，占总分的 30%），如表 3-8 所示。

表 3-8　EPCI 主要指标及分数占比

第 1 部分：用于本产品类别生产的木纤维的责任有多大	
指标层	分值
1.1 贵企业制定了哪些政策来消除供应链中有争议的资源	5
1.2 目前这种产品类别的纸张生产有多少来自负责任的纤维来源，以及如何提高供应链中的资源效率	20
1.3 您的目标是增加供应链中负责任的纤维来源吗	10
第 2 部分：贵企业在全球范围内生产该产品的清洁度和效率如何	
指标层	分值
2.1 能源和二氧化碳排放	15
2.2 填埋废物	5
2.3 水量	5
2.4 向水中的排放物	10
第 3 部分：透明度和报告	
指标层	分值
3.1 本产品类别生产的环境管理体系和监管链	12
3.2 您是否（公开或内部）使用 WWF 的"Check Your Paper"（检查您的纸张）方法或同等方法来评估或传达您纸张的环境足迹，以及评估您的市场纸浆供应商	8
3.3 企业对该调查问卷的回应有多么全面	4
3.4 企业的公开报告有多大的意义和信息量	6

美国绿标签组织（Green Seal）于 2013 年 7 月发布了针对印刷书写纸产品的标准（*Green Seal™ 07 Standard for Printing and Writing Paper*）。绿标签组织是一个独立的非营利性组织，其主要任务包括美国环境标准的制定、产品标签及公共教育，其宗旨是为创造一个清洁的世界而推动环保产品的生产、消费及开发，全球的企业均可申请该标签。

绿标签组织发布的标准对印刷书写纸产品的性能、环境、包装、认证和标签等均做出了要求。环境部分主要包括对纸产品的回收成分和生产过程的规定。对于高速复印纸、胶印纸、打印纸、文件夹和白色编织信封，以及其他无涂层打印和书写纸，产品应包含至少 30%的回收材料。如果采用回收材料制造纸产品，不得使用含氯溶剂等部分溶剂脱墨。如果在制造用于产品的原生浆、加工回收材料或制造产品时需要漂白，漂白剂中不得使用氯及其衍生物（如次氯酸盐和二氧化氯)。产品包装部分特别对重金属做出了要求，任何包装或包装组件中铅、镉、汞和六价铬的质量分数总和不得超过万分之一。

除国际组织与机构外，不少学者也尝试建立了评估行业或企业清洁、绿色、可持续生产的指标体系。根据目标，与造纸行业有关的环境指标分为四大类：最小化纸张消耗、最大限度提高回收利用率、负责任的纤维采购及清洁生产[72]，如表 3-9 所示。

表 3-9 造纸行业的环境指标

目标	环境指标
最小化纸张消耗	按国家或地区划分的纸和纸板消费量； 人均纸和纸板消费量； 每个国家的纸和纸板消费量； 印刷书写纸消费量
最大限度提高回收利用率	由回收纤维制成的纸浆的占比； 按行业和行业内的等级划分的纸张和纸制品中回收成分的占比； 统一的最低含量再生纤维规格和标准； 各等级可供选择的再生纸范围； 城市固体废物流中的纸张量； 按纸张等级划分的回收率； 办公用纸的回收率； 回收的高等级纸张中最佳用途的占比，如印刷书写纸； 回收纸张的出口占回收纸张总量的比例； 回收能力
负责任的纤维采购	监测濒危森林； 利益相关者参与及协定； 认证的纸产品； 森林向人工林的转化率； 企业承诺的避免转化的森林的数量； 在树木种植园中使用除草剂； 在树木种植园中使用合成肥料； 转基因树木的户外田间实验； 用于纸浆和造纸的非木材植物纤维的可用性； 造纸行业主要的非木材纤维； 非木材植物纤维的制浆能力
清洁生产	木材、水和能源的使用； 碳酸钙的使用； 温室气体； 二氧化硫； 氮氧化物； 颗粒物质； 有害空气污染物； 挥发性有机污染物； 总还原性硫化物； BOD； COD； TSS； 可吸附有机卤素； 二噁英和类二噁英的化合物； 总氮和总磷

工业可持续性指数（industrial sustainability index，ISI）可用于评估能源密集型行业的可持续性。ISI 包括资源附加值、行业员工人数及二氧化碳排放量指标，涉及可持续性的经济、社会、环境三个维度[73]。此外，也有学者提出了基于经济、社会、环境子系统的用于评价造纸行业可持续性的绩效指标，并应用该指标对印度某造纸厂进行了案例研究[74]。

总的来看，目前造纸行业的清洁生产评价指标体系由国际组织和以美国为代表的发达国家主导。为推动制浆造纸企业依法实施清洁生产，中国也建立了适合国内制浆造纸行业的清洁生产评价指标体系，但"一带一路"典型共建国家在造纸行业的清洁生产评价指标体系领域存在空白，仍需加强相关评价指标体系建设。

第4章 造纸行业清洁生产技术发展与实施现状

4.1 中国造纸行业清洁生产技术实施现状

造纸行业的生产过程需要大量的能源和材料投入,同时其排放的污染物对生态环境产生压力。随着社会经济不断发展,人类生产生活对纸制品的需求日益增长,同时对生态环境的要求不断提高,这使得造纸行业必须实现绿色转型。为实现造纸行业绿色转型目标,清洁生产技术是关键一环,各国都对此展开了探索。

中国造纸协会调查资料显示,2012～2021年中国纸和纸板产量年均增速为1.87%,消费量年均增速为2.59%。2021年中国纸和纸板产量达到12105万吨。2012～2021年中国废纸回收量年均增速为4.22%。2021年中国废纸回收量达到6491万吨[75]。

在能源利用领域,通过不同品级种类能源的有效回收利用,如废水余热回收、热电联产和生物质发电等,实现能源的梯级利用和多种方式的有效集成,可达到节约能源的目的[76]。废水余热作为一种低品位的废水热源,可以用于回收加热锅炉水和工艺水以提高能源利用率。经过测算,1吨废水中可以利用的热量为4200千焦,1千克标准煤的发热量为29271千焦,则利用1吨废水中的热量相当于少燃烧0.143千克标准煤。国内每年的造纸废水中蕴含的可提取热能可减少400万吨标准煤的使用[77]。热电联产可利用造纸过程中的废汽和余热发电。以年产30万吨化学木浆为例,采用热电联产便可满足生产蒸汽和电力需要,每年可节约电费近4000万元[29]。造纸过程中蕴含大量的生物质能,黑液中的有机质、回收备料工序剩余物中的有机质、处理造纸废水产生的沼气和污泥等都可作为生物质能回收利用[78]。

制浆蒸煮所产生的废液含有大量木质素,是制浆造纸过程中对环境影响最大、最难处理的一类废水,也是造纸行业中污染的重要来源之一。通过焚烧处理制浆蒸煮产生的废液,将其中80%～99%的有机质转化为生物质能,并回收蒸煮用碱,相比外购碱,节省成本约1500元/吨碱,取得了碱循环利用、节能减排的综合效果。目前中国有世界上最先进的碱回收设备,碱回收率高达98%[29]。

由于造纸过程水耗高,其过程水的梯级和循环利用是实现清洁生产的重要环节,可以达到降低造纸过程新鲜水耗的目的[79]。中国目前新建及改扩建的造纸企业淘汰了一大批能耗/水耗高的落后工艺,普遍采用了先进成熟的技术和装备。例如，造纸行业备料洗涤水循环节水技术通过筛滤去除备料洗涤水中漂浮杂物及一般沉淀后循环使用，明显降低备料洗涤水取水量，节水能力达到2000万米^3/年，预计推广比例为90%[80]。目前中国运行的部分先进新闻纸机和文化用纸机的新鲜水耗已不到10米^3/吨，瓦楞原纸生产线的新鲜水耗达到极限值5米^3/吨，明显优于欧盟制定的最佳技术标准，水重复利用率可以达到95%以上，处于国际领先水平[29]。

废纸作为可循环利用的资源，其回收利用也是清洁生产中的重要环节。目前我国废纸浆原料消费量占纸浆总消费量的63%，废纸利用量占世界废纸总利用量的1/3以上，回收量已超过5000万吨[29]。废纸制浆所得产品可以分为本色浆和漂白浆，生产本色浆时流程主要为废纸的碎解、净化、去热溶物，生产漂白浆时则在该基础上增加脱墨等处理。另外，利用回收的废纸资源造纸的能耗低、环保处理费低、单位原料成本低，能节约50%以上的造纸能耗、减少35%的水污染[81]。

4.2 清洁生产技术在企业层面的应用现状

清洁生产技术的应用有利于提高资源利用率和降低污染物排放，在环境规制日益严格的今天，应用清洁生产技术成为企业提升效益、满足监管要求的重要措施。造纸行业从广义上可从制浆造纸生产领域扩展到纸制品的消费和服务领域。其中，消费领域与原料和产品关系密切，要减弱在提炼原料及废弃产品处理方面的负面影响；在服务领域，将其对环境的影响引入技术设计和生产全局。消费和服务的清洁性都以生产为载体，并且消费和服务所涉及的过程较为复杂、影响因素较多。因此，本节聚焦企业生产中所应用的清洁生产技术，针对制浆造纸产业链中能提高资源利用率、提高能源利用率、减少污染物产生、减少对人体健康隐患的技术及其在企业层面的应用现状进行阐述说明。

制浆造纸产业链可分为制浆、造纸及公用工程三个部分。其中，制浆过程是指通过机械法、化学法、化学机械法，将植物纤维加工为漂白浆或本色浆的过程。化学法制浆是通过化学试剂来处理植物纤维原料，促使植物纤维分离从而制浆；机械法制浆则是采用磨浆机使植物纤维原料在机械力的作用下分离成浆。相对于机械浆，化学浆的生产过程额外需要蒸煮处理，且经过蒸煮处理只是形成了浆，这些浆中含有的大量蒸煮废液和少量粗渣、泥沙等杂质仍需经过洗涤、筛选、漂白、浓缩等后续处理。洗涤、筛选是指把蒸煮后浆料中残余的化学品等洗净，得到干净的浆料；漂白是指采用合适的试剂处理纸浆，经过氧化、还原、分解等反应促使木质素从残存的纸浆中溶出或在木质素保留的前提下将无关色素褪去。此外，废纸浆需要额外进行脱墨及热分散处理，目的是消去废纸附着的墨迹，避免影响后续加工。以上制浆过程均会产生废水，浆料的蒸煮与漂白、纤维分离及脱墨过程会产生废气，废固主要在备料各阶段产生，包括浆料的净化、筛选、分离及废纸浆脱墨。此外，碱回收会产生白泥废固。制浆生产具体流程及产生污染物环节如图4-1所示。

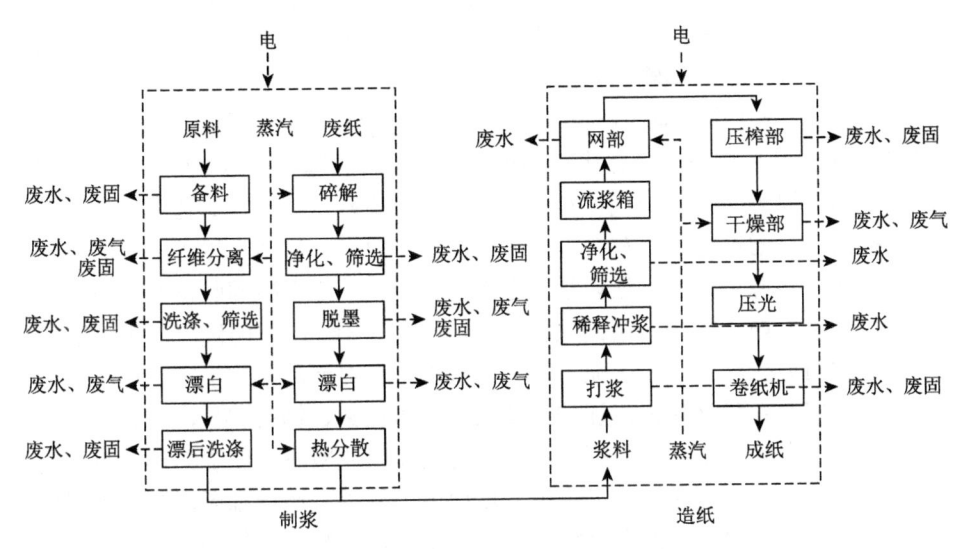

图 4-1 制浆造纸生产具体流程及产生污染物环节

造纸过程是指使浆料在纸机工作时均匀地交织、脱水，再经过干燥、压光等步骤形成纸类产品的过程。其一般的流程是将浆料经过打浆及筛选，使得调制好的纸浆稀释成较低的浓度并筛除杂物及未解离纤维束。使浆料依次经过流浆箱、网部、压榨部和干燥部。其中，流浆箱使得浆料在上网前能均匀地分布和交织；网部把在流浆箱中形成的纸幅脱水到一定干度，以获得结构良好的湿纸幅；压榨部将经网部处理后的湿纸引到附有毛布的滚辊间，利用滚辊的压挤和毛布的吸水作用将湿纸进一步脱水，并使纸质较紧密，以改善纸面，增加强度；由于经过压榨的湿纸含水量仍高达 40%～50%，机械力压除水分的作用不足以使其达到合格的干燥度，因此干燥部的作用是让湿纸经过内通热蒸汽的圆筒表面，使纸干燥，并经过压光、卷纸完成造纸生产。造纸生产过程的废水来源于打浆、筛选、网部废水、压榨部白水和干燥部废水，并且干燥部额外会产生水蒸气废气。此外，碱回收会产生白泥废固。造纸生产具体流程及产生污染物环节也如图4-1所示。

在公用工程方面，制浆造纸不仅是耗能大户，而且是废弃物排放大户。据统计，2015 年造纸及纸制品业煤炭消耗量为 5138.5 万吨，占全国工业行业煤炭消耗总量的 15.9%；废水排放量为 23.7 亿吨，占全国工业行业废水排放总量的 13.1%，其中，废水 COD 排放量为 33.5 万吨，占全国工业行业废水 COD 排放总量的 13.5%；

造纸及纸制品业废气排放量为 6657 亿米³；造纸及纸制品业一般工业废固产生量为 2248 万吨，占全国工业行业废固产生总量的 6.8%[82]。

制浆过程中产生的废弃物包括废水、废气和废固。其中，废水主要为两类：一类是化学浆蒸煮废液（通称黑液），目前中国大型木浆厂的黑液碱回收率可达 95%以上；另一类是备料、洗涤、筛选、漂白等产生的废水及废纸制浆中的脱墨和漂白废水，其主要污染物为 COD、BOD 及 SS，通过综合处理，其去除率均可达 85%以上。废气主要为悬浮粒子和有害气态化合物。其中，悬浮粒子直径为 0.2~10 微米，主要从碱回收炉中排出，通过静电除尘，去除率可达 99.9%以上；有害气态化合物主要为二氧化硫气体和具有臭味的还原硫气体，二氧化硫气体从碱回收炉中排出，可通过掺烧石灰石进行脱硫，脱硫效率可达 80%以上，具有臭味的还原硫气体主要源于硫酸盐法化学浆生产过程中的蒸煮及碱回收蒸发工段，可送入碱回收炉进行燃烧处理。废固主要是备料/洗涤/筛选/净化的残渣、黑液废渣污泥、碱回收白泥、废纸脱墨污泥。其中，残渣不会对环境造成损害，通常进行填埋或燃烧处理[83]；黑液废渣污泥的主要成分是木质素、糖类和盐，均有一定的能量利用价值，多采用生物质热解气化技术将其作为燃料进行燃烧处理；碱回收白泥的主要成分为沉淀碳酸钙，大多进行填埋废坑处理；废纸脱墨污泥的主要成分是废纸的填料和涂料，污泥有机物含量接近 50%，一般进行焚烧法处理。

此外，造纸过程也会产生部分废弃物，但由于造纸过程主要通过纸机工作进行生产，产生的废弃物远少于制浆过程。其中，废水来自打浆、冲浆、筛选、压榨、干燥等工段，通过综合处理，COD、BOD 及 SS 去除率均可达 85%以上。废气源于干燥部的无污染的水蒸气。废固主要为打浆、流送工段产生的浆渣，可进行燃烧或填埋处理。

4.2.1 制浆过程的清洁生产技术

制浆过程是将纤维原料生产为纸浆的过程，不论是化学浆、化学机械浆、废纸浆的纤维分离工段还是后续的漂白工段均会添加化学品，进而产生大量废水，所产生的废水不经处理而排放到自然界中将造成环境污染。化学品在使用过程中还可能对工作人员造成损害，化学品本身也存在挥发的现象，因此需要注意对工作人员进行防护，避免产生安全事故。此外，纤维分离工段有大量可回收利用的纤维排放到废水中，如果不对这部分纤维进行回收还会增加生产成本。因此，本节将围绕制浆过程的纤维分离、漂白、碱回收工段来介绍相应的清洁生产技术。

图 4-2 列举了制浆过程的清洁生产实施路径可供参考的关于备料、打浆、废液回收工段的先进清洁生产技术。例如，化学制浆过程中的 DDS 技术的能耗仅为传统蒸煮技术的 1/3，显著减少了能耗；化学制浆过程中的 RDH 技术可以提高能

源利用率、减少后续废水产生量，与传统蒸煮技术相比，可节省蒸煮用汽 60%～75%；化学机械制浆过程中的 APMP 技术的制浆得率高达 85%～95%，PRC 技术能有效提高漂白效率并且降低磨浆电耗。在漂白工段，ECF 技术和 TCF 技术均能降低污染，减少废水处理所需的能耗。在碱回收工段，黑液超浓蒸发技术可以提高蒸发器的利用率，超浓黑液燃烧技术可以将碱炉的热效率提高 3%～6%，同时这两种技术均可显著减少二氧化硫和总还原性硫化物的排放。上述提到的这些技术均取得了一定的进展，并且得到了应用，其详细介绍如下。

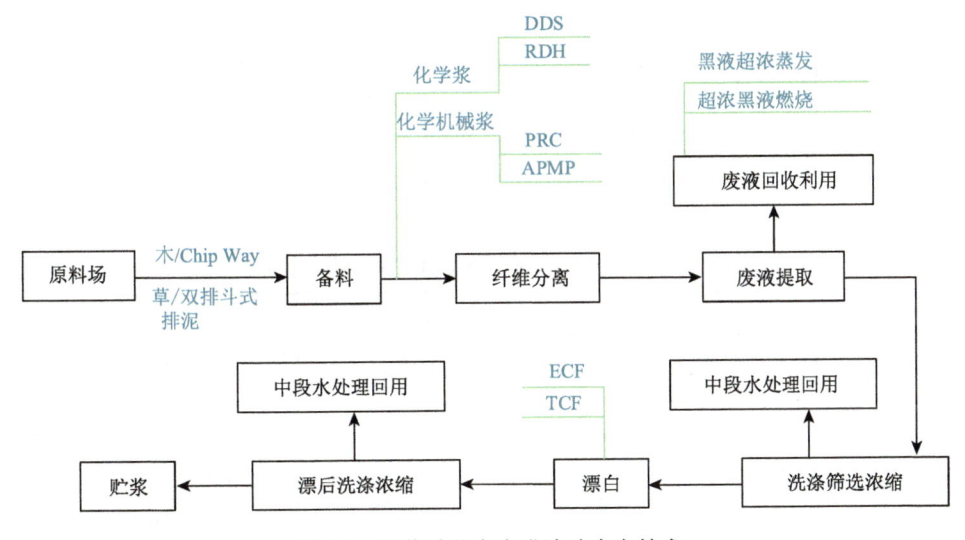

图 4-2 制浆过程中先进清洁生产技术

1. 化学浆

化学制浆过程主要是向纤维原料中加入化学品，通过高温蒸煮溶出原料中的木质素而得到纸浆，因此其原料中的部分物质及残留的化学品会以废弃物的形式进入蒸煮废液，且蒸煮工段会消耗大量蒸汽。因此，需要通过清洁生产技术降低蒸煮工段中的废弃物排放量和蒸汽消耗量，以减少污染物产生、提高能源利用率。

1）DDS 技术

DDS 技术能改善传统化学法制浆蒸汽消耗量大、余热回收困难、系统热量利用不充分等缺陷。节约蒸汽是 DDS 技术的最大优点，其能更有效地利用温、热黑液的热能及其浸透与置换作用[84]。DDS 技术利用残余热能流程如图 4-3 所示，通过利用残余热能，可以降低制浆的整体能耗，并提高制浆得率。表 4-1 对 DDS 技术与传统蒸煮技术的特点进行了详细比较[85]。

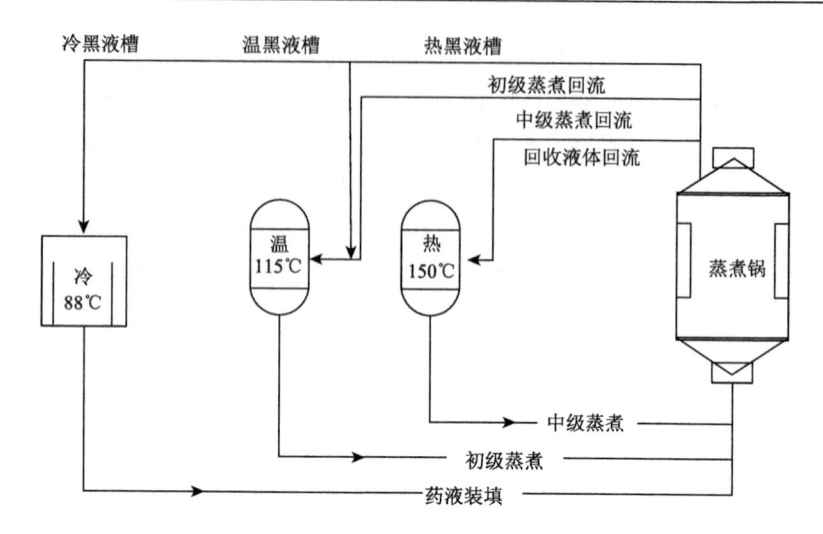

图 4-3　DDS 技术利用残余热能流程

表 4-1　DDS 技术与传统蒸煮技术特点的比较

参数	DDS 技术	传统蒸煮技术	说明
蒸煮周期/分钟	180~240	300~360	DDS 技术的蒸煮周期缩短，生产能力提高 30%~50%
蒸汽消耗量/（千克/吨风干浆）	600~800	1800~2400	DDS 技术的蒸汽消耗量只相当于传统蒸煮技术的 1/3
用碱量（以氧化钠计）	13%~14%	15%~16%	由于黑液的大量回收利用，DDS 技术的用碱量降低 1%~2%
硫化度	25%~28%	18%~20%	DDS 技术的硫化度减少了硫化物对环境的污染
臭气排放	在全封闭状态下进行，有臭气排放收集系统	小放汽和放锅过程中排放大量的臭气，污染环境	传统蒸煮技术的臭气基本不回收，直接排放到空气中，严重污染环境

目前 DDS 技术已十分成熟，在企业中得到了广泛应用且应用效果经过了市场检验。例如，永州湘江纸业有限责任公司 DDS 生产线的实际产能为 300 吨/天，与传统蒸煮技术相比，可以提高 15%的浆料强度、节约 50%的能耗，并且能将卡伯值稳定地控制在 50~55。

2）RDH 技术

RDH 技术能提高能源利用率，减少后续废水产生。其利用洗浆系统的白水在蒸锅内分步洗浆，快速把蒸煮废液置换出来，回收热量，实现冷喷放，从而解决传统蒸煮技术热回收率低、回收热水不能充分利用以致大量损失热能的问题[86]。与传统蒸煮技术相比，RDH 技术可节省蒸煮用汽 60%~75%，可提高纸浆强度

10%~20%，从而降低能耗、提高资源与能源利用率[86]。此外，相较于传统硫酸盐浆，RDH 技术使用更少的漂白剂来处理浆料，且获得的漂白浆品质更高，同时减少了废水的产生。RDH 技术目前也已十分成熟，在企业中得到了广泛应用且应用效果经过了市场检验。例如，广东鼎丰纸业有限公司是我国首家引进美国 Beloit 公司 RDH 技术的厂家，经过 3 年的运行，3 台 120 米^3 的蒸煮锅产能由 5 万吨/年提高到 7 万吨/年。

3）置换蒸煮卡伯值控制技术

置换蒸煮卡伯值控制技术的基本思路如下：基于数据驱动，从实际生产中大量收集工业运行数据，并通过数据挖掘提取专家优化系统；根据当前输入条件、工业运行状态和预测值，从已建设的库中找出最佳运行模式来控制生产。置换蒸煮卡伯值控制技术分为三个模块，即基于数据的专家优化模块、基于数据的预测模块、分布式测量与控制模块。后续可根据已有数据并结合实时数据进行模式匹配，得出最符合当前工况的操作数据并生成最佳操作方案，从而及时、高效、准确地控制生产。

目前置换蒸煮卡伯值控制技术已进行了离线实验，但还未实际应用。随着信息技术的发展和工业互联网的不断完善，置换蒸煮卡伯值控制技术还将持续发展。

2. 化学机械浆

化学机械制浆过程一般是将纤维原料置于化学溶液中进行短时间浸渍处理，再送入盘磨机磨解成浆。由于向纤维原料中加入了化学品，其原料中的化学品残留易造成污染。此外，盘磨机工作过程电耗大，对生产成本影响较大。清洁生产技术的应用可降低废弃物排放、减少电耗。

1）APMP 技术

APMP 技术使用碱性过氧化氢，处理产生的废水化合物中不含硫，对环境更友好。此外，APMP 是一种超高得率浆，得率达到 85%~95%，其漂白磨浆过程连续，如图 4-4 所示。APMP 技术不仅能够极大地保留纤维原料中的木质素，使其不会明显溶出；而且能够有效利用其他工业较少利用的廉价阔叶木资源，为开发木浆造纸、降低木材纤维原料紧缺压力提供良好的发展空间[87]。

APMP 技术目前已得到广泛的应用，技术已十分成熟。近年来，中国引进了多条 APMP 生产线，鸭绿江造纸厂、岳阳纸业股份有限公司、齐齐哈尔造纸有限公司等纸厂已经投产。

2）PRC 技术

PRC 技术可以提高漂白效率并且降低磨浆电耗，这是由于它在一段磨浆后加入漂白化学品并开始二段磨浆[88]，如图 4-5 所示。与 APMP 技术不同，PRC 技术利用化学机械法改善纸浆性质，这使得其生产出来的浆的性质类似磨石磨木浆，具有强度较高、光散射系数较低的特性。此外，PRC 技术的制浆得率高，可达到 90%左右，既节省原料用量，也降低生产成本[89]。与 APMP 技术相同，PRC 技术的制浆和漂白能同时进行，需要的设备相对较少，节省投资成本，并且废水中不含硫化物和氯化物，污染负荷较低。

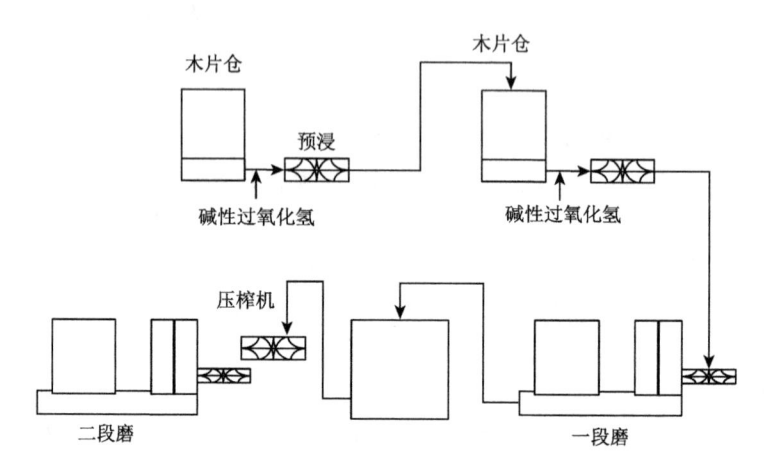

图 4-4　APMP 技术漂白磨浆流程

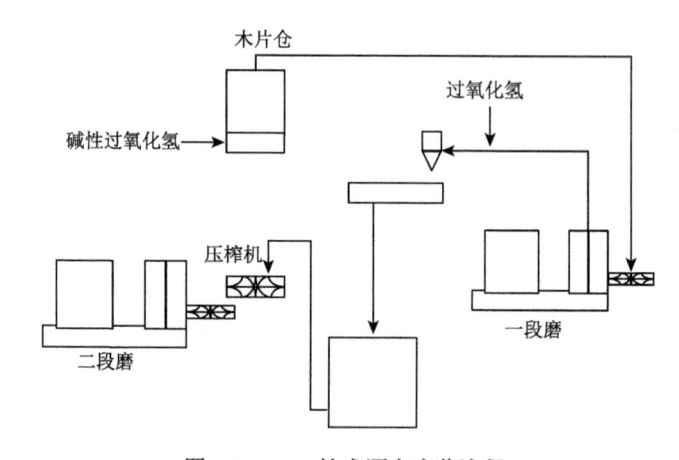

图 4-5　PRC 技术漂白磨浆流程

近年来，中国化学机械法制浆大量采用 PRC 技术。例如，湖南泰格林纸集团有限责任公司率先在岳阳建成了世界上第一条 PRC 生产线。据资料统计，全球 90%的 PRC 现代化生产线建设在中国。

3）生物机械浆

相较于传统的化学机械浆，生物机械浆由于使用微生物处理原料，可降低化学品用量，达到减轻环境污染的目的。生物机械制浆过程是利用微生物或微生物产生的酶对原料进行预处理，改变原料的化学结构，选择性脱除木质素，再进行化学机械法或机械法制浆。例如，使用木聚糖酶助漂后的浆料白度与物理强度明显优于原浆漂白浆[90]。木聚糖酶改善化学机械浆的可漂性，若采用单段漂至白度60%ISO 纸张白度标准，可节省约 50%的漂剂用量；木聚糖酶降解了木片中的半纤维素，使纤维在磨浆时更易分丝帚化，木聚糖酶用量为 20 国际单位/克时，物理性能最好，撕裂指数提高 23.5%。

生物机械浆目前还未在企业正式应用，这是因为生物技术仍面临较多问题，如培养微生物时环境条件难以控制、易被杂菌污染，木聚糖酶对木质素的降解周期长等。将化学机械制浆技术与微生物预处理技术相结合具有众多优点，如可节约磨浆能耗和化学品用量、减轻环境污染，满足清洁生产所需，因此应用前景广阔。

3. 废纸浆

废纸又称二次纤维。由于印刷工业中多采用高光泽树脂油墨，废纸脱墨较为困难，且脱墨废水易造成环境污染。传统脱墨技术化学品用量大，严重污染环境，并且容易发生碱变黑现象，影响浆料白度，已满足不了废纸高效再利用的要求[91]。

另外，废纸浆中的长纤维和短纤维具有不同的性能特点，需要采用更高效的制浆技术及更环保的脱墨技术，以降低废弃物排放，并提高资源利用率。

1）高浓碎浆技术

相对低浓碎浆技术，高浓碎浆技术能耗更低，可将杂质保持原状并易于去除，有效避免杂质破碎的二次污染。高浓碎浆技术是在浆料浓度为 12%~18%的条件下将废纸分散成纤维悬浮液，同时去除金属、砂石等大体积杂质。高浓碎浆技术可处理品质较差的废纸浆，从而降低生产成本[92]；在保证产品质量的前提下，可提高成品纸横向耐折度、横向环压指数及耐破指数等性能指标[93]。目前高浓碎浆技术已经成熟，在企业得到了广泛应用。例如，浙江景兴纸业股份有限公司对其制浆产线进行改造，碎浆机的电耗下降 25%。

2）纤维分级筛技术

纤维分级筛技术能将废纸浆中的长、短纤维分开进行处理，更好地利用长纤维的优点，克服短纤维的缺点，提高产品质量[94]。纤维分级设备是一个在完全封闭的状态下带压力连续筛选的设备。带有压力的纸浆由壳体下部的进浆管沿切线方向进入下壳体，浆料自下而上进入筛鼓[95]。在离心力的作用下，浆料进入上壳体的筛鼓，在旋翼的作用下，短纤维通过筛鼓筛缝从壳体中间的短纤维出浆管中排出；长纤维无法通过筛鼓筛缝，不断上升，进入筛顶部，从顶部长纤维出浆管中排出。纤维分级筛原理示意图如图4-6所示。

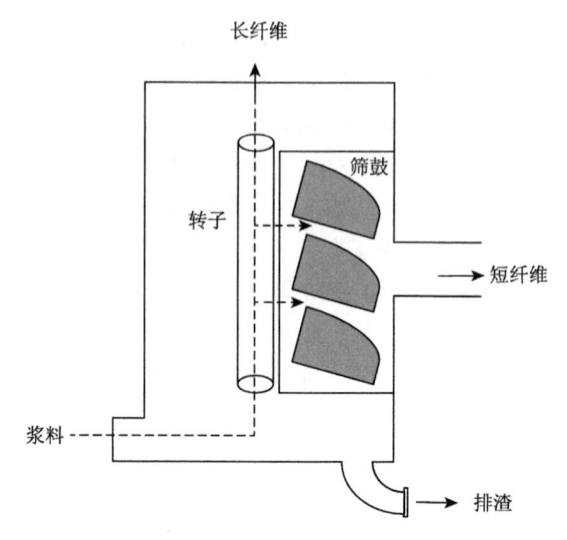

图 4-6 纤维分级筛原理示意图

纤维分级筛技术可更好地利用低廉的废纸、浆料,将长、短纤维分开进行处理,短纤维不再进行耗能的热分散,可节省设备投资和能源。纤维分级后可采用多层成形技术,提高纸产品的质量。此外,纤维分级筛技术可获得较清洁的短纤维浆料,简化废纸处理流程,减少处理量,且避免长纤维的切断。

目前纤维分级筛技术已相当成熟,在废纸浆企业已得到广泛应用。例如,河南省新密市恒丰纸业有限公司双叠网纸制浆项目采用 0.18 毫米筛缝分级,浆料浓度为 2.2%～2.5%,分出 30%～40% 的短纤维和 60%～70% 的长纤维,有效降低后续生产能耗、节约资源消耗[96]。

3）热分散技术

在废纸制浆过程中,经过筛选、净化等工段处理后,仍然存在少量的胶黏物。黏附在纤维上的胶黏物和微小油墨点是纸面"油斑"的根源,需要采用热分散机把黏附在纤维上的油墨粒子、胶黏物和热熔物从纤维上剥离出来[97]。热分散技术的工作原理是在高温下对废纸浆施以高剪切力,借机械外力使纤维间互相摩擦和揉搓,将纤维上的残余油墨剥离下来,使浆中油墨、胶黏物等杂质细微化并均匀分散开来,最终使得这些分散的杂质在纸页上不再以尘埃点或斑点的形式出现[98],如图 4-7 所示。

目前热分散技术已经相当成熟,热分散技术及其系统已广泛应用于废纸造纸企业。例如,烟台大华纸业有限公司在对其脱墨车间进行技术改造时,在原有的旧报纸脱墨浆生产流程增加了一套盘式热分散装置,使得油墨和胶黏物去除率达 95% 以上[99]。

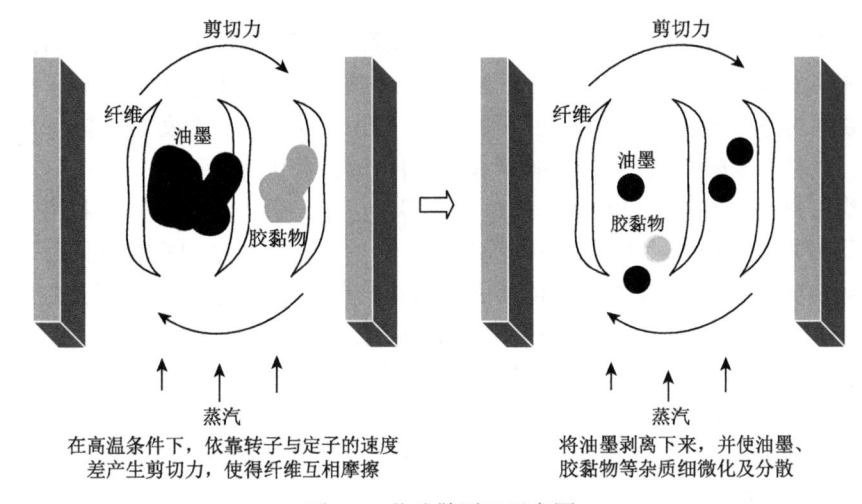

图 4-7 热分散原理示意图

4）酶法脱墨技术

酶法脱墨技术比常规脱墨技术更有效，残余油墨含量低[100]，且由于化学品消耗少或不用化学品，产生的废水污染较少。酶法脱墨原理示意图如图 4-8 所示。

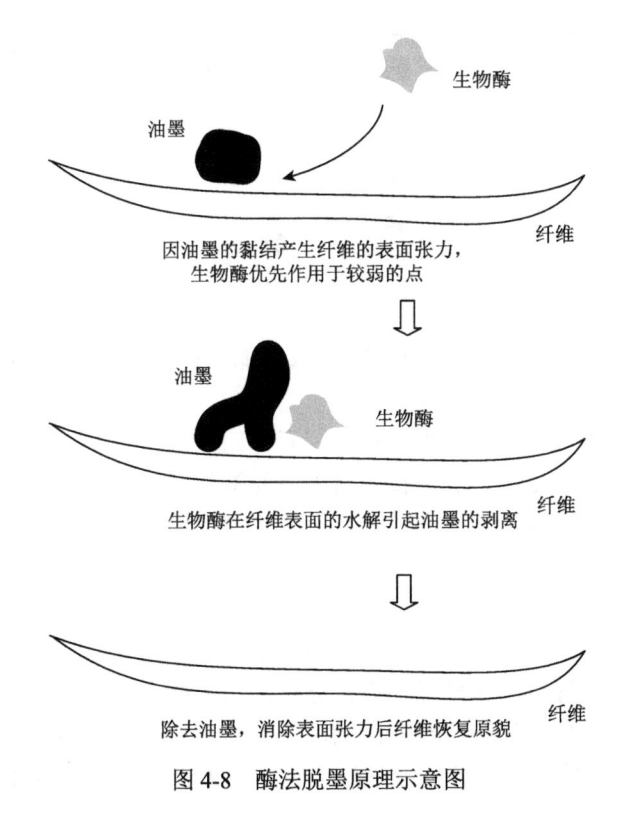

图 4-8 酶法脱墨原理示意图

一般来讲，酶法脱墨废水 COD 仅为化学脱墨废水 COD 的 70%～80%；酶法脱墨避免使用大量氢氧化钠，因此白度提高 4%～5%，滤水性和强度也均有所提高。酶法脱墨对办公废纸也有优异的脱墨效果。美中不足的是，酶处理会降低纤维的强度，并且生物酶易受环境条件影响，妨碍了其工业化应用。

酶法脱墨技术目前已在部分先进企业得到应用。例如，广西某厂利用碱性木聚糖酶和碱性果胶酶对废纸进行脱墨处理，达到与化学脱墨同样的效果时，化学品用量减少 50%，排放废水中 BOD 和 COD 分别减少 20%和 22%，纸浆黏度、断裂长度、耐破指数及抗裂系数分别提高 10.71%、7.49%、10.52%和 6.25%[101]。但基于酶自身的局限性，目前酶法脱墨技术还未在行业内得到推广。

5）中性脱墨技术

中性脱墨技术由于不加氢氧化钠等碱性物质，只加入表面活性剂进行废纸造纸脱墨处理，能有效减少废水中的污染物，其原理示意图如图 4-9 所示。与碱性脱墨相比，在中性条件下，更多的油墨会被选择性地分散，既得到浮选和洗涤所需的颗粒度又不至于过分分散[102]。中性脱墨技术不用或少用 pH 调节剂，其化学品用量较少，COD 产生量较小，废水中的污染物减少，且避免了机械浆废纸原料的碱变黑现象。由于胶黏物在中性环境里更易凝聚，中性脱墨技术有利于去除胶黏物，从而改善纸机运行状况，提高产品质量。此外，中性脱墨技术的可控性、排水、纸浆强度、漂白性能和筛选效果也比常规脱墨技术好。

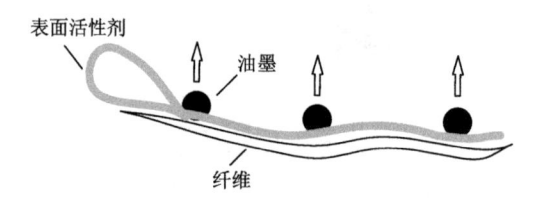

图 4-9 中性脱墨原理示意图

中性脱墨技术目前已在造纸企业得到应用。例如，美国缅因州 EastMillinocket 非涂布板纸生产厂采用中性脱墨技术对旧新闻纸和旧杂志纸进行脱墨，化学品用量减少了约 75%。此外，由于气浮处理后水的澄清情况较好，污泥脱水时聚合化学品用量也减少了约 25%。

6）空化射流脱墨技术

空化射流脱墨技术能避免脱墨过程中添加化学品造成的废水污染问题。在处理过程中，无须添加脱墨化学品，而是通过高速喷嘴产生空化气泡，利用空化气泡破裂产生的压力使脱墨浆纤维表面的油墨、黏合剂及其他污染物分离，促进油墨脱除。空化射流脱墨技术能够处理浓度不高于 3.8%的浆料，在不添加脱墨化学品的条件下有效去除油墨、尘埃斑点和大胶黏物,不仅达到与工厂捏合机处理相同的水平,而且对纤维破坏程度较低,处理后脱墨浆成纸强度高于工厂捏合机所得浆。

空化射流脱墨技术目前仍在发展阶段,其脱墨效率相对传统脱墨技术较低,且需要额外建设中试空化装置,导致其脱墨成本较高,工业应用前景仍不明朗。

4. 漂白工段

未经过漂白的纸浆称为本色浆,通常具有一定的颜色。为满足纸张的使用要求,必须添加化学品对纸浆进行漂白处理,使纸张具有较高的白度。传统的氯气漂白方法使得废水中含有卤素和氯代酚等有毒物质,严重污染环境,且废水处理成本高,因此需要更为清洁的漂白技术以减轻漂白工段的环境污染。

1）ECF 技术

二氧化氯漂白剂可促进木质素分裂,从而留下水溶性的氯化有机物。二氧化氯在漂白工段会产生少量元素氯,并非绝对无元素氯漂白,因此在现代化工厂中,纸浆用不含氯化物的漂剂漂白后,通常只在最后工段采用二氧化氯漂白[103],以进一步改善废水质量、减少工厂废水量。ECF 技术中二氧化氯的最佳工艺条件如表 4-2 所示。

表 4-2　ECF 技术中二氧化氯最佳工艺条件

参数	最佳数值
二氧化氯用量	0.4%～0.6%
pH	3.5～4.0
温度/摄氏度	90～95
浆浓度	11%～12%
时间/小时	3

目前,ECF 技术发展很快,已有大量文献报道的应用案例,但仍未实现在全行业内的广泛应用。例如,河南银鸽实业投资股份有限公司在其第一生产基地采用 ECF 技术,废水排放量由 10495 米^3/天降至 7765 米^3/天,废水主要污染物 COD 浓度由 2514 毫克/米^3 降至 2000 毫克/米^3,达到了清洁生产的目的,环境效益显著。

2）TCF 技术

TCF 技术是指漂白所用试剂完全不含氯的技术。目前使用的漂白剂有氧气、过氧化氢、臭氧、酶、连二亚硫酸盐、螯合剂及二氧化硫等。由于 TCF 技术在漂白工段不添加氯，不会产生 AOX，漂白废水也可回收利用。此外，采用 TCF 技术漂白后可进行逆流洗涤，使氧脱木质素工段废水全部进入碱回收工段，减少水耗及废水排放，从而降低污染负荷[104]。

与 ECF 技术相同，TCF 技术也发展很快，有大量的应用案例，但还未实现全行业内的广泛应用。例如，贵州赤天化纸业股份有限公司建成以竹材为原料的 20 万吨/年竹浆纸一体化生产线，漂白系统采用 TCF 兼 ECF 工艺，实现了漂白水的封闭或半封闭循环，AOX 排放量降至 0～0.3 千克/吨。

3）漂白工段建模及工艺优化

在目前的减排压力下，亟待通过优化技术降低漂白工段的能耗和成本，进而实现漂白工段的全局优化。传统漂白技术着重对漂白工段化学品及工序的研究，没有从全局考量漂白的因果关系。漂白工段建模可以分析纸浆漂白的质量指标、污染物含量、漂白得率等信息，从而得出不同漂白部分的漂白条件之间相互影响的数学关系，进而确定系统的评价指标。

此外，基于漂白工段的模型，通过自定义优化目标和约束，对漂白工段的工艺参数进行优化，可实现漂白工段的高效运行。

5. 碱回收工段

碱回收工段是碱法蒸煮废液治理和综合利用的过程。蒸煮黑液的主要成分是木质素、糖类和盐，不经处理的黑液不仅会对环境造成破坏，而且会造成资源浪费，因此需要通过清洁生产技术来减少黑液污染、降低废气排放，并且回收碱来提高经济收益。

1）黑液超浓蒸发技术

黑液超浓蒸发技术可使得黑液固形物含量达 70%以上，并且能解决采用传统高浓蒸发技术时蒸发器结垢的问题，从而缩短蒸发器的洗涤时间，保证蒸发器的平稳运行，提高利用率，增加经济效益。黑液超浓蒸发技术可减少吹灰蒸汽的消耗，使得蒸汽量增加 8%～10%，最终碱炉的热效率能达到 7.5%[105]。此外，黑液超浓蒸发技术可降低二氧化硫和总还原性硫化物的排放量，减少污染物的产生，从而保护环境。

黑液超浓蒸发技术目前在企业已得到广泛的应用，并且取得了较好的效果。例如，由汶瑞机械（山东）有限公司总包的加拿大 HSPP 工厂建造了硫酸盐木浆蒸发水量为 400 吨/时的七效分体板式降膜蒸发站。汶瑞机械（山东）有限公司自主研发的黑液超浓蒸发技术使得该工厂黑液固形物含量不低于 75%，并可根据需要调控到 80%及以上。

2）超浓黑液燃烧技术

超浓黑液燃烧技术是指用于燃烧固形物含量大于 70%的黑液的生产技术，碱炉的热效率可提高3%~6%，其蒸汽量随固形物含量的变化情况如图4-10所示。燃烧超浓黑液可以提高炉膛内垫层的温度，更多的钠蒸气吸收二氧化硫变成硫酸钠，从而降低二氧化硫的排放。此外，普通喷射碱回收炉就可以进行超浓黑液的燃烧，对碱炉改造要求较低，经济效益突出。

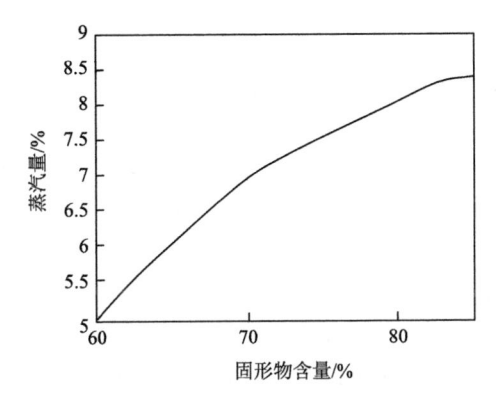

图4-10 黑液固形物含量对蒸汽量的影响

超浓黑液燃烧技术目前已在各企业的碱回收系统得到广泛的应用。例如，广西金桂浆纸业有限公司自主开发并应用了中国首套专门处理化学机械浆废水的碱回收系统，成功经验已在金光集团下属亚洲浆纸业集团（Asia Pulp & Paper Co., Ltd.，APP）工厂内推广。该碱回收系统改变了传统的化学机械浆污水处理工艺，在回收利用碱的同时，将生产废水中的废料进行浓缩燃烧并产生蒸汽，最终碱回收率大于80%[106]。

3）碱回收智能控制技术

传统碱回收技术大多关注提高黑液固形物含量，但是碱回收效率的影响因素众多，其中较为关键的固形物可燃值无法直接测量，需要软测量技术。此外，碱回收黑液燃烧效率和碱回收效率的影响因素主要有入炉黑液浓度/流量/压力/温度、一次和二次风量/风温/风比、三次风量、垫层温度/厚度、炉膛负压/温度等[42]。这些因素变量间关系复杂，因此控制系统需要在黑液固形物可燃值软测量的基础上，采用模糊控制与自寻优方法，通过对一次和二次风量/风比、炉膛负压的自动调节，实现对炉膛温度与垫层厚度的优化控制，提高黑液燃烧的热效率，提高蒸汽量[107]。

在碱回收工段，对黑液浓度进行实时软测量，并增加相对传热系数测试功能；利用智能算法结合历史数据，求解蒸发水量、蒸发效率、电耗、汽耗及吨水蒸发成本，并在蒸发系统Ⅱ、Ⅲ效的黑液浓度、温度、蒸汽压力变化时获取相关参数最优解；由现场控制微机发出新的指令，提高蒸发效率、降低成本[42]。

目前智能算法具有过拟合、鲁棒性差、可复制成本高等问题，仍无法在较低成本下满足复杂多变的实际生产环境，因此智能控制系统还未在企业进行全面推广。但是基于其在调控速度和调控效果方面的巨大优势，随着相关技术的进一步完善，碱回收智能控制技术终将在实际生产中得到推广应用。

6. 制浆过程中的有害物质防护

制浆过程需要使用硫酸、盐酸、双氧水等化学品及其他有毒物质，容易挥发形成有毒气体，损害工作人员身体健康；并且在备料及添加填料等环节容易产生粉尘，长时间的影响可能造成尘肺病。因此，为保护工作人员，同时避免产生安全隐患影响生产，控制粉尘和有毒物质及其挥发气体尤为重要。

1）粉尘防护

粉尘防治技术的原理主要分为控制粉尘在空气中堆积和避免人体直接接触粉尘两类。采用无尘工艺和设备，或将喷淋除尘或抽风除尘装置设置在易产生粉尘的场所，并定期检查、清理除尘设置，将减少粉尘在空气中的堆积。为工作人员配备阻尘力高的防护口罩或面具可避免粉尘与人体直接接触[108]。

2）有毒物质及其挥发气体

工作人员要减少在有毒物质下暴露的次数，在不得不暴露的情况下需强制佩戴相应的贴身防护用品。例如，应穿戴防酸工作服、橡胶手套、防护眼镜等。对于接触强酸强碱的工作人员，若遭遇化学性皮肤烧伤，应立即用大量流动的清水冲洗皮肤，褪去被化学品污染的衣物，并迅速将其移离现场[109]。

在容易产生有毒挥发气体的场所设置抽风排毒系统，并设置喷淋或冲洗设施。在生产过程中要注意设备的密闭性，同时注意工作环境通风换气；在进入有可能产生有害气体的工作场所时，工作人员应佩戴防毒面具进行工作，每次工作前都需检测并等待毒气浓度达到安全指标。工作过程中必须进行强制性通风，反复冲刷可能附着有毒物质的场所。此外，工作过程中一定要有人在旁边监护，并保证联系通畅[110]。

4.2.2 造纸过程的清洁生产技术

造纸过程是指将纸浆生产为纸类产品的过程。造纸过程的工艺流程比较单一，主要依靠纸机进行生产，且产生的废水在经过处理后可以回收利用，因此污染物负荷较小。但是造纸过程存在水耗和能耗较高等问题，节能省水是其实现清洁生产的关键。此外，纸机在工作过程中产生的噪声也会对工作人员产生干扰，容易产生安全隐患。因此，本节将围绕真空系统、压榨系统、干燥系统、压光工段、卷纸工段、白水回收工段来介绍相应的清洁生产技术。

图 4-11 展示了造纸过程清洁生产的整体实施路径可供参考的、在重要环节的一些低能耗/低碳排放强度的清洁生产技术。白水回收工段的超效浅层气浮技术可以有效地解决传统一级物化处理难以达到国家规定的污染物排放标准问题，极大地提高了效率，降低了能耗[111]；用于封闭水循环的生化处理等先进清洁生产技术可以显著降低白水 SS 含量，减少废水产生。在纸机网部，纸页成形过程要借助真空系统，高速透平真空泵相较于普通液环泵节能 30%以上，因此高速透平真空泵在企业得到了广泛的应用。此外，还有用于压榨部的靴式压榨技术和热压榨技术、用于干燥部的热风穿透干燥技术和冷凝带干燥技术、用于压光工段的软辊压光机和超级软辊压光机，以及用于卷纸工段的两种现代卷纸机。除了这些已有的技术所带来的低能耗、高效率等效益，本节还针对不同的系统环节总结相应的先进技术。

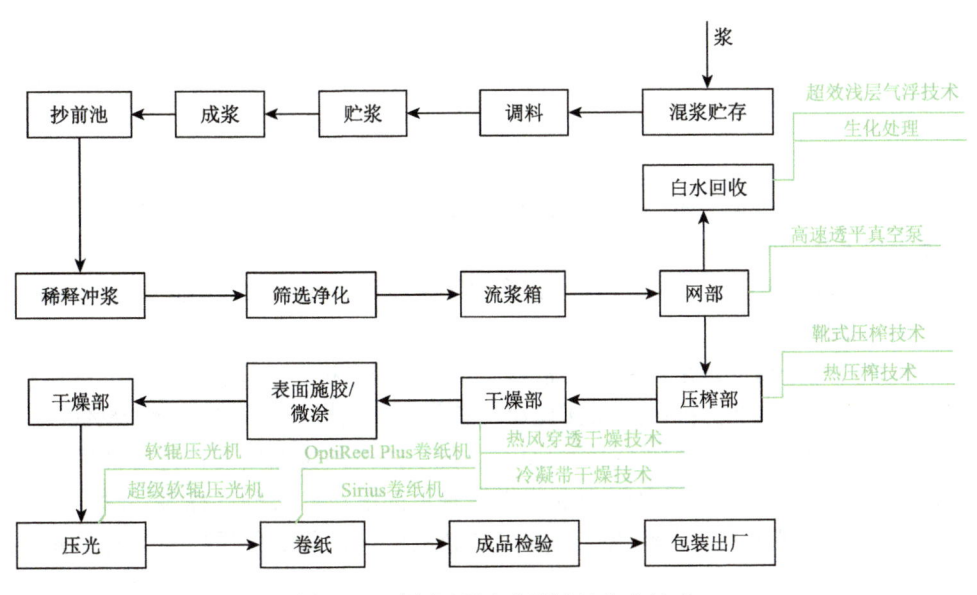

图 4-11 造纸过程中先进清洁生产技术

1. 真空系统

真空系统在纸机中必不可少，其主要作用是靠真空将部分纸页中的水分吸出，从而提高干燥部和压榨部的运行性能。由于真空系统需要水作为工作液，并且真空系统需要靠电能来完成对纸幅的脱水，降低真空系统的水耗和电耗、提高其能源利用率是实现这一环节清洁生产的关键。

1) 高速透平真空泵

目前企业多采用高速透平真空泵，通过多段真空解决普通液环泵的真空效率低、能耗和水耗高等问题，其原理示意图如图 4-12 所示。高速透平真空泵的转速可根据纸机运行状况进行调整，以满足不同工况下纸机抽气量及真空度的需要[112]。高速透平真空泵相较普通液环泵可节能 30%以上、节约新鲜水 85%以上。同时由于无工作液，不需密封水，高速透平真空泵基本不存在腐蚀、结垢等问题。

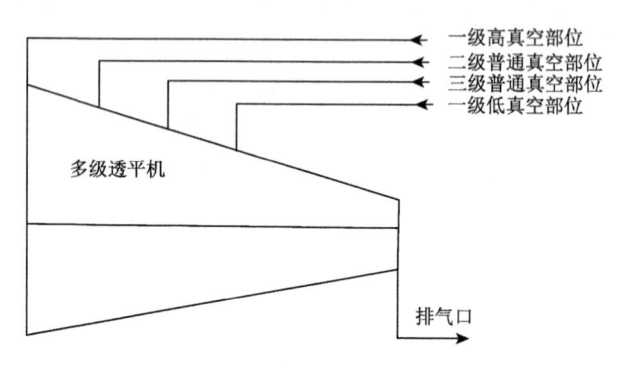

图 4-12 高速透平真空泵原理示意图

目前高速透平真空泵已在企业得到广泛的应用。例如，英格索兰旗下的两家技术公司 Runtech Systems 和 Nash 通过优化纸机脱水和真空系统组合提高其工作效率，在 RunEco 真空系统中采用 EP 系列变速透平风机，实现节能 30%~70%。

2）磁悬浮透平真空泵

磁悬浮透平真空泵采用磁悬浮轴承、高速永磁电机、高速变频、三元流等技术，采用磁悬浮轴承支撑高速永磁电机直驱旋转，整机效率可以达到 75%以上，远高于普通液环泵；不需消耗自来水[113]，排放的高品位热气可以进行热回收综合利用。磁悬浮轴承采用电磁力取代机械轴承的滚珠等接触支撑旋转轴，可以完全实现无机械接触、无摩擦、长寿命、超高转速，降低使用成本，提高真空效率。

目前磁悬浮透平真空泵已有原型机，但还未在造纸领域推广应用。预计未来五年，磁悬浮透平真空泵推广应用比例可达到 10%，实现节能 53 万吨标准煤/年、减排二氧化碳 147 万吨/年的目标。

2. 压榨系统

浆料需要在压榨部脱去大量的水分，形成具有一定强度的湿纸幅，继而通入干燥部进行干燥脱水。若压榨部脱水量较少，则干燥过程不仅会消耗大量的蒸汽，而且湿纸幅会因自身强度差而出现断头等问题。因此，压榨系统需要提高压榨效率的清洁生产技术，降低湿纸幅含水量，并保证纸幅强度。

1）靴式压榨技术

传统压榨采用多辊多压区，存在纸幅从中心辊剥离时牵引力随纸机车速提高而增大的问题，这是压榨部产生纸幅断头并妨碍纸机车速进一步提高的主要原因。为了克服这一问题[114]，造纸行业近年来在多辊多压区的基础上开发了直通靴式压榨技术，其原理示意图如图4-13所示。直通靴式压榨技术具有良好的脱水能力，可使出纸干度达到45%~50%，并可提高纸页松厚度及纸板挺度。此外，单靴式压榨技术也可提高压榨效率，可使出纸干度达到45%~55%，且单靴式压榨装置的压榨部只有一个压区，运行和维护费用更低。

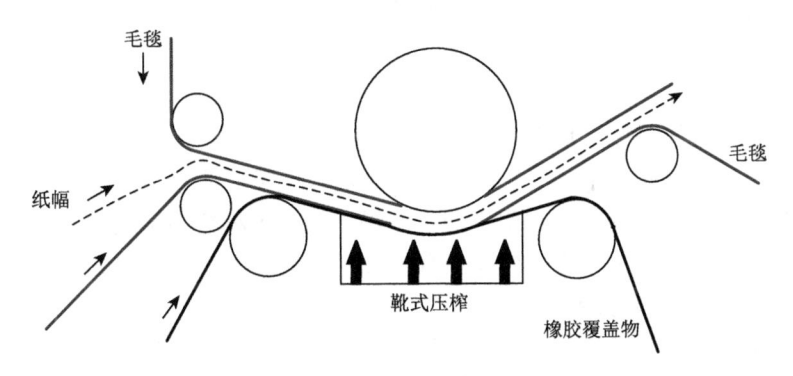

图 4-13 直通靴式压榨原理示意图

各类靴式压榨技术目前已在各企业的压榨部得到广泛应用，发展十分成熟[115]。例如，广西劲达兴纸业集团有限公司采用福伊特（Voith）公司的单靴式压榨技术改造其压榨部，使得纸机车速提高到1000米/分，且出纸干度达到50%以上，降低了干燥部的蒸汽消耗，节省蒸汽成本近1000万元。

2）热压榨技术

热压榨技术基于水的黏度随温度上升而下降这一原理而开发。这一清洁生产技术通过使湿纸页在受热状态下受压，减少脱水时的阻力，提高出纸干度及脱水效率，温度每提高10摄氏度，出纸干度大约可提高1个百分点。热压榨技术对厚度较大的纸板效果尤为明显，薄页纸则因易产生回湿等特性而应用效果欠佳。

目前热压榨技术较为成熟。以生产包装用纸板的纸机为例，抄造335克/米^{2}挂面纸板，以245米/分的抄速将普通压榨技术改为热压榨技术后，出纸干度可由44%提高到54%[86]，且1千克纸的烘缸蒸发水量负荷可从1.27千克降到0.85千克（降低了33%），扣去热压榨特种烘缸1千克纸用汽0.25千克，一共可节省烘干用汽13%。此外，经热压榨技术加工的纸板的抗张强度、耐破度、撕裂度、挺度均有所提高。

3）水分智能预测控制技术

传统压榨技术大多关注改善机械结构以提高压榨效果，但压榨效果不仅受机械外力影响，而且与上浆流量、浓度等参数相关，因此可通过对水分、成纸的定量、断纸、上浆流量/浓度等进行实时测量，基于数据建模和模拟，经优化运算得出最佳的控制辊压力。水分智能预测控制技术通过对水分和成纸的定量实施解耦控制、大滞后补偿控制、智能预测控制等，最终能实现对压榨水分和纸页情况的精准操控[42]。

目前水分智能预测控制技术还未在企业进行全面推广，实际生产中复杂多变的生产环境仍不断地对相关研究提出新的挑战。

3. 干燥系统

纸幅经过压榨部脱水后含水量仍高达 40%～50%，此时残存在纸幅中的水分主要为结合水，压榨脱水难度较大，为了满足成纸干度达到 93%～95% 的卷装要求，纸幅需要利用加热方式实现进一步干燥。这一过程会消耗大量蒸汽，因此相关清洁生产技术需要关注如何减少蒸汽消耗以节能减排。

1）热风穿透干燥技术

传统烘缸热传导干燥技术具有蒸汽消耗量大的问题，而热风穿透干燥技术可在满足纸和纸板高效干燥要求的前提下，有效减少蒸汽消耗量。热风穿透干燥技术的基本原理是利用一系列导辊，使高温热风在相对封闭区域中能直接冲击纸幅，以热对流和热传导相结合的形式提高干燥效率，如图 4-14 所示。传统烘缸热传导干燥技术的干燥效率为 20～40 千克/（米^2·时），热风穿透干燥技术的干燥效率可达 100 千克/（米^2·时）。

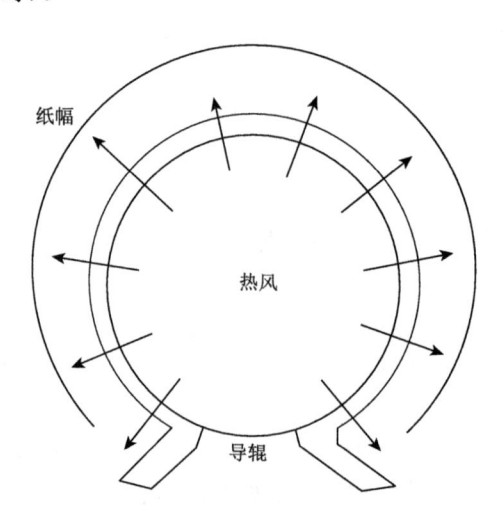

图 4-14　热风穿透干燥原理示意图

热风穿透干燥技术近年来已在部分企业得到应用，但仍未得到全面推广。拓斯克公司在 2017 年曾向恒安国际集团有限公司提供了两台 TADVISION®热风穿透干燥卫生纸机，这是中国生产结构型家庭生活用纸最早的热风穿透干燥纸机。此外，美卓公司开发了热风穿透干燥技术 Optidry Twin，使得 Solaronies 公司的文化纸机烘缸数量从 45 个缩减到 36 个，节约蒸汽 20%。此外，由于热风穿透干燥技术的纸机长度更短，相应的厂房建设投资也可以为造纸企业减少成本。

2）冷凝带干燥技术

冷凝带干燥技术的干燥速率快且具有较大的热能回收能力。这是由于冷凝带干燥技术的余温在 80 摄氏度左右，传统干燥技术的余温在 50 摄氏度左右。冷凝带干燥技术利用纸幅中蒸发的水蒸气作为载体收集潜热，可以提高能源利用率，相较于传统干燥技术余热回用率低于 50%的不足，冷凝带干燥技术的余热回用率可以达到 85%。

目前冷凝带干燥技术应用较少，相应的设备仍需进一步完善。报道显示，芬兰某厂已成功在一台多品种纸机上实现了冷凝带干燥技术的应用，纸幅可由压榨部直接传送到冷凝带干燥装置。

3）干燥部能量系统的数学模型

如何在降低干燥部生产过程能耗的同时保证生产质量一直是业内研究的热点问题。纸页在干燥过程中，干度与烘缸温度、纸页含水量、空气温/湿度等影响因素耦合性较强，相关变量既受通风系统影响，也决定着干燥部的能耗。因此，部分研究尝试将干燥部模块化，针对关键参数进行软测量，以实现对干燥效果的精确控制。

例如，将干燥部模型划分为三个模块：通风模块、纸幅干燥模块和干燥部能耗模块。针对通风模块，使用迭代求解等方法解决通风管道中温/湿度相互依赖的问题，实现对通风系统各处温/湿度和风量的软测量，基于传质方程与牛顿冷却定律等建立纸幅静态方程，并根据通风系统软测量的结果和纸页干燥过程的模拟，求解干燥部的蒸汽消耗量与风机电耗[116]，从而利用模型对相同产量下的不同参数进行模拟优化，提高能源利用率。

目前干燥部能量系统的数学模型还在发展完善阶段，受技术推广成本高等约束，前景仍不明朗。

4. 压光工段

压光工段是整饰纸或纸板，以提高纸幅的平滑度、光泽度、厚度均匀性及平整性的过程[117]。由于纸幅需要一定的含水量以防止纸张卷曲，且压光工段需要避免由纤维堆积产生的纸幅紧度不匀问题（可导致印刷油墨在紧度不同区域的吸墨性差异），压光担负着提高纸幅厚度均匀性及平整性以降低损纸率、提高资源利用率的清洁生产任务。

1）软辊压光机

传统压光机容易导致纸页缺陷，影响纸或纸板的质量和档次。软辊压光机可解决此问题，使得纸或纸板松厚度大且均匀，从而显著降低损纸率，提高资源利用率。此外，由于软辊压光机通常配置两个压区，具有单独传动控制系统并且可实现软辊交错布置，可使纸或纸板的两面差降到最低，适用于生产两面差要求较高的纸种。硬、软压区对纸张的压光影响如表 4-3 所示。

表 4-3　硬、软压区对纸张的压光影响

纸张的物理性能	硬压区压光	软压区压光
平滑度	较低	很高
光泽度	较低	很高
印刷光泽度	较低	很高
掉毛	较重	较轻
抗张强度/撕裂度	较低	较高
两面性	不影响	可以影响
印刷适应性	合格	很好

2）超级软辊压光机

传统压光机不能连续作业，因此生产效率低、生产成本高。虽然后续开发的软辊压光机能连续高速运行，但其压光效果相对较差。超级软辊压光机是一种结合超级压光机和软辊压光机工作特点的软压区压光机。在保持压辊角速度一致的情况下，一旦压辊半径变化，压辊表面即与纸页产生相对滑动。此时受高温压区加热变软的纸页经过压光工段的剪切和搓动，其紧度或松厚度将趋于一致，可使接触金属热辊的纸面平滑、精致。与传统压光机相比，在获得相同光泽度的情况下，超级软辊压光机的纸页的纵向和横向抗张强度均可提高约 3%，抗张模量可提高 10%，挺度可提高 20%[118]。

目前超级软辊压光机已经实现在线压光，满足纸机车速高、幅宽大的发展需求，并且具有压光质量好、操作简单及维护方便的优点。

3）超声滚压光整强化技术

超声滚压光整强化技术是一种新型表面处理技术，将传统滚压技术与超声波技术进行有机结合，可使受压物体表层组织产生强烈塑性变形，产生表面光整强化效应，并在纸表层形成一定厚度的残余压应力，显著降低其表面粗糙度[119]。

超声滚压光整强化技术目前主要应用在航空航天、精密仪器领域，受成本限制，还未应用于民用造纸领域。但作为一种全新的高效表面处理技术，未来随着超声滚压光整强化技术成本的降低，该技术最终将应用于民用造纸领域。

5. 卷纸工段

以卷取纸幅、形成母卷为主要任务的卷纸机配置在整个造纸系统的末端。若卷纸太松，则造成保存时易变形、卷纸轴上易产生位移、断头等问题；若纸卷过紧，则容易在纸幅中产生大的应力，增加断头概率。此外，复卷机由于回转不均匀，纸幅易因应力不匀而断头。因此，为减少损纸率，提高资源利用率，卷纸工段的清洁生产技术需要关注提高生产质量。

1）OptiReel Plus 卷纸机

OptiReel Plus 是第三代卷纸机，已成功应用于现代高速造纸机的不同纸种和后加工生产线。OptiReel Plus 卷纸机具有良好的工作性能，如操作简便、生产效率高，也有利于提升产品质量，如改善母卷质量、保护纸张表面质量、降低损纸率。它采用中心驱动控制转矩和液压系统控制压区线压力，可使主、辅卷的取卷位置传递平稳，卷纸的力矩和线压力保持均匀，使卷纸平稳、连续地进行，并增加反馈回路，检测母卷的紧度。

依托上述先进技术，OptiReel Plus 卷纸机大幅度提高了纸种的适应性，对纸张表面质量进行了有效保护，明显消除了卷纸过程中引起的多种纸病。此外，OptiReel Plus 卷纸机采用大直径卷纸，有效减少了换辊次数，纸机的整体效率提高了 11%，损纸率降低了 5%。

2）Sirius 卷纸机

传统卷纸机最大的问题是无法按需求准确调整卷纸紧度，而 Sirius 卷纸机可以解决这一问题。Sirius 卷纸机的关键特点在于通过 SensoNip 控制器，实现精确而敏感的线压力控制。Sirius 卷纸机旋转产生压区负荷，通过控制路径的卷轴运动补偿使得母卷增大。母卷的结构和紧度在第一层到最后一层所使用的中央驱动和摆动装置的工作下得到控制。

在紧度得到精准控制的情况下，卷纸速度和重量得到提升。当卷纸机母卷直径达 4.5 米、幅宽达 12 米时，卷纸速度可超过 46.7 米/秒，母卷重量可超过 120×10^3 千克。

3）卷纸智能分切排产技术

纸厂卷纸分切业务订单具有品种繁杂、规模庞大等特点，传统排产方案由工人凭借经验得到，易造成人力、能源、时间上的浪费，增加企业的生产成本，不利于造纸行业的清洁生产。利用机器学习等智能算法和数学规划等相关技术优化卷纸分切排产方案，可以实现更全面的统筹生产，节约纸厂生产成本。同时，排产系统可以纳入更多的生产因素，在规定范围内实现规格、数量、纸边大小、切割刀数等多方面的最优化，高效利用卷纸资源和人力资源。

目前卷纸智能分切排产技术在我国已进入工厂试验阶段，随着其技术成熟，必将逐渐替代传统排产方案，实现卷纸分切的高效作业。

6. 白水回收工段

造纸车间排出的废水称为白水，其主要成分为包括纤维、填料、涂料、施胶机、增强剂、防腐剂等造纸用材料在内的 SS。不经过处理的白水排放不仅会造成资源浪费，而且会给水环境造成严重污染[120]。因此，相应的清洁生产技术应着重提高白水的污染处理能力，提高资源回收利用率。

1）超效浅层气浮技术

传统溶气气浮技术需要污水在气浮内滞留 30～40 分钟，净化效率低。超效浅层气浮技术可以将污水滞留时间缩短至 3～5 分钟，提高净化效率，同时回收大部分细小纤维和填料。超效浅层气浮技术的工作原理与传统溶气气浮技术相同，不同的是，前者采用的快速气浮系统可使得超效浅层气浮装置表面负荷和容积负荷升高，且具有占地空间小、净化效率高等优点[121]。与辅助设备配置使用时，最高可使废水中的 SS 浓度降低 99.8%左右。例如，超效浅层气浮装置和二级生化处理相结合可使白水达到再次利用的标准。超效浅层气浮处理工艺流程如图 4-15 所示。

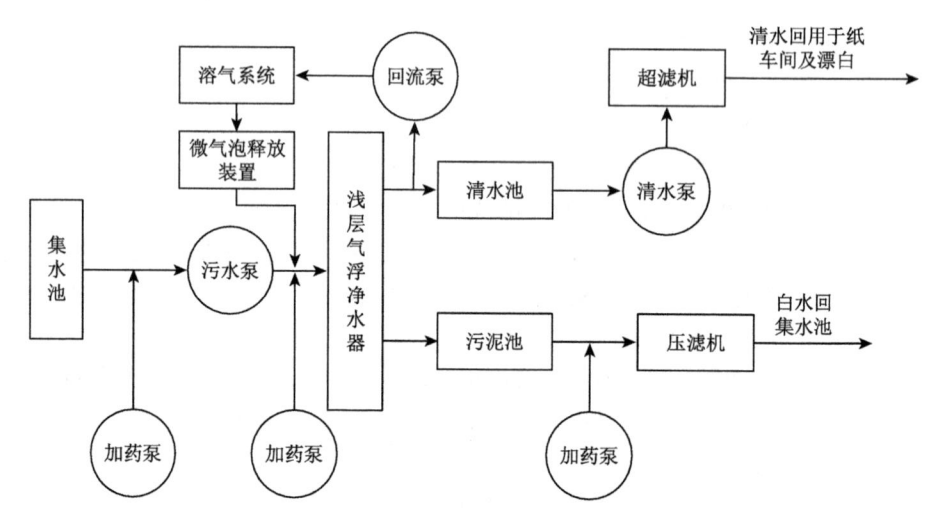

图 4-15 超效浅层气浮处理工艺流程

超效浅层气浮技术目前已在众多企业得到广泛应用，其先进性已受到市场认可。例如，锦州宝地纸业有限公司投资 4000 万元建成了处理量达 4.5 万吨/天的白水回收系统，可以明显改善排出车间的白水水质，其中，COD 浓度从 1000～1200 毫克/升降低到 200～300 毫克/升，SS 浓度从 1200～1500 毫克/升降低到 10～30 毫克/升，处理后的白水可回用于车间稀释浆料和纸机洗网等。

2）生化处理

以再生纤维为原料的纸厂要实现水的封闭循环的关键就在于生化处理。生化处理能最大限度地降低水中有机物含量，同时去除硬化盐和重金属，减少硫化物导致的气味及腐败风险，从而减少废水的产生，既提高资源利用率，又减轻环境负担。生化处理设备采用的流态床是一种紧凑型生化反应器，处理过程污水停留时间为 1~4 小时，负荷为 2~30 千克 BOD/(米^3·天)，反应器中生物膜密度为 6~10 千克 VSS/米^{3}①。由于流态 SS 浓度为 500~1000 毫克/升，相对较低，可以先通过微气浮预处理白水，将 SS 浓度降至 10~20 毫克/升，显著降低白水 SS 浓度。

目前企业主要使用气浮技术等物化处理白水。生化处理白水还未在行业内广泛应用，但已有报道的应用案例。例如，山东某草浆造纸厂完成了废纸白水的升级改造工程，使 COD 和 SS 的平均去除率分别提升了 15.79 个、16.96 个百分点，分别达到 81.66%与 61.96%。

3）超声波白水处理技术

超声波白水处理技术基于空化理论和自由基氧化原理。在超声波膨胀期间，水体会产生负压，导致短暂的水体割裂，并迅速在空隙中形成气泡[122]，这称为空化现象。空化形成的小气泡在水体中存续的时间很短，瞬间就会破裂。在破裂的过程中，其表面的爆裂不仅会对周围产生一个瞬时的冲击波和超高速的微射流，而且能产生高温。当水体中各处都形成高温高压的局部环境时，将非常有利于化学污染物降解。另外，由超声波空化产生的局部高温高压环境有利于分解水，从而产生·H 和·OH 自由基，溶解在溶液中的空气（氮气和氧气）也可以发生自由基裂解反应从而产生·N 和·O 自由基，这些自由基会与水体中的污染物发生化学反应，降解污染物，实现废水净化。

目前，超声波白水处理技术已经十分成熟，但受限于成本，还没有大规模应用到工业实践中。

7. 造纸过程中的有害物质防护

在造纸过程中，机械设备的工作声音较大，容易对工作人员造成影响，干扰其正常工作，造成安全隐患。此外，在造纸过程中，刮刀处会产生大量纸尘，不加以处理同样会对工作人员的健康和生产安全造成影响。因此，为保护工作人员、消除安全隐患，造纸过程中需要减轻噪声、减少纸尘。

1）噪声源治理

为了控制造纸机械设备工作时声音的传播，可利用墙体、门窗、隔声罩屏等构件，使噪声在传播途径中受到阻挡。目前造纸企业常用的隔声设备以隔声罩和

---

① VSS 指可挥发性固体悬浮物（volatile suspend solid）。

隔声间为主。隔声罩是实际生产环境较为理想的降噪设备。通过隔声罩能最大限度地阻碍噪声的传播，以减弱噪声源辐射到周边环境。针对某些工作人员无法长时间工作或停留且无法安装隔声罩的工作区，应当设置隔声间，以加强安全保障，并可用于日常休息。

2）噪声污染防护

个人防护是控制噪声对人体危害的最经济、最有效的措施，也是目前大部分造纸企业采取的主要方法。耳塞、防声棉、耳罩、隔声间、防声头盔等是常用的防噪声工具。它们基于声音传播原理，阻隔声音传播的途径，降低声音对人的影响。这些听力保护装置提供的保护或噪声削减是根据噪声频率的变化而变化的，在高频率下应提供更多的保护。例如，在500～1000赫兹的一般频率下，佩戴耳塞可防护大约22分贝。

目前许多造纸企业在噪声设备的操作层设置了具有防噪声功能的控制室。此外，采取轮换作业以缩短工作人员在强噪声环境中的工作时间也是一种辅助办法。

3）纸尘污染防护

为减轻纸尘污染，可在刮刀处设置集尘箱。在不损坏纸张的情况下，让空气通过吸口进入集尘箱，吸口通常根据纸机宽度设置，并在每个吸口上设置调整风门，防止集尘箱局部颤动。定期检查、清理吸口处容易发生纸尘堆积的地方，以免堵塞吸口，造成纸尘回落至纸页的不必要损耗。此外，工作人员日常工作时应强制佩戴阻尘滤和透气性高、与面部密合性好的过滤式防尘口罩。

4.2.3 公用工程的清洁生产技术

制浆造纸过程需要大量电能和热能，为了提高能源利用率，并降低企业的用能成本，必须采取一定手段改进能源供给方式以实现清洁生产。此外，在制浆造纸过程中，残余化学品及纤维原料与化学品反应的产物也会释放到水和空气中，成为废固、废水或废气。废水中的纤维及化学品残留既会影响接受水体的清晰度，又会沉积于水底进而影响水生生物的生存环境；硫酸盐法制浆释放的臭气或有毒物质则会严重影响空气的质量。因此，应对废弃物进行处理，尽可能减弱制浆造纸过程对环境的影响。本节将围绕能源供给与废弃物处理介绍相关的清洁生产技术。

为降低能源成本，中国大中型造纸企业的能源供应大多来自热电联产，通过综合能源系统，实现多能互补和能源梯级利用，从而精简能源转化及输送环节，使能源得到充分利用，提高能源利用率。制浆企业在备料环节产生大量的生物质材料，这可由焚烧来供能回用。由于天然气和燃料油等成本较高，中国造纸行业大量使用生物质能，降低化石能源的消耗，降低用能成本。部分研究围绕不同纸产品在制浆造纸过程中的温室气体排放展开，揭示了中国制浆造纸过程整体温室气体排放情况，如图 4-16 和图 4-17 所示。

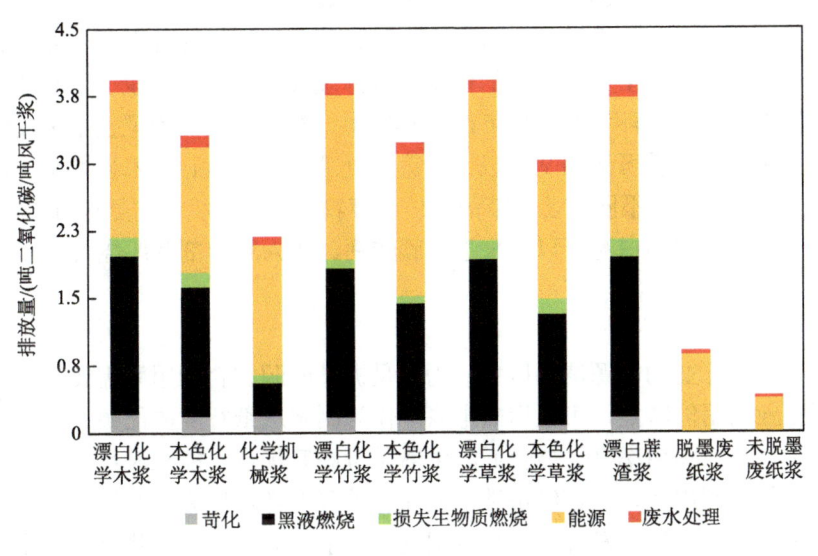

图 4-16 制浆过程温室气体排放

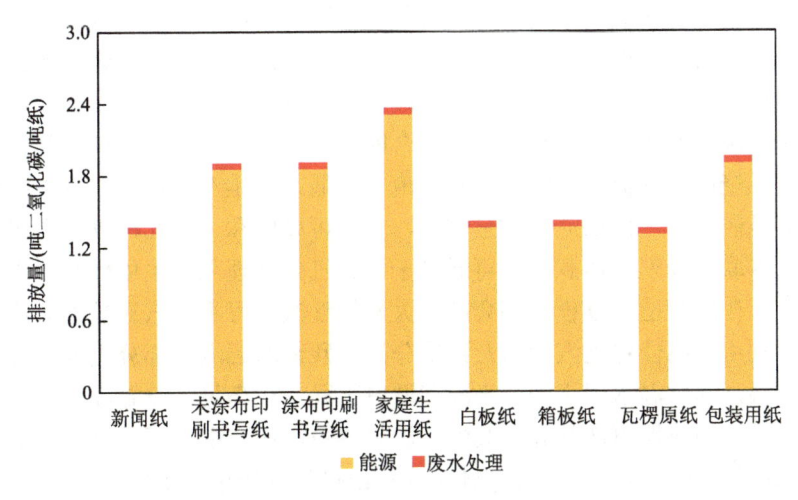

图 4-17 造纸过程温室气体排放

根据图中数据可以看出，超过 85%的温室气体排放来自制浆过程中的黑液燃烧和能源。由于化学机械浆的制浆得率为 90%，其黑液中的有机物含量最少。原生浆生产环节的碳排放强度最低。本色浆相比于漂白浆去除了漂白工段的能耗，而且前者的制浆得率通常高于后者 5%以上，所以用本色浆代替漂白浆对于制浆过程大约能够减少 20%的温室气体排放。碳排放强度最低的是废纸浆，其植物纤维至少经历了一次解离，不需要蒸煮和碱回收，生产过程较为容易。

废水处理环节产生的温室气体主要来自厌氧处理过程中所带来的甲烷。后续将针对废水的多层次综合处理，从废水生化处理和废水深度处理两个方面进行详细阐述。废气处理环节目前常用的仍是臭气治理技术与焚烧炉废气治理技术。臭气治理技术净化空气环境的效果可达 88%以上；焚烧炉废气治理技术主要为袋式除尘，对污染物减量可达到 95%以上。废固处理环节的可行技术以堆肥、焚烧和回收利用为主。针对不同工艺环节的具体废弃物，通常有相应的处理方法。例如，碱回收工段废渣中的白泥可以用来生产碳酸钙、作为脱硫剂及煅烧石灰回用等。

1. 能源供给

制浆造纸行业的能源消耗巨大，为满足提升能源综合利用率需要，并结合制浆造纸行业的用能特点，可采用热电联产作为制浆造纸行业的能源利用形式。热电联产具有热能利用率高、能耗低、供热质量高等优点，能在满足能源需求的同时，提高能源利用率、运行经济性，从而有效降低环境压力[123]。《造纸行业"十四五"及中长期高质量发展纲要》也明确提出了 2035 年中国热电联产比例达到 90%以上的目标。

此外，提高能源利用率是增加经济收益、降低用能成本的关键举措。目前许多制浆企业针对自身的用能需求建设了综合能源系统。例如，制浆造纸过程中产生的大量废水和废固（包括树皮及木屑废渣、蒸煮废渣和纤维残渣等）都可直接投入锅炉燃烧，产生蒸汽，直接并入综合能源系统，减少煤炭消耗。其中，由树皮及木屑燃烧产生的氮氧化物及二氧化硫含量低，很难对环境产生危害；树皮及木屑废渣呈弱碱性，而煤渣废水呈酸性，二者可以中和，因此树皮及木屑废渣能与煤渣废水联合处理。蒸煮废渣可通过干馏、气化处理来产生可燃气体作为燃气轮机燃料。在制浆造纸过程中还会产生大量的乏汽，可将乏汽通过管道从喷放锅中排出，利用分离器将乏汽和水及纤维分离。残余的乏汽一部分进入冷凝器与水进行热交换，提供温水用于洗涤工段和漂白工段，在满足工段温度要求后，其余部分直接进入加热器再次升温，其中，加热器中水从上端喷下，乏汽从下端向上流入和水接触，将水加热，不凝气体将直接由排气管排出，冷却水用泵加压循环，其具体实现过程如图 4-18 所示。此外，碱回收炉排出的烟气温度为 250～300 摄氏度，有的甚至高达 400 摄氏度。因此，可将碱回收炉烟气通往加热器，用于加热蒸汽、白水及清水。

在制浆造纸用能调度方面，综合能源系统是实现各能源系统间有机协调优化的重要途径。综合能源系统能够有效整合包括可再生能源在内的不同能源，并且在能源生产、传输、分配和消费等环节进行耦合转换，可在满足能源需求的同时，提高能源利用率（包括可再生能源利用率）、运行经济性，并有效减少环境压力。

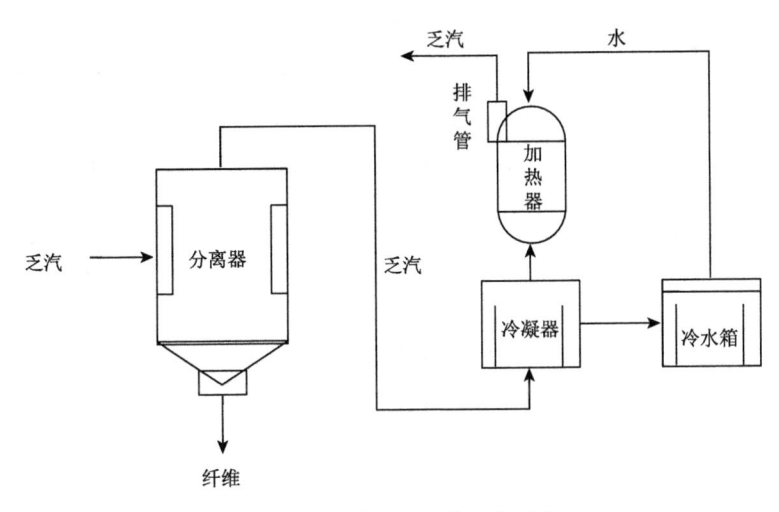

图 4-18 制浆造纸余热回收过程

综合能源系统一般以电能和天然气为主导，外部能源供应网络由联络线和天然气管网组成，系统内包含各类能源转换设备和储能设备，以满足用户侧电、热、冷、气四种负荷需求。

目前中国在政策层面对多能互补高度重视。例如，《能源发展"十三五"规划》提出，推动能源生产供应集成优化，构建多能互补、供需协调的智慧能源系统，并将实施多能互补集成优化工程列为"十三五"能源发展的主要任务。国家能源发展战略中多能互补的重要地位可见一斑。

2. 废水处理

由于制浆造纸过程各生产环节所产生的废水存在差异性，为妥善处理废水，必须针对废水的不同特性采用不同的处理技术。在实际处理环节，制浆造纸废水主要利用化学、物理等处理方法。为应对不同废水的成分差异，可以把多种处理方法结合起来进行多层次的综合处理。

1）生化处理技术

生化处理技术是将具有一定反应作用的生物酶与污水中的污染物结合反应，从而使污染物转化为符合排放要求的物质。

生化处理技术可分为厌氧技术和好氧技术，二者具有许多优点，如成本低廉、操作简单，适合大规模推广应用。工业界和学术界也普遍认为生化处理技术是工业废水处理流程中的关键。相关的主要工艺参数及污染物去除率见表4-4和表4-5。

表 4-4 厌氧技术主要工艺参数及污染物去除率

序号	名称	工艺参数	污染物去除率
1	水解酸化	pH 为 5.0~9.0； 容积负荷为 4~8 千克 COD_{Cr}/（米^3·天）； 水力停留时间为 3~8 小时	COD_{Cr}：10%~30% BOD_5：10%~20% SS：30%~40%
2	升流式厌氧污泥床	污泥浓度为 10~20 克/升； 容积负荷为 5~8 千克 COD_{Cr}/（米^3·天）； 水力停留时间为 12~20 小时	COD_{Cr}：50%~60% BOD_5：60%~80% SS：50%~70%
3	厌氧膨胀颗粒污泥床	污泥浓度为 20~40 克/升； 容积负荷为 10~25 千克 COD_{Cr}/（米^3·天）； 水力停留时间为 6~12 小时	COD_{Cr}：50%~60% BOD_5：60%~80% SS：50%~70%

表 4-5 好氧技术主要工艺参数及污染物去除率

序号	名称	工艺参数	污染物去除率
1	完全混合活性污泥法	污泥浓度为 2.5~6.0 克/升； 污泥负荷为 0.15~0.4 千克 COD_{Cr}/千克 MLSS； 水力停留时间为 15~30 小时	COD_{Cr}：60%~80% BOD_5：80%~90% SS：70%~85%
2	氧化沟	污泥浓度为 3.0~6.0 克/升； 污泥负荷为 0.1~0.3 千克 COD_{Cr}/千克 MLSS； 水力停留时间为 18~32 小时	COD_{Cr}：70%~90% BOD_5：70%~90% SS：70%~80%
3	厌氧+好氧工艺	污泥浓度为 2.5~6.0 克/升； 污泥负荷为 0.15~0.3 千克 COD_{Cr}/千克 MLSS； 水力停留时间为 15~32 小时	COD_{Cr}：75%~85% BOD_5：70%~90% SS：40%~80%
4	序批式活性污泥法	污泥浓度为 3.0~5.0 克/升； 污泥负荷为 0.15~0.4 千克 COD_{Cr}/千克 MLSS； 水力停留时间为 8~20 小时	COD_{Cr}：75%~85% BOD_5：70%~90% SS：40%~80%

注：MLSS 指混合液悬浮固体（mixed liquid suspend solid）。

目前生化处理技术已相对完善。例如，加拿大安大略省 Thorold 造纸厂在原有初沉池中增建纯氧曝气设备，使得 BOD 去除率高达 95%。

2）深度处理技术

制浆造纸废水的有机物含量较高，经初级及生化处理后仍无法达到国家规定的排放要求，因此需要对污水进行进一步处理。深度处理是在一次处理的基础上进行处理，目的是尽可能去除污水所含的各类污染物，以满足排放要求。由于深度处理并非企业必需，尽管技术已较成熟，但受限于成本等，并未全面推广使用，而是企业视自身实际情况选择性地使用。

3）生物膜反应器处理技术

生物膜反应器处理技术具有去除率较高的特点，其工作原理如下：污染物通过尺寸排阻和静电相互作用被吸附到膜表面，形成生物膜层，然后进行生物降解[124]。非极性污染物大多通过尺寸排阻，吸附在膜表面或生物膜层上而被去除；极性污染物主要通过生物降解被去除。

目前生物膜反应器处理技术还处于实验室阶段或中试阶段，实际生产应用中仍需完善。此外，生物膜反应器处理技术仍存在某些局限性，如膜污染、能量需求大和膜材料昂贵等。

3. 废气处理

制浆造纸过程中产生的废气主要为臭味化合物、氯化物、二氧化硫及粉尘，不经处理的排放将会对环境造成破坏。因此，必须利用清洁生产技术对有害气体进行处理和利用，以节能减排。

1）臭气治理技术

硫酸盐法化学浆生产过程中，蒸煮、碱回收等工段会排出高浓度臭气。此外，洗浆机、塔、槽、反应器及容器等也会排出低浓度臭气。臭气通常可通过管道收集后排入碱回收炉、石灰窑、专用火炬或专用焚烧炉等进行焚烧处置。臭气治理技术特点如表4-6所示。

表 4-6 臭气治理技术特点

序号	治理技术	技术原料及特点
1	在碱回收炉中焚烧	高浓度臭气通常通过碱回收炉中的燃烧系统直接焚烧，低浓度臭气通过引风机输送到碱回收炉中作为二次风或三次风焚烧
2	在石灰窑中焚烧	工艺过程的臭气可引入石灰窑焚烧处置
3	在专用火炬中焚烧	在臭气放空管道头部安装火炬燃烧器，具有结构及操作简单、臭气去除效率高等特点，但会消耗液化气或柴油燃料，一般可用于事故状态下的臭气应急处置
4	在专用焚烧炉中焚烧	高浓度臭气经收集后采用专用焚烧炉焚烧，高温烟气可经余热锅炉回收热量，最终洗涤后排空

臭气处理技术已十分成熟，其行业应用广泛。例如，广州造纸集团有限公司对污水处理中心产生臭气源的九个主要池体进行了加盖密封，并通过相应的除湿防腐保护措施，将密闭收集后的废气引入锅炉中进行燃烧净化处理，彻底消除了污水处理中心臭气外逸问题[125]，加盖后硫化氢浓度为 0~1 毫克/米^3，降低效果达 88%以上。

2）焚烧炉废气治理技术

焚烧炉废气污染物主要包括烟尘、二氧化硫、氮氧化物及二噁英等。烟尘治理技术主要为袋式除尘。二氧化硫治理技术主要包括石灰石/石灰-石膏湿法脱硫及喷雾干燥法脱硫。氮氧化物治理技术主要为选择性非催化还原（selective noncatalytic reduction，SNCR）脱硝。焚烧炉废气治理技术参数见表4-7。

表 4-7 焚烧炉废气治理技术参数

序号	名称	技术原理	污染物去除效率	技术特点
1	袋式除尘	利用纤维织物的拦截、惯性、扩散、重力、静电等协同作用对含尘气体进行过滤	除尘效率为 99.50%~99.99%	适用范围广、占地面积小、控制系统简单、达标稳定性高
2	石灰石/石灰-石膏湿法脱硫	以含石灰石粉、生石灰或消石灰的浆液为吸收剂，吸收烟气中的二氧化硫	脱硫效率为 95%以上	对负荷变化具有较强适应性
3	喷雾干燥法脱硫	吸收剂在吸收塔中将二氧化硫吸收	脱硫效率为 90%以上	低水耗、低电耗、净化后的烟气不会对烟道及烟囱产生腐蚀
4	SNCR 脱硝	在不使用催化剂的情况下，在炉膛烟气温度适宜处喷入含氨基的还原剂，与炉内氮氧化物反应	脱硝效率为 30%~40%	不需要催化剂和催化反应器、占地面积较小、建设周期短
5	二噁英综合治理	在袋式除尘器前喷入粉状活性炭，通过活性炭吸附作用去除二噁英	—	污染物排放满足 GB 18484—2020 或 GB 18485—2014 要求

焚烧炉废气治理技术已经十分成熟，应用广泛。例如，宁波亚洲浆纸业有限公司对锅炉产生的尾气进行了 SNCR 脱硝、袋式除尘及石灰石/石灰-石膏湿法脱硫处理，污染物减量达到 95%以上。

3）等离子-气动乳化-生物除臭组合技术

常见的臭气处理技术多为燃烧处理。等离子-气动乳化-生物除臭组合技术可以避免燃烧可能产生的二次污染，并且将三种技术合而为一，弥补了单项技术的不足，提高了除臭系统的处理效果及稳定性。等离子-气动乳化-生物除臭组合技术的原理如下：利用等离子体中的活性粒子对臭气污染物进行初步去除，将大分子物质降解为简单小分子，然后排入气动乳化塔，经乳化塔内的乳化剂进行气液交换及酸性中和后，利用生物处理装置进行分解净化。等离子-气动乳化-生物除臭组合技术具有高效率、低成本、低能耗的优点，对强酸性气体进行处理，硫化氢和氨气脱除率均可达到 95%以上；与单项技术相比，能耗及运行成本可降低 30%以上[126]。

目前单项技术已经有了成熟的应用，但等离子-气动乳化-生物除臭组合技术还在发展阶段。这是由于各项技术工作所需的条件差别较大，需要考虑的因素过多，处理效果及稳定性容易受到影响。

4. 废固处理

从节省资源的角度考虑，应尽可能综合利用制浆造纸过程中产生的废固。对于部分难以利用或暂时无法利用的废固，应当采用更环保的处理技术。因此，需有针对性地采用清洁生产技术对废固进行处理，以节能减排。

在制浆造纸过程中出现的废固主要包括有机废物和无机废物两类。其中，有机废物主要如下：①备料废渣，如有机残渣、树皮、树节、锯末；②生产过程中富含纤维的废渣，如木节、浆渣；③污水处理厂污泥，如细小纤维、化学污泥和生物污泥[127]。废纸制浆废渣含有60%的纸和40%的塑料，在与煤炭混合前需与石灰混合处理以吸收废渣中的氯化物，减少大气污染物的产生。烟气和炉渣分析结果表明，废纸制浆废渣与煤混合燃烧，不会对环境造成破坏。

典型无机废物主要有硫酸盐浆厂碱回收系统中的白泥、绿泥、石灰渣等，其中白泥可用作多种产品原料。废固资源化综合利用及最终处置技术如表4-8所示。

表4-8 废固资源化综合利用及最终处置技术

序号	废固		可行技术	技术适应性
1	备料废渣		堆肥	适用于木材和非木材制浆企业
			焚烧	
2	纤维浆渣		回收利用	适用于木材和非木材制浆企业
			焚烧	
3	碱回收工段废渣	白泥	煅烧石灰回用	适用于硫酸盐法化学木浆企业
			生产碳酸钙	
			作为脱硫剂	适用于碱法非木材制浆企业
			填埋	
		绿泥	填埋	适用于制浆企业
			焚烧	适用于硫酸盐法化学木浆企业及化学机械浆企业
		石灰渣	填埋	适用于制浆企业
			焚烧	适用于硫酸盐法化学木浆企业及化学机械浆企业
4	脱墨污泥		焚烧	适用于废纸制浆企业
			安全处置	
5	污水处理厂污泥		焚烧	适用于制浆造纸企业
			填埋	

4.3 典型企业清洁生产现状及发展规划

4.3.1 玖龙纸业——废纸制浆造纸清洁生产方案

玖龙纸业（控股）有限公司（简称玖龙纸业）是中国最大的原纸产品制造商，

也是全球最大的环保废纸包装企业，主要生产卡纸、高强瓦楞芯纸等。玖龙纸业始终秉承先进环保的清洁生产理念，在能源消耗和末端治理等方面与时俱进，其采用先进的设备和工艺技术，环保和能耗指标均优于国家标准，是资源节约型和环境友好型企业典范。本节主要介绍玖龙纸业在其废纸制浆造纸业务领域所采用的清洁生产方案。

1. 废纸制浆过程

废纸制浆过程主要涉及浆料中杂质的去除和分散，需要用到许多高能耗设备。随着废纸和废纸浆中杂质的去除，制浆废水中的污染物浓度升高，同时会产生一些废固。为了在保证产品质量的同时降低废纸制浆过程的能耗和污染物排放，玖龙纸业形成了一套完整的废纸制浆清洁生产方案，如图4-19所示。

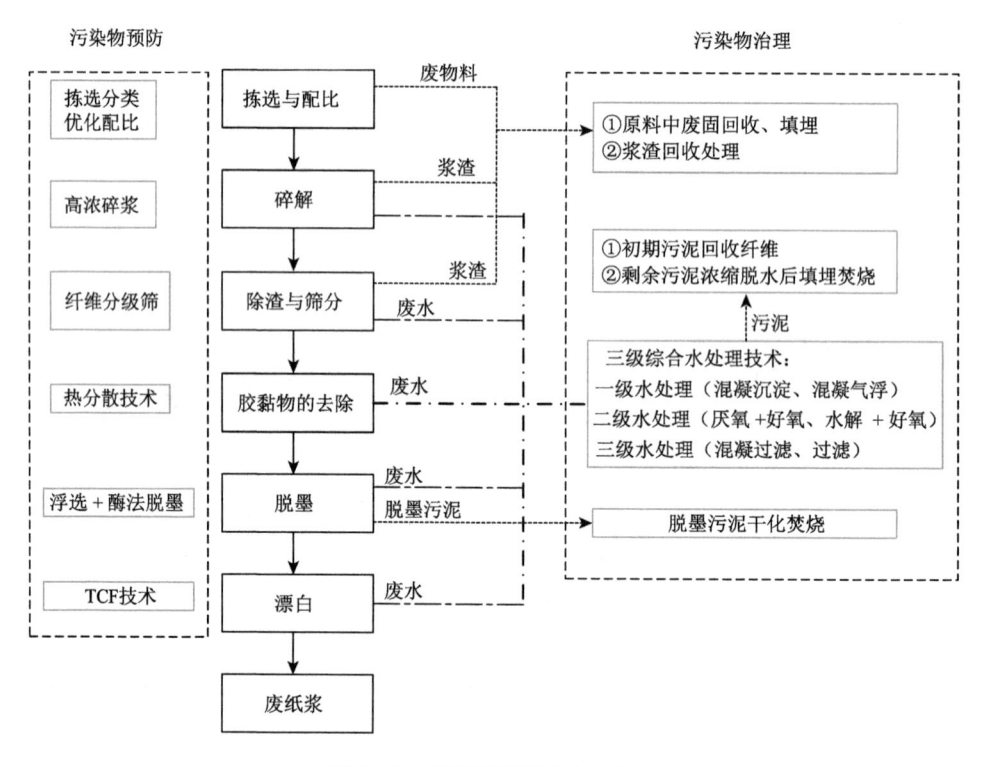

图 4-19　废纸制浆清洁生产方案

（1）废纸原料的拣选与配比。玖龙纸业采购不同种类的废纸混合制浆，不仅提高废纸浆的品质，而且降低后续工段化学品的用量。合适的废纸配比是利用混合制浆制得高品质浆料的一个关键因素，凭借人工经验选择废纸配比会导致废纸浆的性能指标与预期存在很大差异[128]。为了选择合适的废纸配比，玖龙纸业借助数学建模的手段，基于实际历史数据，建立了废纸配比与浆料性能指标之间的模型，然后结合优化算法求解出使得浆料性能最佳时的废纸配比。这种利用数学建模与优化算法相结合的废纸配比推优方法在工业上已得到验证和应用，可显著提高制浆造纸企业的产品质量并降低生产成本。

（2）废纸原料碎解。废纸经过分选后被送往碎浆机进行破碎，碎解过程的能耗较高，占整个废纸制浆造纸过程能耗的25%[129]。为降低碎解过程的能耗，玖龙纸业选择高浓碎浆技术。高浓碎浆机在12%~18%的处理浓度下将废纸分散成纤维悬浮液，同时将废纸中的砂石、金属等重杂质和绳索、破布、塑料等大杂质等固体污染物有效分离。该工艺具有比能耗低、杂质保持原状易去除、油墨分离和纤维疏通效果好、可节约化学品等优点。高浓碎浆机是目前比较节能的碎浆设备，与低浓碎浆机相比可节约60%的加热蒸汽[130]。福伊特公司开发的带扰流螺旋转子（S-helix）高浓碎浆机单位碎浆能耗可节省15%~20%[131]。

（3）废纸浆的除渣与筛分。废纸碎解后的浆料中含有不同密度的杂质并且浆料中纤维长度分布非常不均匀，对浆料进行除渣与筛分是保证浆料和纸产品质量的重要措施。除渣器通过离心力作用将杂质与纤维分离，玖龙纸业将高浓除渣技术和低浓除渣技术相结合，可去除浆料中20%的废渣。废纸浆的筛分分为粗筛和纤维分级筛。粗筛的目的是去除纸浆中的杂质，在筛浆浓度为3.5%左右的条件下，将破碎后纸浆中的轻、重杂质（薄片、塑料、胶黏剂等杂质颗粒）进行分离，去除废纸浆中的杂质和尺寸大于纤维的固废。该技术可使悬浮体在洗涤、筛分等过程中进行流态化，为玖龙纸业节约大量的水和电力。纤维分级筛的目的是将废纸浆中的长、短纤维进行分开处理，不仅可以提高浆料质量，而且能够节约能源，减少设备投资，简化处理流程。通过除渣与筛分后，浆料中基本不含固体杂质。

（4）废纸浆中胶黏物的去除。脱水浓缩后的浆料中还含有一些胶黏物（沥青、树脂、热熔胶等）。胶黏物不仅会影响生产的正常运行，而且会降低生产效率和产品质量。控制或消除胶黏物在废纸浆中的障碍是关键技术之一[132]。去除胶黏物与除渣阶段去除轻、重杂质的方法完全不同，前者一般是通过热分散技术将胶黏物分散为肉眼看不见的微粒并均匀地分布在纸浆中，而在最后的纸产品中不容易被发觉。浆料经浓缩后用螺旋输送机送入加热螺旋，用饱和蒸汽加热，使浆料中的挥发性物质蒸发，用喂料螺旋送入热分散机。在热分散机中，高浓度纤维之间的强烈摩擦使粘在废纸上的热熔物在机械作用下与纤维分离，并分散成细小颗粒，均匀地分布在纤维中。通过热分散机对纤维进行分散后，纸浆的游离度、白度和撕裂指数均有所下降。玖龙纸业的热分散系统可以利用大量纸机残留的白水稀释浆液，明显减少了废水排放量，使吨纸水耗减少到10~30吨，同时便于整个造纸系统采用密闭循环技术，使排水中BOD、COD含量稳定。

（5）废纸浆脱墨与漂白。经过印刷的废纸碎解后得到的浆料中还含有油墨，为了提高废纸浆的使用价值和生产纸产品的质量，废纸浆需要进行脱墨处理。废纸浆脱墨的方法主要有水洗法和浮选法。水洗法水耗高，纤维流失率较高，造成原料浪费，不符合清洁生产理念。玖龙纸业采用浮选法进行脱墨处理，浮选系统主要由若干浮选槽组成，每个浮选槽内均装有气泡发生器。废纸浆经初步除渣、筛分、浓缩后，稀释至0.8%~1.2%的浓度，送入浮选槽混合室，与空气和脱墨剂充分混合后，进入浮选槽。脱墨剂由多种化学品组成，选用酶作为脱墨剂脱墨效果较好，并且能减少脱墨过程的化学品消耗，其脱墨废水COD含量为化学品脱墨废水COD含量的70%左右。脱墨处理后废纸浆的色泽一般会发暗发黄，需要进行漂白处理。TCF技术是一种环境友好的漂白方式：在中浓度条件下，无氯漂白剂可加速漂白过程，节省漂白剂用量，降低泵功率和加热蒸汽消耗，使漂白废水中AOX含量降低80%以上。

（6）废弃物末端治理。废纸浆脱墨产生的废水主要来自废纸浆破解、洗涤、除渣、筛分和脱墨工段。脱墨废水具有以下特点：①废水量大，生产1吨脱墨纸浆的废水量约100吨；②废水中含有油墨、纤维、填料及助剂等难以去除的SS；③SS、BOD、COD等污染指标含量高等[133]。对脱墨废水进行单一处理往往不能达到直接排放或回用标准。玖龙纸业采用三级综合水处理技术，其中，一级水处理技术采用混凝沉淀、混凝气浮等方法，二级水处理技术采用厌氧+好氧或水解+好氧方法，三级水处理技术则采用混凝-过滤或过滤方法。三级综合水处理技术可以去除废水中90%以上的COD和SS，达到直接排放或回用标准。废固有废物料、浆渣和脱墨污泥，其中，废物料和浆渣可回收重复使用，脱墨污泥干化焚烧可用于发电。

2. 造纸过程

废纸浆经过制浆过程的一系列处理便可送往纸机，其后续的造纸过程与木浆和非木浆的造纸过程相同，主要经历网部成形、压榨、干燥、卷纸等过程。玖龙纸业的造纸过程的清洁生产方案如图4-20所示。对于木浆和非木浆的造纸过程，该方案同样适用。

（1）网部成形。纸浆在网部成形过程中需要用水喷淋来清洁纸机，为尽可能降低喷淋水耗，可以充分利用白水回收系统的白水。白水经过处理后，其水质若符合纸机网部喷淋水质要求，可代替新鲜水用于网部设备喷淋、成形网清洁、网回头辊清洁、冲网喷水等。企业需结合自身情况合理设计纸机网部喷淋系统的用水管线和节水方式。

（2）压榨。纸浆在网部成形后由浆料变成湿纸幅，为保证纸幅在后续工段的强度，需要对纸幅进行压榨处理。靴式压榨是较为经济高效的压榨方式，脱水效果好，采三段靴式压榨可以使压榨后纸页的干度达到45%~50%。与网部类似，压榨部也有喷淋系统，可采用针形喷射器，在距离纸机大约200毫米处，高压（压强为40兆帕）喷射清洁纸机，节约压榨部喷淋系统水耗。

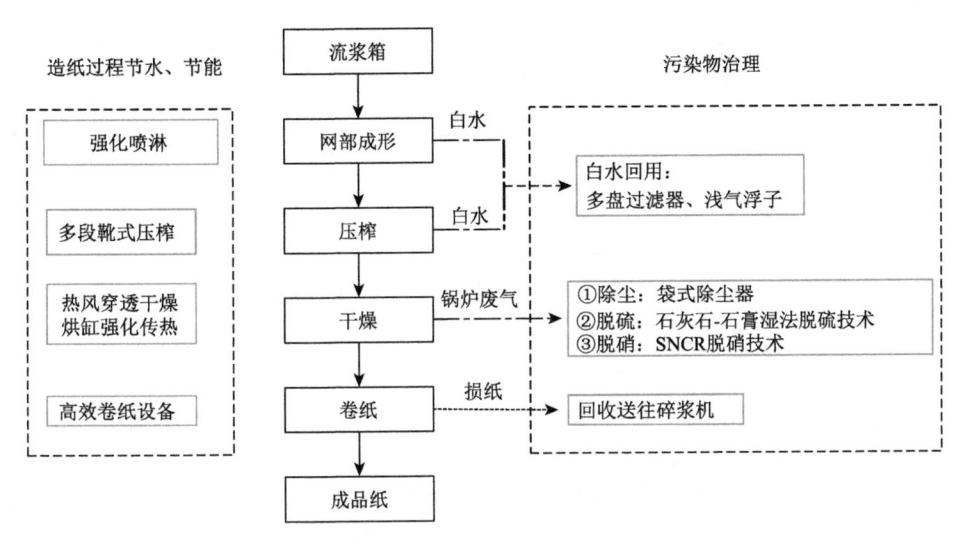

图 4-20　造纸过程清洁生产方案

（3）干燥。压榨后的纸幅中含有难以去除的结合水，需要通过加热的方式进一步去除。干燥过程需要依靠大量蒸汽对纸幅进行干燥，蒸发其中的结合水。纸机干燥部的能耗大约占整个造纸过程能耗的60%，是造纸过程中最具节能潜力的环节[134]。热风穿透干燥技术是较为经济且高效节能的干燥技术。高速热风冲击湿纸幅，蒸发纸幅中的水分，并将蒸汽及时吹走。该技术的干燥效率高，减少封闭区的热风溢出，提高余热回收效率，减少蒸汽消耗量，降低能源消耗。此外，还可以对干燥部烘缸和供热系统进行改造[135]：①选择性能良好的保温材料对烘缸盖进行绝热保温，减少热损失；②在烘缸内壁挂上一层薄膜，将烘缸内壁的膜状冷凝变为滴状冷凝，可降低传热阻力；③在多段蒸汽加热系统中采用阀门节流减压，调节纸机干燥部各段干燥机的供汽压力和耗汽量；④通过改变工作蒸汽喷嘴有效截面积实现热泵工况调节，即供汽压力/供汽负荷的调节，避免能源浪费。采用热风穿透干燥技术并对烘缸进行上述改造，可以使传热系数提高约38%，节约蒸汽约15%，干燥后纸页的干度可达95%。

（4）卷纸。卷纸采用的卷纸机因生产纸的品种不同而有所差异，比较先进的卷纸机有 OptiReel Plus 卷纸机、Sirius 卷纸机。采用先进的卷纸机可以提升卷纸效率，改善卷纸工段的断纸情况，提高纸产品的质量。

（5）水循环系统。整个造纸过程耗水的环节较多，除了对单个耗水环节进行节水，还可以对整个造纸过程的水循环系统进行优化，来进一步达到节水的目的。例如，纸机生产的富含细纤维的浓缩白水可用于稀释施胶系统（短周期），或用于材料制备阶段（长周期）；一些稀释的白水在节水装置中通过过滤器（如多盘过滤器、鼓式过滤器）、浮选机（如浅气浮子）或沉淀机（如沉淀漏斗、薄层分离器）进行净化，净化后可作为纸机网部、压榨部的清洗水或生产过程的补充水。通过优化水回路设计，白水回用率可达 90%以上，生产 1 吨纸的新鲜水耗可降低至 4~7 米^3。

（6）废弃物的末端治理。造纸过程的废水主要来自网部和压榨部的白水，虽然经过处理后大部分白水被白水循环系统利用，但是仍会不可避免地产生一些含有污染物的废水，这部分废水可以与脱墨工段产生的废水一起被送往污水处理站，经过三级综合水处理技术处理后可以达到排放标准。废气主要源于干燥部的锅炉，废气需要除尘、脱硫和脱硝处理才能达到排放标准。玖龙纸业尾气脱硫、脱硝、除尘均采用先进的工艺。其中，脱硫采用高效的氧化镁湿法脱硫工艺，脱硫效率达到 95%以上；脱硝采用低氮燃烧+选择性催化还原（selective catalytic reduction，SCR）/SNCR 工艺，脱硝效率达 85%以上；除尘则采用静电+布袋两级除尘工艺，除尘效率达到 99.95%以上。废固主要是卷纸工段产生的损纸，为了避免纤维资源的浪费，损纸可送往制浆过程的碎浆机进行碎解制浆。

4.3.2 金光集团——林浆纸一体化清洁生产方案

林浆纸一体化就是把森林、纸浆、纸三个环节整合在一起，让造纸企业承担起造林的责任，企业自己解决木材原料问题，发展生态造纸，形成以纸养林、以林促纸、以林结合的产业格局，促进造纸企业的可持续经营和造纸行业的可持续发展。

金光集团是全球领先的制浆造纸企业，一直大力贯彻可持续发展战略，以林浆纸一体化为核心理念，坚持可持续营林、执行优于行业及国家的环保标准，坚持探索资源的有效利用和对生态环境的保护。金光集团从 1992 年开始，在广东、广西、云南、海南等地进行现代速生林的培育，截至 2018 年，培育总面积约 450 万亩（1 亩≈666.7 米^2）。同时，金光集团建立了以金东纸业、宁波中华纸业、海南金海纸业、广州金贵纸业等为代表的世界领先的大型森林纸浆造纸企业，形成了一套完整的林浆纸一体化清洁生产方案，如图 4-21 所示。

相比其他企业，金光集团的林浆纸一体化的意义可简要概括为以下方面（分别与图 4-21 中的阿拉伯数字对应）。

（1）木材原料充分利用。从林地砍伐的林木被送至制材厂加工成木片，加工好的木片被送往制浆厂进行蒸煮，砍伐过程会产生小径材、枝桠材、树根等，加工过程会剩余板皮、木梢、碎屑、锯末等，这些剩余物中的一部分可以用于制浆实现木材原料的充分利用，另一部分可送往锅炉燃烧，不仅减少废固污染，而且为制浆造纸过程节约能源。

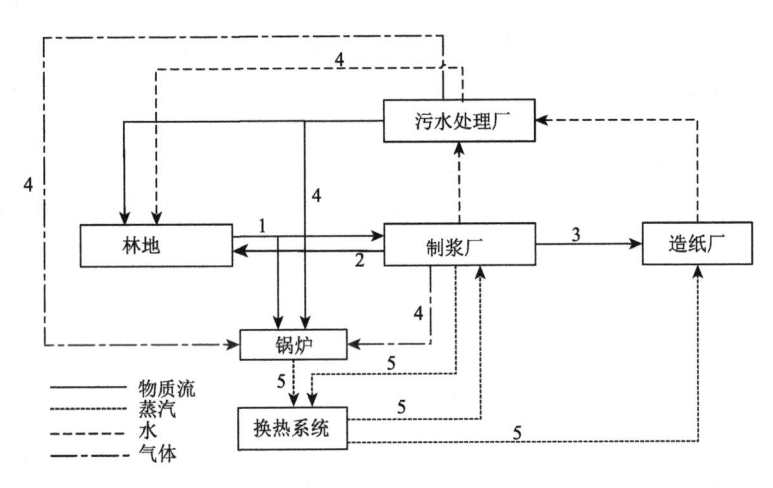

图4-21　金光集团林浆纸一体化清洁生产方案

（2）制浆黑液综合利用。蒸煮工段产生的黑液含有蒸煮液中的无机物和从植物纤维原料中溶出的木质素、半纤维素和纤维素的降解产物及有机酸等难以处理的物质。一般企业会选择碱回收方式处理黑液，黑液经过浓缩提取后将有机钠盐转化为无机钠盐，然后加入石灰将其苛化为氢氧化钠，以达到回收碱和热能的目的，并降低水污染负荷。金光集团采用林浆纸一体化清洁生产方案，采用亚硫酸铵法制浆，制浆产生的黑液中含5%以上的有机钾和7%以上的氮，产品腐殖质含量高达84%。将一部分黑液与其他肥料复配，可制得高效复合肥并用于林业种植，进一步提高资源利用率，促进林业发展。

（3）碱回收白泥资源化。碱回收系统会产生白泥，大多数企业采用就地填埋或堆砌处理白泥，不仅浪费了大量的石灰石资源，而且白泥中的杂质随着雨水的侵蚀渗透到地下，给土壤及地下水资源造成严重的二次污染。金光集团采用林浆纸一体化清洁生产方案，在原生产工艺的基础上，通过白泥二次苛化、强化白泥洗涤、去除杂质、研磨微细化、通入二氧化碳等工艺，生产出结晶型白泥碳酸钙产品。结晶型白泥碳酸钙完全可以替代商品轻质碳酸钙，满足造纸过程填料要求，可直接送往造纸厂，不仅杜绝了二次污染，实现了废固的资源化利用，而且提高了产品质量，为企业创造了经济效益与社会效益。为了方便运输，单独建立的制浆厂所制得的浆料一般需要经过脱水压榨后形成厚浆板，该过程需要消耗一定量的蒸汽和电能。金光集团采用林浆纸一体化清洁生产方案，蒸煮后的浆料经过洗涤、筛选和净化等处理后直接送往造纸厂,省去了浆料脱水和运输环节,在一定程度上节约了蒸汽和电能。

(4) 水资源综合利用。林浆纸一体化清洁生产方案通过对资源的循环利用可以减少制浆造纸过程产生的废弃物,降低制浆厂和造纸厂废水中的污染物含量,经过处理的废水可以直接回用或用于林业灌溉,实现水资源的循环利用;污水处理厂产生的污泥经过浓缩脱水后可以送往锅炉焚烧或送往林地填埋;排放的臭气中含有甲烷,可与制浆厂蒸煮工段产生的臭气一同送往锅炉焚烧。

(5) 蒸汽梯级利用。锅炉燃烧产生的高压蒸汽一部分可直接用于发电,另一部分可以与制浆厂蒸煮工段的废汽共同送往换热系统进行充分换热。换热系统产生的高压蒸汽可以送往制浆厂蒸煮工段,低压蒸汽可以送往造纸厂干燥工段,整个过程可以实现能量的梯级利用[136]。

4.3.3 维达纸业——智能化清洁生产方案

家庭生活用纸行业具有生产批量小、品种多、市场需求变化快等特点,相关企业需要通过智能化手段来对生产过程进行预测、合理调度,以实现生产效益最大化和能源资源消耗减量化。维达纸业集团(简称维达纸业)是一家集研发、生产、销售于一体的大型现代化造纸企业,是中国家庭生活用纸行业产品最多、销售量最大的企业之一。维达纸业在2012年开始立项建设智能工厂,在造纸智能制造领域找到了适合维达智能工厂建设的方向。维达纸业的智能化生产措施主要包括以下方面[137]。

(1) 智能用电设备调度。维达纸业利用数据化运营平台采集的用电数据,通过数据挖掘技术,分析了其生产过程的用电特征,同时基于智能混合算法建立了造纸过程能耗预测模型。以该能耗预测模型为基础,维达纸业建立了基于智能优化算法的多目标用电调度模型,根据模型计算的调度信息实时控制生产过程设备的运行。该模型使生产过程间歇性用电设备在满足生产需求的前提下智能(自主)地实现错峰用电,降低了成本,已用于维达纸业的2条生产线上,每条生产线可节约约10万元/年的用电成本。

(2) 纸幅干燥过程运行优化节能。纸幅干燥过程是造纸过程蒸汽能耗最大的过程,优化节能的潜力大。在维达纸业数据化运营平台中配有基于机理+数据驱动方法建立的干燥部运行优化模型,其中有基于智能方法建立的软测量模型,用于解决纸幅干燥过程中关键过程参数无法直接测量的问题,包括烘缸表面温度、横幅温度和湿度、气罩排风温度和湿度等。基于机理+数据驱动方法建立的干燥部运行优化模型可智能地解决纸幅存在的过干燥和干燥不足问题,以及纸幅干燥过程在线实时运行优化问题，既保证了纸幅的质量指标，又降低了干燥部蒸汽和电能的消耗，节约了成本。实践证明，基于机理+数据驱动方法建立的干燥部运行优化模型可为维达纸业节约 9%的吨纸汽耗。

（3）纸张物理性能指标的实时预测。纸张物理性能指标关系到纸张的合格率。许多纸张物理性能指标无法在线测量，或者需要采用破坏性的取样离线测量，既影响纸张的成品率，又难以实时快速测量。在维达纸业数据化运营平台中配有基于大数据和智能算法建立的纸张物理性能指标软测量模型。该软测量模型能够在线直接测量纸张的物理性能指标（包括松厚度、抗张强度和柔软度等），解决了许多物理性能指标检测需破坏性采样且离线检测、测试周期长、结果反馈滞后、检测结果受人为因素影响、不具有代表性等问题，保证了产品质量的实时监测，为产品质量的在线运行优化提供实时快速的数据依据。实践证明，基于大数据和智能算法建立的纸张物理性能指标软测量模型的精准度在 95%以上，达到了当前软测量方法的精准度要求。

（4）智能优化排产。在维达纸业数据化运营平台中配有基于多目标混合优化算法建立的排产优化模型。该排产优化模型在维达纸业紧急销售订单到来时可提供紧急插单管理功能，根据紧急销售订单重排生产计划和排产结果，并给出最适合生产的纸机的选择和插单时间的选择。一旦插单选择明确，平台会根据该排产优化模型算出的插单结果，给出排产建议。与人工排产相比，该排产优化模型排产用时缩短 6.8%、成本降低 4.2%。

维达纸业所采取的上述智能化清洁生产方案基于数据化运营平台，通过建立相应的模型来指导实际生产，可大幅度降低生产过程中的能耗、物耗，提高生产效率和产品质量。由此可见，建立数据化运营平台是造纸企业实现智能化清洁生产的基础。截至 2020 年，维达纸业数据化运营平台已在广东、浙江、湖北 8 个生产基地的 80 余条生产线上应用，通过数据分析挖掘出 88 个潜力点，累计增效 2400余万元。

第5章 "一带一路"共建国家造纸行业清洁生产实施路径与潜力

5.1 "一带一路"框架下造纸行业清洁生产的发展形势

在共商共建共享原则下,"一带一路"倡议实现了合作方的互利共赢。这一创新性的合作模式有效推动了合作方经济的高速发展,为经济全球化深入发展做出了巨大贡献。同时"一带一路"倡议坚持高质量发展,秉持绿色、开放、廉洁理念,深化务实合作,加强安全保障,促进共同发展。绿色发展和清洁生产是"一带一路"共建国家造纸行业建设的重中之重[138]。

中国作为传统造纸大国,其造纸行业经历了从产能分散、工艺粗放式生产向集约型发展的过渡。基于近些年不断引进新的技术和装备,加上自主创新,国内造纸行业的生产逐步迈向清洁化,一些优秀企业已经转变为现代化造纸企业,位于世界领先水平。中国是纸浆消费大国,其中,废纸浆造纸占据行业主流。2018年,中国废纸浆产量约为5444万吨,占全部纸浆产量的75.6%。自2017年底中国提出"禁废令"后,国内废纸进口量急速下降,纸浆进口量大幅上升,其中,进口纸浆多来自亚洲国家,特别是"一带一路"共建国家,这为这些国家造纸行业的发展带来了新契机。

5.1.1 "一带一路"框架下中国制浆造纸行业清洁生产的发展形势

随着中国经济的快速增长,国内造纸行业发展迅速,连续多年产量位居全球第一。国内造纸企业迅速成长,设备、技术和成品质量都达到全球领先水平。由于需求增长的刺激和造纸行业的门槛较低,其间也涌现了一大批中小型造纸企业,造成了市场秩序不规范和产能过剩等问题,一些技术落后的小型造纸企业还存在产品质量差、生产效率低、环境污染严重等问题,这些都影响了中国造纸行业的整体形象。技术先进的大型造纸企业在单位产品原料、能源消耗和市场价格等方面都优于中小型造纸企业。随着政策引导和国内民众消费观念的转变,一些技术落后的造纸企业在市场竞争中不断地被淘汰,造纸行业整体的产业结构在市场的推动下不断优化,促进了造纸行业清洁生产的新形势与新格局。

近年来，国务院、生态环境部等相关部门陆续出台了一系列相关政策，规范造纸行业水污染物排放标准、污染治理及循环利用等，稳步推进造纸行业绿色化改造。在各种环境政策的作用下，造纸企业积极发展和使用各种清洁生产技术以减弱环境影响。《产业结构调整指导目录（2019年本）》[139]中明确指出，淘汰5.1万吨/年以下的化学木浆生产线、单条3.4万吨/年以下的非木浆生产线、单条1万吨/年及以下以废纸为原料的制浆生产线、幅宽在1.76米及以下并且车速为120米/分以下的文化纸生产线，以及幅宽在2米及以下并且车速为80米/分以下的白板纸、箱板纸及瓦楞纸生产线，限制单条化学木浆30万吨/年以下、化学机械木浆10万吨/年以下、化学竹浆10万吨/年以下的生产线。

在市场和政策的双重作用下，中国造纸行业持续10多年高速增长，2012年增长趋于平缓，2013年变为零增长，由快速发展转变为高质量的清洁生产发展。清洁生产是一种全过程污染防控方法，被公认为是可持续发展的技术手段和实现工具。清洁生产以技术、管理为手段，以节能、降耗、减污、增效为目标，是实现造纸企业可持续发展的途径之一。从技术层面，可以通过改进生产工艺来减少污染、提高生产效率，可以通过升级能源结构来减少化石能源消耗、减少排放。除了技术上的改进升级，还可以通过公用管理和企业规划方法来充分发挥技术的潜力，进一步提高清洁生产水平。

1. 国内制浆造纸行业清洁生产工艺的新形势

21世纪以来，中国造纸行业迅速发展，造纸企业越来越多，造纸技术也在不断升级。中国2000年纸和纸板产量约为3000万吨，2019年纸和纸板产量已经达到12000万吨。随着严格的环保政策及强制性标准的实施，目前造纸技术改进的目标已经从提高产量、提高质量逐渐转变为减少污染、减少原料消耗、提高生产效率。在此过程中，我国造纸行业积累了大量制浆造纸清洁生产技术，部分制浆造纸企业的清洁生产能力已达到世界先进水平。

辽宁振兴生态造纸有限公司采用ECF工艺，使得浆的白度高、得率高、强度高、返黄率低，并且产生的有机卤化物少。该工艺在传统的蒸煮与漂白工序之间新增氧脱木质素工序，利用氧气对粗浆进行深度脱木质素，使其废水并入黑液回收处理系统，减轻制浆系统的污染负荷，同时明显减少可吸附有机卤化物。

金光集团在海南建立的2号纸机对降低生产过程中的淡水用量和最低限度使用原生纤维非常重视，后者可以通过增加涂布颜料（主要是重质碳酸钙）来实现。整个工厂的淡水用量约为5升/千克纸，明显低于中国政府规定的10.5升/千克纸的淡水用量，欧洲同等水平的优质纸机的平均淡水用量约为8升/千克纸。淡水用量的降低使废水排量得以降低。

2. 国内制浆造纸行业清洁生产能源使用的新形势

目前中国是世界第一大煤炭消费国、世界第二大石油消费国。近代以来中国的快速发展离不开化石能源的使用，而化石能源的大量使用不可避免地会产生污染和排放。造纸行业属于高能耗产业，每年会消耗大量的化石能源。受到越来越严格的国家环境政策和清洁生产理念的影响，我国造纸行业在能源方面也积累了大量的清洁生产方法，主要是通过升级工艺尽可能地减少能耗、提高能源利用率或改变能源结构、使用更加清洁的能源来减少排放。

山鹰国际控股股份公司一直是我国造纸清洁生产的领先企业，通过开展热电厂空预器更换、造纸透平风机改造等项目提升了能源利用率。山鹰华南纸业有限公司投资了 1.3 亿元，于 2020 年 8 月底利用 PM32 生产线原有土地、厂房进行设备和技术升级改造，引进水针换卷系统、靴式压榨系统、表胶连续蒸煮系统、毛布自动校正系统等设备，配套高浓除渣器、重质除渣器、施胶机和卷纸机等国产设备，使用各种清洁生产的工艺，提高运行效率、装备质量和技术水平，减少水、电、气三种能源的消耗。同时，山鹰国际控股股份公司的华中固废焚烧发电项目、马鞍山固废焚烧发电项目也在 2022 年投产，达到了垃圾处理减量化、无害化、资源化、环保节能的目的，进一步提升了国内造纸基地自发供电比例。

金光集团计划在 2030 年前减排 30%。为此，金光集团大力开展能源回收项目，用生物质能替代传统煤炭等化石燃料；在设备改进和技术创新的双重作用下，实现水的多次重复利用，明显减少水耗；通过科学养林，提高木材的出材率。2014 年 12 月 2 日，金光集团投资 20 亿元开展光伏发电项目，让高能耗的造纸行业使用清洁能源，减少排放，实现绿色清洁生产。

3. 国内制浆造纸行业清洁生产公用管理的新形势

我国经济社会的快速发展导致了日益严重的环境污染问题，严重影响了人们的正常生活。在造纸行业中，除了依靠企业内部的改变来减少排放、减少污染，外部的公用管理对造纸行业的绿色发展也起着尤为重要的作用。产业集群、能效对标等是公用管理的主要方法。产业集群可以提高能源利用率，降低污染处理成本；能效对标可以促进企业技术升级，减少能源消耗。

辽宁省鞍山市台安县造纸产业园依托辽宁台安经济开发区，经过 10 多年的建设，已完成大部分道路、排水、供水、天然气、供电、绿化、热电联产热源站、污水处理站、消防站、220 千伏变电站等基础设施配套工程，形成了精细化工、彩涂板及深加工、造纸三大主导产业集群[140]。东莞某造纸产业工业园提出建设 9F（9F 是燃气轮机的等级）天然气热电联产工程方案。该方案在能源利用率方面稍低于天然气分布式能源站，但可以减弱煤改气对企业生产成本增加的影响，并且能较好地支撑所在区域关停大量燃煤自备电厂后的电力需求，实现区域集中供热，具有较好的社会效益和经济效益。

江苏省盐城市大丰港经济区造纸产业园依托江苏盐城的大丰港及大丰经济技术开发区，目前制浆能力为 300 万吨/年，各类造纸、纸板生产及加工能力为 580 万吨/年，同时配套建设道路、管网、供电、供热、污水处理站、通信等基础设施。其中，污水处理站采用先进的碱回收系统，使用新型化学机械浆污水处理工艺,燃烧废水中的浓缩废物来生产蒸汽,同时可以回收碱,碱回收率大于80%。

2013 年，广东省造纸行业协会联合华南理工大学和广东省造纸研究所有限公司，成立了广东省造纸行业能效对标工作组，积极动员省内造纸企业参与能效对标项目。通过广东省造纸行业协会开展的一系列动员大会和宣传培训活动，省内造纸企业积极响应，踊跃参加能效对标项目。参与能效对标的企业数量和生产线数量逐年提高，由 2013 年的 13 家企业 16 条生产线提高到 2019 年的 21 家企业 42 条生产线，参与能效对标企业的纸和纸板产量从 953.75 万吨提高到 1443.55 万吨，增加了 51.36%。汇总各参与能效对标企业的产量、综合能耗，以及单位产品综合能耗，发现随着参与能效对标企业的数量不断增加，纸和纸板产量逐渐增加，综合能耗先增后降（以 2016 年为转折点），单位产品综合能耗则呈现明显下降的趋势（图 5-1）。参与能效对标的企业都是广东省规模较大、技术和设备先进、节能意识较强的企业，这些企业在参与能效对标项目后更加积极地采取节能降耗措施，2016 年后各企业综合能耗逐年下降，2019 年各企业单位产品综合能耗比 2014 年下降 13.8%，降幅明显[141]。

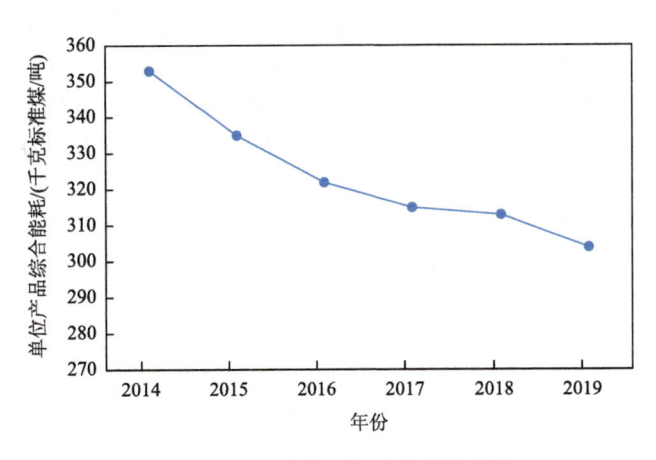

图 5-1 参与能效对标企业用能统计

4. 国内制浆造纸行业清洁生产企业规划的新形势

根据中国造纸协会统计数据，从 2014 年开始，国内规模以上造纸企业数量不断减少，2019 年底，规模以上造纸企业为 2524 家，比 2014 年减少了约 400 家。这是由于国家环境政策形势越来越严峻，一大批技术落后的造纸企业被淘汰。为了能够在激烈的市场竞争中站稳脚跟，现代造纸企业要在产品质量、产品服务和应对市场变化能力等方面不断提高自身竞争力。同时，为了响应国家低碳号召，还要尽可能在生产过程中减少污染、降低消耗、减少排放。为了达到以上目标，需要有更好的生产管理规划决策，在制浆造纸行业中实现更优管理调度，实现计划与调度一体化、企业内部的全局优化。

2009~2019 年，华泰集团有限公司总计投入 120 多亿元，引进了 1 条产能 70 万吨/年的高档铜版纸生产线和 4 条产能总计高达 120 万吨/年的高档新闻纸生产线，其中，仅信息自动控制技术方面的投资就多达 18 亿元，在连续生产过程中实现了主要参数控制报警、趋势调整、自动检测等综合自动控制功能，故障停机次数大幅度减少，极大程度地提高了操作的精度和产品的质量，生产效率提高了 25%~30%。2009~2019 年，华泰集团有限公司年产能增加了近 20 倍，吨纸能耗从 1.3 吨标准煤降低到 0.42 吨标准煤，吨纸水耗也从约 100 米^3 降低到 7~10 米^3，很大程度上减少了污染、降低了生产成本，实现了绿色生产、协同制造。

理文造纸有限公司（简称理文造纸）从 2000 年开始实施企业信息化、管理数字化。从 2003 年起，应用企业资源计划（enterprise resource planning，ERP）、Cognos BI 等软件，全力提升数字化和信息化水平。2010 年，理文造纸与用友公司合作，引入用友的全新 ERP 解决方案——U9 系统，并在 2011 年 1 月上线。理文造纸 ERP 项目使企业的生产、销售、采购、库存等相关业务部门实现了"计划滚动控制，反馈指导调整"；从生产管理、产品销售、原料采购这三个环节入手，由信息控制资金，提高物流效率，从而实现三个环节的良性循环，在内部计算机网络上实现产/供/销的透明运作。此外，2010 年理文造纸加大 ERP 的战略投资，引入世界级平台技术，整合各子系统，实现多组织、多任务协同高效管理。

5. 国内制浆造纸行业清洁生产的新格局

在政策和绿色发展理念的影响下，中国大多数造纸企业已经具备先进的清洁生产技术和未来规划，清洁生产达到世界先进水平。表 5-1 为广东省 6 家生产瓦楞芯纸的代表企业 2020 年的单位产品能耗，可以发现 6 家企业的单位产品能耗都在 200 千克标准煤/吨以下，均属于世界先进水平。

表 5-1 广东省 6 家生产瓦楞芯纸的代表企业 2020 年的单位产品能耗（单位：千克标准煤/吨）

序号	直接生产系统单位产品能耗	制浆系统能耗	造纸系统能耗
1	184.11	19.42	164.69
2	178.20	17.76	160.44

续表

序号	直接生产系统单位产品能耗	制浆系统能耗	造纸系统能耗
3	192.83	14.52	178.31
4	197.08	16.11	180.97
5	181.09	16.04	165.05
6	183.42	16.04	167.38

虽然已经具备先进的清洁生产技术，但是目前国内造纸企业还存在如下问题。

（1）在信息感知层面，造纸过程属于连续工业过程，存在着大量的能量流、物质流交换，所以需要大量的传感设备监测过程中的温度、湿度、流量等关键参数以确保正常生产。但纸张的水分、挺度、松厚度、耐折度、撕裂度等一些关键参数由于技术、成本或者其他原因很难实现实时测量（例如，实时监测纸张水分的设备成本较高，而无法做到纸张水分的实时监测可能造成纸页过干燥的情况；检测纸张的撕裂度、耐折度需要对纸张进行破坏实验，只对样本进行实验无法得到所有纸的质量指标），限制了造纸过程进一步精细化，既浪费资源又不能保证产品质量。

（2）在管理决策层面，目前造纸企业普遍人工进行生产规划、能源调度和资源调度。人的计算能力往往是有限的，难以达到全过程的优化协同，难以做到最优调度决策。在进行清洁能源调度时，由于清洁能源（如风能、太阳能）产出的不确定性会影响正常生产，为了保证生产稳定，人在做决策时往往会最低限度地使用清洁能源，既增加了成本又不利于生产的清洁化。如果考虑成本、环境因素等更多目标的优化，人计算能力的缺陷就更加明显。

（3）在生产运行层面，运行管理与操作缺乏精细化。目前造纸企业生产运行管理多凭工作人员经验，尤其是在遇到异常生产或者工艺调整情况时，更需要依靠成熟工作人员的操作经验来进行参数调整。这带来两个问题：一是错误率高，成熟工作人员也难免有犯错的时候；二是需要大量时间学习，对一种操作的调整可能需要成年累月的学习，换一个工作场景之前的经验就可能全部失效，而且培养新人周期长，不能快速上岗。这种情况下，造纸企业运行难以达到最佳状态，严重浪费资源，先进的技术无法完全发挥效果。造纸企业培养人才也需要花费更多的时间、精力及金钱。

（4）在能效安全与环保层面，缺乏对污染处理与能源消耗更深层次、更全面的挖掘。在纸页真空脱水过程中，如果仅仅考虑真空工序的用能最低，就可能增加后续的干燥工序用能，甚至得到真空工序用能降低而全局用能增加的结果。在污水处理过程中有多个反应池，需要经常检测各反应池中的参数数据，再根据数据作用于各个反应池，费时费力且不能合理回收纸浆，浪费资源。

（5）在数据层面，缺乏对数据的深度挖掘和数据间关系的研究，这主要还是由于人计算能力的限制。造纸属于复杂工业过程，1 条瓦楞原纸生产线就有 1000 多个生产过程参数。在 3 维或 4 维情况下，人工计算效率已经很低，1000 多个参数靠人工根本无法处理，不能确定真正的生产情况，也无法进一步提高生产效率。

随着"禁废令"的出台，国家对保护环境的要求越来越高。如何尽可能减少排放甚至达到零排放，如何迈出清洁生产的最后一步是目前造纸行业存在的最大问题。传统清洁生产方法由于以上五个层面的限制很难再有突破。在智能化浪潮下，这个问题已经有了答案。

智能化可以改变目前粗放的、仅凭工作人员经验的管理操作模式。在现有清洁生产技术的基础上，通过建模优化方法得出不同工艺条件下的最佳参数。采用智能化方法快速准确地调整操作参数，从而提高生产效率、减少资源消耗、减少能源浪费、减少污染排放，以取得提升清洁生产水平的效果。建立能耗模型，对能耗进行实时预测并进行优化，减少能源消耗。通过智能算法计算出最佳能源结构，减弱清洁能源不稳定性对生产的影响，提高清洁能源使用占比，减少化石能源的使用，减少排放。通过智能化方法进行规划管理、优化调度，减少人为的干预，实现全局优化，最终达到最大化生产效率、最大化能源利用率、最小化生产排放等清洁生产目标。全面智能化将是我国造纸行业清洁生产未来发展的新格局。

5.1.2 典型国家制浆造纸行业清洁生产的发展形势

俄罗斯是"一带一路"共建国家中国土面积最大的国家，针叶木资源丰富，木浆生产成本相对较低；人口密度低，水资源丰富，环境压力也较小。由于其造纸行业发展既没有环境的限制，且能源成本、原料成本都较低，俄罗斯造纸行业的技术普遍较为落后、管理较为粗放。近年来，我国的环境措施使国内纸和纸板产量不断减少，这是俄罗斯造纸行业一个难得的发展契机。自 2016 年以来，俄罗斯纸浆企业的年投资额均为 700 亿~800 亿卢布，这些投资大多用于造纸企业的技术升级改造。大量的投资促使俄罗斯纸和纸板产量连年增长，伴随而来的将是大量的环境问题。虽然俄罗斯环境压力较小，但是环境是全世界共同面临的难题，因此俄罗斯的造纸行业也需要在产量提高过程中逐步转向清洁生产。

波兰地处中欧东北部，自然资源和水资源丰富，适合发展造纸行业。虽然波兰的纸和纸板产量仅在 500 万吨以下，但其人均纸和纸板产量在 100 千克以上，是"一带一路"共建国家中人均纸和纸板产量最高的国家。波兰地处欧洲，有着扎实的工业基础，并且人口密度低，水资源丰富，环境压力小，因此其造纸行业发展过程无法在"一带一路"大多数共建国家中进行复刻。

乌克兰地处欧亚接合部，地理位置重要，自然条件良好，工农业较为发达，重工业在工业中占据主要地位。乌克兰造纸行业并不发达，2020年纸和纸板产量约为 109 万吨，人均纸和纸板产量约为 25 千克，需要大量进口来维持国内日常使用。

印度尼西亚地处东南亚，其造纸行业有着很多方面的天然竞争优势，具备丰富的原料、较为便宜的劳动力、适合速生树种种植的天然气候，以及靠近广阔亚洲市场的地理位置等发展条件，且一直被政府资助并重点扶持。印度尼西亚造纸行业近 30 年来发展迅速，目前其纸和纸板产量已经达到全球前十，将来有望成为世界前五的纸张生产国，各种造纸生产技术都在世界领先水平。在"一带一路"框架下，印度尼西亚造纸行业的快速发展也离不开中国的技术输出。和中国相似，随着印度尼西亚造纸行业的快速扩张，目前其造纸行业内部出现了原料紧张、污染严重的情况。印度尼西亚造纸企业逐渐意识到造纸行业可持续发展的重要性，并开始加大林纸一体化建设和技术革新，促使制浆造纸行业与林业同步发展，采用有利于环保的方法把原木加工成纸浆等，尽可能地保护环境。

印度是重要的造纸大国，虽未签署"一带一路"合作协议，但对"一带一路"共建国家的造纸行业时空格局影响较大，因此本书将其纳入考量。印度虽然纸和纸板产量排在前列，但是 2020 年人均纸和纸板产量仅 12.5 千克，实际造纸技术水平较为落后。印度和中国都是人口大国，但是近代以来印度的经济发展速度较慢，国内纸产品的消费水平也较低。即使如此，印度的纸产品生产能力也无法满足国内消费需求。

2020 年，泰国的人均纸和纸板产量约为 80 千克，人均纸和纸板消费量为 75.6 千克。与继续提高产量相比，泰国更需要的是高质量绿色发展。泰国的造纸行业新近采取了多项措施来实现其可持续发展。例如，使用清洁生产技术，提高能源利用率、生产效率，大力使用生物质燃料，鼓励节约能源。同时，泰国提出了 CDM 计划和 LCA 计划，建立了泰国国家 LCI 资料库，并开展了 FSC[45]。

马来西亚的国土面积为 33 万平方公里，总绿地面积占国土面积的 81%，原始森林覆盖率达 56%，林业资源丰富。丰富的资源、稳定的国家环境使得一大批中国造纸企业选择在马来西亚建厂。玖龙纸业（控股）有限公司、理文造纸有限公司、浙江景兴纸业股份有限公司、东莞市建晖纸业有限公司、山鹰国际控股股份公司、浙江新胜大控股集团有限公司等中国造纸企业均在马来西亚建立了生产线。一大批中国造纸企业的进入极大地提高了马来西亚造纸行业的水平，马来西亚的人均纸和纸板消费量和产量都处在较高的水平。

越南作为东南亚主要国家之一，其工业化进程表现积极。但是越南造纸行业并不是非常发达，2020 年人均纸和纸板产量为 17.89 千克，远远不能满足国内消费需求，需要大量进口。与东南亚其他国家相比，由于历史问题和社会环境，中国造纸企业进入越南的过程中频频受阻，其造纸行业在"一带一路"倡议提出之前发展缓慢。当时越南造纸行业面临着诸多问题，如工艺落后、设备陈旧、生产成本高、竞争力低。在"一带一路"倡议实施后，中国企业进入越南的阻力大减，一大批造纸企业开始选择在越南建厂，越南造纸行业整体水平大幅提升。中国"禁废令"的实施使大量"外废"进入越南，这也是越南的再生浆造纸的重要发展契机。

沙特阿拉伯和土耳其均属于中东国家，气候导致其水资源和林地资源较为匮乏。造纸原料的短缺极大地限制了其造纸行业的发展；造纸属于高水耗行业，在制浆工段和污水处理工段都需要耗费大量的水资源，水资源的短缺进一步限制了其造纸行业的发展。落后的产能越来越难以满足其国内对纸制品日益增长的消费需求，因此中东地区纸业市场每年约有 62%的纸制品来自进口。此外，中东地区人民生活水平的日益提高导致消费意识发生了转变，国内对擦手纸、中高档卫生纸、湿纸巾、卫生巾等纸产品的需求也越来越高，纸产品的进口量将继续增长。

巴西是重要的造纸大国，虽未签署"一带一路"合作协议，但对"一带一路"共建国家的造纸行业时空格局影响较大，因此本书将其纳入考量。同时，巴西是南美洲最大的国家，国土面积为 851.49 万平方公里，居世界第五；森林覆盖面积约 490 万平方公里，居世界第二。因此，巴西的造纸行业有着得天独厚的资源优势。2020 年巴西原生浆产量为 2101.6 万吨，居世界第二，纸和纸板产量为 1018.4 万吨，居世界第八。在日益严峻的全球环境问题大背景下，巴西在参加联合国气候变化框架公约第 26 次缔约方大会期间，公开宣布加入《关于森林和土地使用的格拉斯哥领导人宣言》[142]，承诺在 2030 年前停止对森林的砍伐。巴西是全球第二大原生浆生产国，这一决定将影响全球造纸行业的发展形势。在造纸原料的限制下，以原生浆为主要原料的巴西造纸行业也将受到较大冲击。再生浆造纸将成为巴西造纸行业发展的主要方向，中国作为再生浆造纸的先进国家，也将和巴西拥有更广阔的合作前景。

除了上述国家，"一带一路"其他共建国家造纸行业均较为落后甚至没有造纸行业，短期内也将不会有清洁生产的需求。

1. 典型国家制浆造纸行业清洁生产的应用实例

"一带一路"倡议倡导绿色发展理念，致力于促进共建国家高质量发展、加强自然环境保护，增加共建国家政府、人民和社会的绿色发展认知及相互支持，有助于不同国家、不同地区、不同民族携手共同实现 2030 年全球可持续发展目标。随着"一带一路"倡议的实施推进，许多共建国家的造纸行业在技术和资金的双重支持下也向清洁生产的方向快速发展。

印度的重点纸浆造纸企业积极响应号召，应用各种清洁生产新技术。印度 TNPL 公司旗下的造纸和纸浆企业均安装了节水装置，把吨纸水耗降低至 40 米^3，减少了水资源消耗；在木浆漂白过程中，通过技术升级来降低硫酸的使用量，达到了环境保护的效果。ANDA 公司升级高浓度大体积不凝气体（low volume/high concentration，LVHC）系统，增强气体液化凝结，保护环境；计划在未来评估使用可替代性环保原料并优化生产流程。NainiGroup 则从荷兰引进先进的污水处理设备，这套设备拥有外循环污泥床反应器（external circulation sludge bed，ECSB）技术；通过超高压节水阀，将吨纸水耗减少约 90%，并计划未来将吨纸水耗进一步降低至 35 米^3。YASA 公司将餐具的可降解概念落到实处，开发了环保型纸类产品[143]。印度格拉西姆（Grasim）工业公司下属的 Harihar Polyfibers 制浆厂开展了一套蒸发线改造项目。该项目旨在提高蒸发线的可靠性，确保其处理能力满足制浆厂增产的要求；提高二次冷凝水循环系统的运行效率，减少水耗及能耗。维美德（Valmet）集团提供了两套采用维美德蒸汽回收（Valmet vapor recycling）技术的蒸发线，无需中压蒸汽即可实现高固形物含量运行；节省的高压蒸汽可用于制浆厂的其他工段；回收的蒸汽流过液膜表面，在薄膜中产生湍流，改善了传热，实现高效蒸发高黏度液体。该蒸发线已于 2022 年第三季度投入运行。

塞尔维亚某纸板厂主要生产涂布和未涂布纸板，日产量约为 300 吨，使用的大部分原料是分类和未分类的废纸。该纸板厂使用水循环系统实现了水资源的部分重复利用，平均吨纸水耗为 24 米^3。纸机的成形部是循环水的主要来源，其他循环水主要由溶气气浮装置收集。独立的废水处理车间可以将生产过程中产生的废水净化后重新循环使用。纸机成形部用去大部分新鲜水，用水速度约为 200 米^3/时，备料阶段用去小部分新鲜水，用水速度约为 90 米^3/时。从成形部和浓缩机流出的白水流入溶气气浮装置中进行处理。处理后的干净水将流至制浆阶段进行重复使用。整个备料阶段使用的新鲜水和造纸阶段使用的新鲜水在废水处理车间处理后将直接排到萨瓦河中。废水处理车间使用若干种连续操作的物理化学方法，最后通过絮凝沉降法来去除浮选物、胶体、颜料、SS 及其他有害物质。溶气气浮装置极大地减少了纸板厂中新鲜水使用量。

印度尼西亚 OKI 纸浆造纸公司为其新硫酸盐浆厂订购了安德里茨（Andritz）生产的全球最大的碱回收炉，其总产能比目前运行的碱回收炉至少高 50%，黑液燃烧能力为 1.16 万吨固形物/天，每日最大绿色电能产量相当于欧洲一座拥有 100 万人口的城市日均用电量。

"一带一路"倡议对中国造纸行业及"一带一路"其他共建国家的造纸行业具有特殊意义。中国是世界上纸制品产量最大的国家，但是国内的原料并不能满足生产需求，需要进口大量的成品纸浆、木材和各种化学品，并将生产好的纸制品出口到各个国家。随着中国造纸行业的不断发展，国内部分产品的产能严重过剩、竞争越发激烈。这种情况在"一带一路"倡议提出后迎来了转机，国家大力支持中国造纸行业"走出去"，政府将在金融、政策及资源等方面对"走出去"的中国造纸企业给予支持，企业的投资收益得到了有效的保障，进一步增强了企业"走出去"的信心。"一带一路"倡议不仅为中国造纸企业"走出去"提供了新的市场，而且是"一带一路"其他共建国家造纸行业不可多得的发展契机。中国造纸企业"走出去"有助于其造纸行业快速发展，尤其是在清洁生产方面，中国造纸行业积累的大量清洁生产技术可以快速提高"一带一路"共建国家造纸行业的清洁生产水平。

2021年7月，泰国某造纸厂使用深圳天源PB-G3系列2.2千瓦交流光伏扬水系统为造纸厂供水。具有"市电互补光伏优先"功能的PB-G3光伏扬水逆变器确保扬水系统优先选择光伏发电，即当光照减弱，不足以驱动水泵运行时，光伏扬水逆变器将最大限度地利用光伏发电，不足部分由电网补给；当光照强度恢复时，电网供电将智能退出。项目运营后，该造纸厂的扬水系统白天可以充分利用光伏发电，夜间自动切换市电供水，节约了相当程度的用电量，不仅增加了综合利润，而且减少了排放。

汶瑞机械（山东）有限公司向印度尼西亚浆纸厂提供了高效洗浆设备和全套苛化设备，其中，洗浆设备使用全球产能最高、规格最大、性价比最高的SJA2284双辊挤浆机，其日产能可达4500吨风干浆[43]。苛化过程采用目前全球最先进的苛化技术和设备，达到清洁节能和高效环保的目的。

2020年10月，华电通用轻型燃机设备有限公司生产、供货的马来西亚理文纸业项目首台LM2500+G4燃气轮机发电机组首次点火一次成功，同年12月，该项目顺利实现年内双投，并具备连续供电和供热的能力。两台发电机组正式投产后，预计每年将为理文纸业马来西亚造纸基地供应3亿千瓦·时的清洁电力和90万吨的工艺蒸汽，年运行小时数将超过7000小时。马来西亚理文纸业项目是华电通用轻型燃机设备有限公司首个出口项目，是首个将公司生产的航改型燃气轮机应用于造纸工业领域的项目，也是中国造纸企业首次采用天然气分布式能源技术为造纸生产线供应电力和蒸汽，综合能源利用率达到90%以上。

山东省太阳纸业股份有限公司（简称太阳纸业）是中国另一纸业巨头。随着国内市场饱和，太阳纸业近些年不断向海外扩张。2008年10月，太阳纸业宣布公司董事会审议通过《关于在老挝投资建设林浆纸一体化项目的议案》，议案内容主要是在老挝成立注册资本为19717万美元的独资公司，从事林浆纸一体化项目[144]。地处中南半岛的老挝具备合适的气候和地理条件，大部分地区适合栽种树木，所以其森林资源非常发达，植被覆盖率是中国的2倍，人均森林面积更是达到中国的10倍。太阳纸业想通过在老挝投资建设的林浆纸一体化项目，进一步提高其纸浆自给率（目前纸浆自给率为40%），从而减少生产成本、规避原料市场价格的波动[145]。

玖龙纸业 2019 年收购了马来西亚彭亨州文东县的浆纸厂，计划在马来西亚雪兰莪州建设智能化造纸基地，并在马来西亚新增投资。玖龙纸业的越南二期工程和马来西亚新项目都坚持绿色造纸，在技术、设备和环保上达到世界领先水平，受到当地政府的认可。在马来西亚的第一条生产线建立之初，玖龙纸业就引进了大量世界一流的生产工艺，并采用了世界最先进的纸机设备和智能控制系统，保证了产品质量和生产稳定性。在此基础上，玖龙纸业不断创新，把系统化管理放在重要位置，将信息化和工业化深度融合，科学管理水平不断提高。

2. "一带一路"共建国家制浆造纸行业清洁生产的新格局

不仅中国造纸行业在逐步迈向清洁生产，全世界的造纸行业都在向清洁生产靠拢。中国在向"一带一路"共建国家输出产能和先进技术的同时，也向这些国家输出先进的清洁生产理念，促使这些国家造纸行业的绿色发展，在提高产量的同时注意环境影响，并吸取中国清洁生产发展的经验。

印度尼西亚、马来西亚和泰国均属于东南亚的"一带一路"共建国家，与中国地理位置相近，且造纸水平较高。造纸行业发展至今，无论是中国对其进行的技术输出，还是其国内的投入研究都积累了大量的清洁生产技术，也都逐渐面临清洁生产技术继续发展的瓶颈，需要智能化来提高清洁生产水平。越南、老挝、柬埔寨等东南亚的"一带一路"共建国家的造纸水平大多无法满足国内使用需求。在"一带一路"框架下，通过中国技术支持和资金投入，其造纸行业将迎来快速发展。在快速发展的同时也要注意环境影响，在发展初期就向清洁生产方向靠近，尽可能在提高产能的同时减少污染和排放。

俄罗斯和波兰同样是造纸水平较为先进的国家，虽然两国的环境压力、水资源压力、原料压力都比较小，但是也都在谋求更加清洁的发展方式，同样需要智能化来继续提高清洁生产水平。保加利亚、克罗地亚、捷克等中东欧国家的地理环境虽然与波兰类似，但是大多不具备和波兰一样扎实的工业基础，和亚洲大多数中小型国家类似，因此可以走与东南亚国家相同的发展路径。印度和中国都是人口大国，南亚其他国家同样人口密度较高，在发展造纸行业的过程中将面临比较严重的环境问题，需要通过市场和国家政策的双重作用来促进造纸行业清洁生产的发展。

沙特阿拉伯和土耳其属于中东地区的"一带一路"共建国家。中东地区的国家往往有着丰富的石油、矿产资源，但是缺乏水资源和森林资源，不适合发展造纸行业。这两个国家虽然有着一定的造纸工业基础，但受限于环境，造纸行业发展潜力较低，也较难提高清洁生产水平。在国内造纸行业无法满足使用需求的情况下，尤其是像沙特阿拉伯这种石油资源丰富、经济富裕的国家，应该尽可能进口清洁技术生产的纸产品，以间接减少污染和排放。中东地区的其他"一带一路"

共建国家虽然大多数经济发展水平不如沙特阿拉伯，但是同样可以尽量选择清洁技术生产的纸产品，这样在消费的刺激下清洁技术生产的纸产品成本会越来越低。伊朗、伊拉克等中东地区的国家由于国内和国际因素，经济发展水平较低、国内局势不稳定，更加不适合发展造纸行业，在清洁生产方面需要从长计议，待国内局势稳定后再谋求发展。

世界环境问题不是一个或几个国家能够单独解决的，需要全世界所有国家共同努力。中国作为造纸行业清洁生产的领先者，向有造纸行业清洁生产发展潜力的国家输出其造纸行业清洁生产发展的经验，助力这些国家提前向智能化靠拢；资源匮乏、造纸行业发展潜力较差的国家则可以通过进口更多清洁技术生产的纸产品来提高出口国清洁生产水平，最终形成"一带一路"共建国家造纸行业同时向清洁生产智能化方向发展的新格局。

5.2 "一带一路"典型共建国家制浆造纸行业智能化发展路径

2021年"一带一路"绿色发展国际联盟与能源基金会在北京联合举办"一带一路"绿色低碳发展与转型专家研讨会。会上提出，在推动造纸行业绿色低碳循环发展方面，需要加快建设造纸绿色低碳产业体系，着力推进造纸过程的清洁高效和造纸园区绿色低碳发展，要齐心协力，共同促进造纸行业的绿色、低碳、可持续发展。

实现造纸行业的绿色、低碳、可持续发展，就需要全面推行清洁生产技术。"一带一路"共建国家的制浆造纸行业清洁生产的发展经历了一个长期过程，尽管目前已经有很多清洁生产技术可以解决其中的一些问题，但是各个清洁生产技术在实施过程中是相互孤立的，不能很好地考虑全局。此外，当前各个国家环保政策收紧、相关排放标准日趋严格，制浆造纸行业的清洁生产面临着越来越高的发展要求，传统清洁生产技术面临无法实现清洁生产的瓶颈。随着新一代信息技术的快速发展，全球掀起了一轮新的信息化、智能化热潮，智能化制造技术结合了发达的物联网及各种新一代信息技术，可以显著提高工业生产效率与产品质量，更能精准地利用材料和能源，减少资源消耗与污染排放，推动造纸行业的绿色、清洁发展。因此，实现制浆造纸行业清洁生产的最后一步就是实现制浆造纸行业的智能化，制浆造纸本身的行业特点决定了实现清洁生产过程的智能化发展格局。

制浆造纸过程十分复杂，生产规模庞大，工艺流程长。在生产过程中，以植物纤维原料和水作为处理介质，通过提供辅助化学品、能源等，对原料进行一系列化学和物理处理，从而形成纸和纸板。制浆造纸过程还具有技术密集、资源密集与资源约束、中间污染物密集等特点。生产过程中会产生大量的废水、废气及废固。以最为严重的水污染为例，由于制浆造纸过程的用水量、排水量大，包括制浆蒸煮废液、洗涤废水、漂白废水与纸机白水等，其中含有大量的木质素、半纤维素、糖类和其他溶出物，不经处理的造纸废水会对环境造成严重污染。

以上这些问题是制浆造纸本身的多参数耦合、多标准决策、多规则限制、多产品切换等行业特征导致的。发展制浆造纸过程的清洁生产需要面对其排放量大、污染负荷高、成分复杂、变化快等一系列复杂问题，单一的技术改造等手段难以实现全局的清洁生产，需要使用智能化技术来提出系统的、整体的解决方案。

5.2.1 智能化制浆造纸的应用场景

制浆造纸的智能化是指以前期技术积淀为支撑，以人工智能和新一代信息技术等先进技术为行业变革拐点，以数字化制造为发展起源，逐步过渡至智能化。目前智能化在制浆造纸行业的应用刚刚起步，主要体现在生产工艺、能源结构、公用工程及生产规划中。

1. 智能化对制浆造纸行业生产工艺的作用（图 5-2）

造纸企业属于典型的流程型制造业企业，其生产过程是动态、连续的。造纸过程会受原料成分/加工温度/压力等工艺参数、设备效率及人工操作技能等因素的影响，是不可预知的[146]。造纸过程工艺复杂且参数众多，存在非线性、滞后性、高耦合性。传统人工、PID 等控制方式效率较低，也难以构建准确的数学模型来实现闭环最优控制，容易造成资源、能源及人力的浪费。将智能化控制应用于造

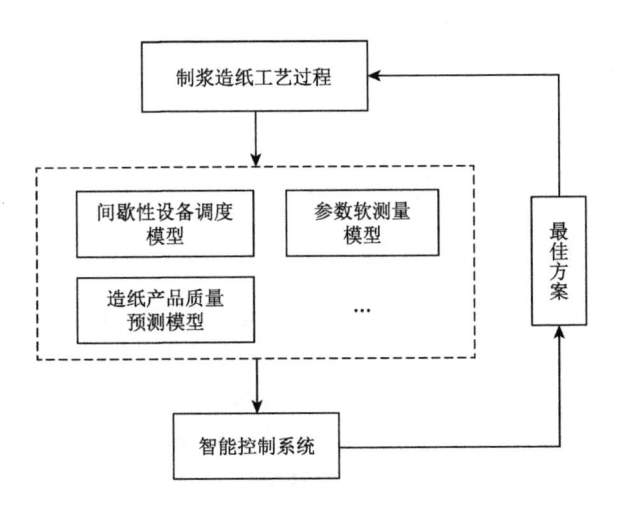

图 5-2 智能化在制浆造纸行业生产工艺中的应用

纸生产是解决上述问题的重要途径之一。针对造纸过程的延时问题，可以通过智能算法等建立预测模型；针对造纸过程的耦合性问题，可以建立智能控制模型对其进行解耦。

制浆过程主要使用间歇性生产设备，其调度通常仅通过人为判断当前时间的电价及观察生产情况而进行，容易导致用电成本的节省空间相对较小、调度不稳定等问题。可以利用生产数据为设备建立优化调度模型，动态地安排制浆过程设备的启停，科学地安排设备的加工时间、削峰填谷，降低用电成本，使得制浆企业在满足生产订单需求的同时，降低设备的用电成本，减少因依赖人力导致的设备启停不及时、浪费原料等情况的发生，最终形成调度结果与工况及订单需求平衡的局面。

在生产中要想提高经济效益就必须严格控制某些重要的过程变量，使得生产设备处于最佳运行状态，以生产高质量产品。这些变量存在无法直接测量或在线测量仪器价格昂贵、安装复杂、维护困难等问题，但它们是生产过程中关键的评价指标或控制指标。为这些变量构建软测量模型，基于多个可测变量的实时测量值，应用数学模型来估计某个难以直接测量的变量值，可以解决生产过程中无法直接测量或难以直接测量的关键变量的估计问题。例如，黑液是碱回收蒸发工段中一个重要的控制指标，其浓度对监测纸浆洗涤质量、提高碱回收率和减少环境污染等具有重大意义，但其成分比较复杂，硬件设备难以实现在线准确测量，且存在成本高等诸多问题，目前采用软测量技术可以完成其检测[147]。

在产品质量控制方面，基于原料的特性和不同性能之间的复杂关联性，目前对纤维性能和纸页性能之间的关系研究还很缺乏，多数根据实验数据和人工经验建立数学模型，实现对纸页性能的预测和定性分析，但这种方法有些主观，难以进行机理分析。因此，可以采用智能化技术，利用不同造纸纤维性能分别建立多个纸页结构模型，模拟预测目标造纸纤维性能对纸页性能的影响趋势及纸页质量参数[148]。

因此，构建制浆造纸过程的智能化模型，保证制浆造纸过程的稳定与安全，降低能耗，可以实现制浆造纸过程的持续、经济和良性运行。

2. 智能化对制浆造纸行业能源结构的作用（图5-3）

造纸过程能耗高，节能、降耗、减排是造纸行业发展过程中重点关注的问题[149]。以中国为代表的发展中国家在能源结构上过度依赖煤炭等化石能源，化石能源的碳排放强度较高。随着全球对碳排放的管制日益严格，各个国家逐渐寻求使用清洁能源替代化石能源或者精确控制化石能源的用量来减少浪费。传统的节能降耗手段已经逐渐无法实现越来越复杂的造纸过程控制，难以满足造纸行业节能需求。传统的能源管理方式处理周期长，无法实现能源在线动态平衡，导致能源浪费大、能源费用高、能源管理效率低。如何对能源消耗趋势进行合理预测，实现能量负荷优化分配、能量动态平衡；如何将环境因素（如温室气体排放）的监控纳入能源管理中，依然是目前所面临的重要问题。此外，未来涉及清洁能源的利用问题时，能源之间的并网和调度都离不开智能化控制。因此，利用智能化技术对造纸行业进行改造与升级，为互联网信息时代下造纸行业可持续发展奠定了基础。

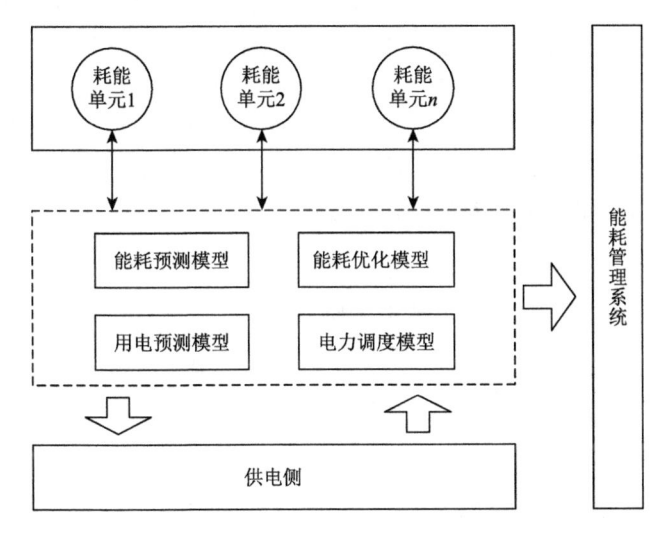

图 5-3　智能化在制浆造纸行业能源结构中的应用

在造纸过程中，能源消耗数据复杂、多样，常规的计算方法收敛慢、预测效率低。因此，可以建立造纸工艺能耗预测模型，通过对造纸过程的分析，明确能耗特性，深度挖掘工艺能耗数据，提高预测准确性[150,151]。在此基础上，可以建立能耗优化模型，针对造纸工艺特点调整参数，使得在保证生产效率最大化的同时，尽可能减少能耗。在节约制浆造纸过程的用电成本方面，通常情况下用电峰谷期电价不同，因此可以通过智能化算法对制浆造纸设备的开关状态加以调度，建立用电预测模型及电力调度模型等，实现制浆造纸设备用电调度的多目标优化，即运行成本最小化与生产效率最大化[152]。

只有采用智能化技术，才能实现制浆造纸过程的快速、精准控制，提升制浆造纸生产效率、减少生产过程对水/电/木材等资源的浪费，最终达到智能化节能、降耗、减排改造目标。

3. 智能化对制浆造纸行业公用工程的作用（图 5-4）

目前，造纸行业使用的主要能源是电力和蒸汽。除了利用工艺改造来节约能源，造纸企业还寻求了其他方法来改善造纸行业的能源分配策略，从而实现电力和蒸汽的合理使用。热电联产作为一种既产电又产热的能源利用形式，实现了能量梯级利用，将做完功的蒸汽用来对造纸车间、脱墨车间供热，具有热能利用率高、能耗降低明显、供热质量高等优点，已经被造纸行业广泛推行[153]。但是热电联产实施过程仍然有可以提升的空间。造纸企业热电厂中的汽轮机调整发电量的前提是保证抽汽量。在化学制浆间歇蒸煮的升温阶段，用汽量很大，而在保温、喷放和装料阶段，用汽量较小；当纸机生产正常时，用汽量比较稳定，而当纸机断纸时，用汽量几乎为零。制浆蒸煮用汽时，用汽波动可以预测；纸机断纸后要停止用汽，是用汽不确定性因素。目前造纸企业的工作人员主要根据经验控制用汽量，具有很大的局限性。因此，可以结合造纸企业用汽特点，建立能源调度系统，当终端用汽量变化时，在满足终端用汽和用电的前提下合理调整每台汽轮机的负荷分配参数，指导工作人员进行在线优化。

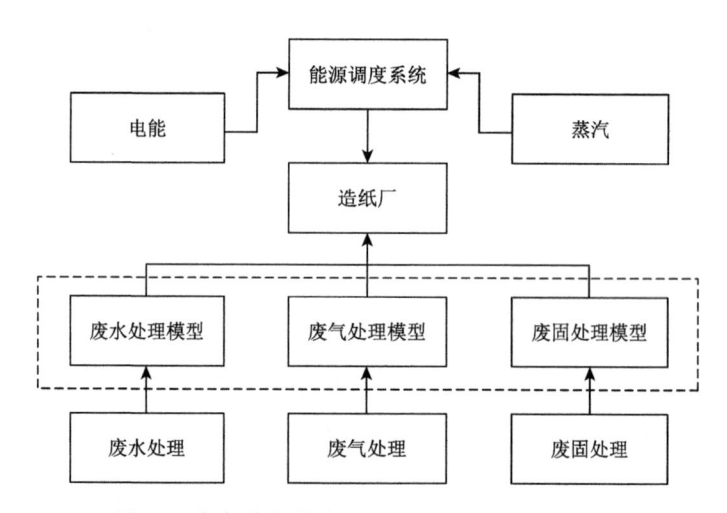

图 5-4 智能化在制浆造纸行业公用工程中的应用

制浆造纸污染物处理过程十分复杂，牵涉工艺过程、水力学、生化反应、化学沉淀、传质、生物体生长、沉淀、过滤等多个领域，它们在污染物处理过程中相互关联、相互制约，因此具有机理复杂、高度非线性等特点。在废水处理方面，造纸过程中产生的污水通常采用活性污泥法来进行处理，此过程涉及许多能耗过高的生化反应[154]。可以将智能化算法应用于造纸污水的处理与控制过程，实现过程的最优化，在保证处理后的水质情况下，降低造纸污水处理流程所产生的能耗。在废气处理方面，污水处理过程中会大量排放温室气体，其中涉及大量的化学物质，传统的计算方法无法准确计算气体排放量。可以采用智能化技术根据微生物生长动力学及物料平衡关系，考虑污水生化处理工艺等各个方面，建立温室气体排放量计算模型[155]，实现污水处理过程中温室气体排放量的动态计算。

因此，在制浆造纸的公用工程中应用智能化技术可以提高能源利用率、运行经济性，有效降低环境压力，是制浆造纸行业智能化清洁生产的重要发展途径。

4. 智能化对制浆造纸行业生产规划的作用（图5-5）

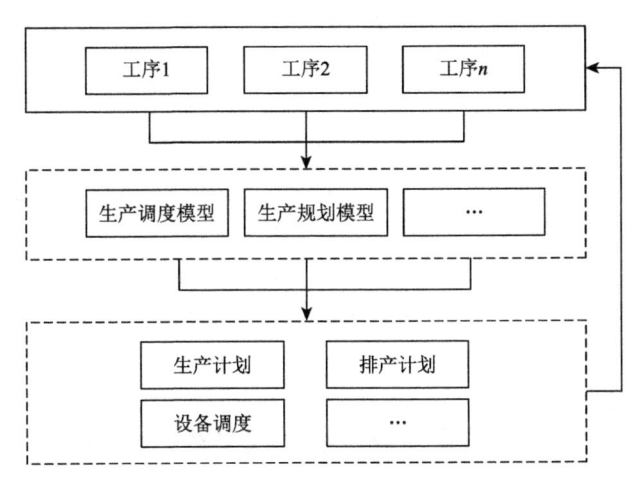

图 5-5 智能化在制浆造纸行业生产规划中的应用

造纸是对浆料进行混合、分离、粉碎、加热等，把浆料变成纸产品的过程，通常以批量或连续的方式进行生产。随着造纸生产规模的日益扩大，企业造纸过程出现的问题也日益复杂，小批量、多品种的制造模式越发普遍，生产过程的插单、转产造成生产过程的复杂性大幅提高。如果生产计划发生变化或者出现其他情况，就很难按照预期计划完成生产，会出现生产故障、设备维护、原料变化等因素，导致造纸企业无法按照排产计划进行生产。在传统的生产管理中，制订生产计划的过程中很难准确、准时地掌握生产的实际情况；生产过程中操作计划的可行性较差，跟踪产品在生产过程中的状态数据困难，很难合理有效地控制库存。这些问题的根源在于生产管理与生产过程控制缺乏联系，没有形成合理的规划。

因此，造纸企业需要对其生产过程、生产计划等构建合理高效的生产调度模型，使用合适的算法来求解问题，以适应其不同的需求状况。造纸企业的生产调度难度随着规模的增加而增加，其求解问题的计算时间呈指数规律增长。目前国内对造纸企业生产调度方法的研究不多，主要研究集中在排产计划与生产计划安排、生产设备管理及产品质量管理等方面。因此，造纸企业的生产管理需要更智能化的生产过程管理体系及更优化的生产计划。

采用智能化算法可以分析造纸企业的生产过程需求，在考虑各个约束的条件下，构建造纸企业不同阶段的生产调度模型，不仅能满足企业的生产要求，而且可在满足客户需求的情况下尽力做到高效率、低成本。对于生产订单的调度问题，需要多目标考虑，如最小化最大完工时间、最小化总拖期数量和最小化生产切换次数等，可以建立具有造纸企业特色的生产调度模型，根据由模型结果重新规划后的订单安排企业生产，为企业生产提供最优化的纸机安排、生产时间段安排等，有助于降低造纸企业的生产成本，提高纸张产品的市场竞争力，从根本上降低能耗及成本[156, 157]。

智能化技术在造纸行业的清洁生产中有着巨大的发展潜力。目前智能化技术在制浆造纸的各个环节都得到了应用，并且取得了较好的成效。但是造纸企业拥有的智能化技术均处于孤岛状态，只是针对单一过程，没有整体的智能化控制平台可以实现整个流程最优化，生产工艺、能源结构、生产规划及公用工程整体环节的实现仍处于纯人工操作阶段，缺乏有效的控制方法。因此，实现制浆造纸行业的智能化，还需要构建制浆造纸全流程的智能系统，实现生产过程的生命周期管理。

5.2.2 制浆造纸行业智能化发展支撑的清洁生产路径

为实现造纸行业智能化、构建造纸行业智能系统，需要将新一代信息技术与造纸行业技术深度融合，如图 5-6 所示，通过智能系统实现工业大数据的系统集成和信息贯通，实现造纸工厂从底层到顶层的信息贯通，推动工厂内"信息孤岛"聚合为"信息大陆"，打通制造、供应链等不同协作部门及部门内部的"数据孤岛"，实现生产高效协同、资源优化配置，解决整个制造产业链中人、设备等各个环节之间存在的各种协作优化问题，实现效率最大化[137]。

造纸行业智能化体现在以下方面。

第一，在信息感知层面，可以实现从供应、生产到销售等环节的全流程与全生命周期信息的快速获取。在这个过程中，一些传统和必需的测量和采集数据已经实现实时存储，但是依然存在大量不可测量或由于检测设备昂贵而没有测量的关键工艺参数，如抗张强度、撕裂强度、疏水性、疏油性、透湿性能、孔隙度等参数，传统的标准方法存在检测过程烦琐、耗时、易受干扰、误差大等缺点。利用智能化技术，对无法直接测量、测量滞后性较大、即时性差（如实验室测量）、测量不可靠或者容易发生错误的过程参数和质量参数建立软测量模型，实现原料与纸产品属性、物质流流通轨迹的监测及部分关键过程参数的在线检测或者预测。

第二，在管理决策层面，可以使用大数据等现代信息技术为制造过程计划和管理进行优化决策。从原料的采购、生产运营、调度规划、工艺参数选择等多个方面实现生产全流程优化，最终实现整个过程的集成优化。实际生产中，制浆造纸生产涉及的物理化学机理十分复杂，需要调节的参数较多，参数之间存在较高的耦合性，因此人力无法多维度地综合考虑各种条件，如浆料的准备时间、纸机突发性的故障、加工顺序、设备可用性等。为了实现其智能化的控制策略，制浆造纸企业可以根据生产需要和服务需求，利用智能化算法对数据进行挖掘，对生产或服务对象进行基于数据的建模、模拟与优化，提出更高效清洁的方案。

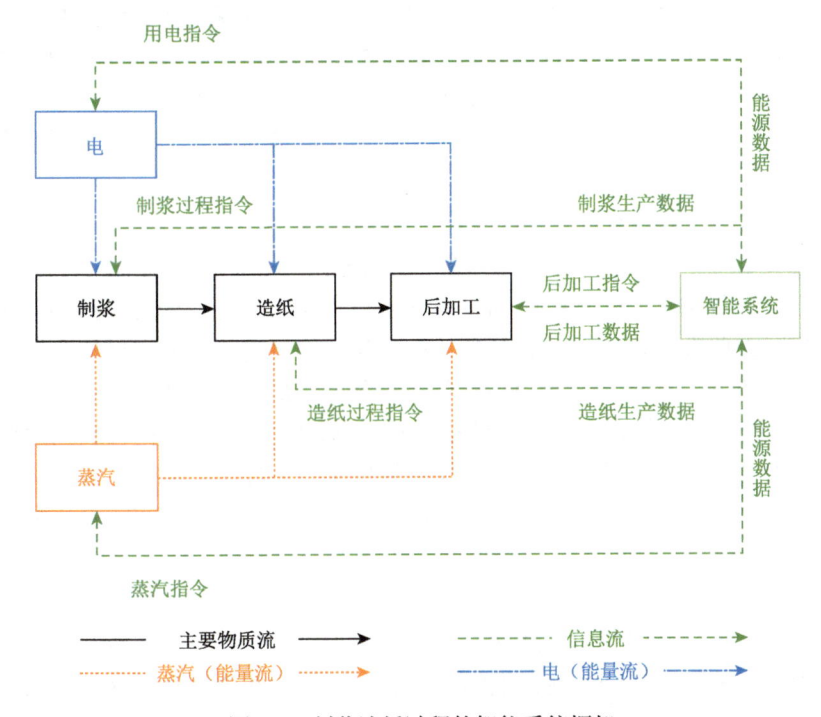

图 5-6 制浆造纸过程的智能系统框架

第三，在生产运行层面，通过监控生产过程的实时状况，进行全局协调，达到全过程的优化调控，实现生产过程中能源与资源的高效利用，尽可能减少能源与资源消耗，并以智能化控制等方法降低污染物排放、减弱环境影响。随着纸产品的市场需求变化越来越快，生产过程中插单、转产等情况发生得日益频繁，当前造纸企业的生产调度工作效率低，难以支撑其高效运转，从而导致额外的能耗、物耗与水耗等资源的浪费。因此，需要采用智能化技术构建智能模型，根据供应链情况和市场需求，面向具体的生产任务，利用大数据资源实现多个车间、多条生产线之间生产资源的统筹优化和调度，从而精准地利用材料和能源，减少资源消耗与污染排放，实现生产的高效化及绿色化。

第四，在能效安全与环保层面，采用对造纸过程产生的废水、废气及废固进行传感、检测、控制等的新方法和新技术，突破流程工业的传统技术，实现工业安全环境足迹监控及溯源分析，最终使生产资源形成一个具有自主性、可调节、可配置等特点的绿色生产循环网络。

第五，在数据融合层面，造纸生产过程中产生的数据通过新一代信息技术传到云平台进行数据处理、数据挖掘、优化分析，形成判断决策，并反馈至生产过程，形成能自适应调整的闭环控制网络，实现造纸企业的工业生产控制和管理最优化，提高生产效率。当前的信息系统只实现了数据的管理和在线监测或者某单元设备能耗的优化，孤立的模型和系统对数据的独立使用导致不同过程生命周期数据和结果被分散在多个系统中，数据存在重复求解、标签不一致甚至矛盾的情况。使用智能化技术可以打通造纸各个生产单元的信息壁垒，最终实现整个生产过程的能耗最低化、效益最大化。

综合来说，实现造纸行业清洁生产，首先通过数据采集技术采集及存储数据，建立工业大数据平台，把来自机器设备、工艺过程的海量数据统一汇聚到平台上，实现生产过程数字化，基于统一的可视化平台实现产品生产全过程跨部门协同控制；然后对这些数据进行挖掘和分析，构建包括制浆造纸技术、经验和知识的通用/专用模型与软件，进一步推进生产管理一体化；最后搭建造纸企业信息集成系统，促进造纸企业内部资源和信息的整合与共享，集成其他软件并融合数据信息，主动形成对造纸过程的优化决策，实现原料供应和内部生产配送的系统化、流程化，提高造纸企业内外供应链运行效率，最终实现制浆造纸过程生命周期的协同管理和优化。

目前，"一带一路"倡议将为共建国家造纸行业提供巨大的发展机遇。目前，全球造纸行业最具发展潜力的地区之一是亚洲，实际上除中国和少数国家外，亚洲其他国家和地区的造纸行业发展相对落后，虽然这些国家和地区的造纸技术和产量都处于较低水平，但是具有劳动力、资源、市场等优势。"一带一路"倡议践行绿色、循环、可持续的发展理念，智能化发展逐渐使得造纸行业数字化、信息化，能够准确及时地分析造纸过程中的参数变化，并做出调整，减少人为干预，实现能耗至少降低 5%、碳排放减少 5%、生产效率提升 5%的目标，最终为造纸行业创造良好的经济效益，也为环境带来巨大的生态效益。造纸行业必将在智能化的支撑下达到节能、降耗、减污、增效的效果，最终实现清洁生产。

5.3 造纸行业清洁生产提升潜力分析——以中国为例

本节对造纸行业的产品生命周期系统进行介绍，以中国为主要研究分析对象，对水耗、能耗和温室气体排放量的边界选择进行说明，介绍资源消耗和排放的各个阶段；整合主要纸种的生产路径清单，给出水耗、能耗和温室气体排放量的计算方法，并对结果进行时间和空间分析。

5.3.1 分析对象

本节根据2018年度国家重大工业专项节能监察任务中提供的1370家造纸企业名单，统计全国制浆造纸企业的产品种类和产量分布情况，其中，所统计的91家原生浆厂的纸浆产量约占2017年我国纸浆总产量的95.9%，所统计的814家造纸企业的纸张产量超出了2017年我国纸张总产量的14.9%，这主要是由于部分企业的产量是根据企业产能按50%的投产率进行估计的。这一统计结果表明，中国造纸行业产能过剩严重，尤其是白板纸、瓦楞原纸和包装用纸，三者的产能超出实际产量约30%。废纸浆的产量基于纸张对废纸浆的需求量进行计算，假设它位于对应纸张生产的同一区域。从整体上看，中国造纸行业仍存在大量小型企业，几乎各个省区市都有造纸企业的分布，产业集中度相对较低。

制浆造纸企业的分布较为一致，多分布在具有很大消费市场、交通便利和水资源充足的区域附近。制浆企业的分布体现出对原料的高度依赖性，例如，西南地区作为竹子的主产区，竹浆企业多分布在四川、贵州、云南一带；广西作为中国的制糖基地，丰富的甘蔗资源造就了大量蔗渣浆的生产。

中国制浆企业的原料主要包括木材、竹子、稻麦草秸秆、蔗渣和废纸，经过不同的化学或机械处理工艺，纸浆的种类可进一步划分为漂白化学木浆、本色化学木浆、化学机械浆、漂白化学竹浆、本色化学竹浆、漂白化学草浆、本色化学草浆、漂白蔗渣浆、脱墨废纸浆和未脱墨废纸浆，上述浆种涵盖了中国制浆企业最常见的产品。纸浆随后经过流送、压榨和干燥等工段成纸，其中，新闻纸、未涂布印刷书写纸、涂布印刷书写纸、家庭生活用纸、白板纸、箱板纸、瓦楞原纸和包装用纸的产量占2017年全国纸张总产量的95.2%，上述纸产品被视为研究对象，利用生命周期评价量化其在不同路径下的环境指标。

5.3.2 生命周期边界和路径

1. 生命周期边界

造纸行业多样的原料对应多样的"摇篮"阶段，包括人工林的建设、竹林的生长和农作物的培育，经过原料收集、运输、制浆和造纸过程，部分纸张被回收，在下一个造纸周期中被利用。因此，造纸全产业链包括一系列过程，如原料生产和收集、造纸化学品生产、物料运输、制浆、造纸和公用工程的资源供给。中国造纸行业的生命周期边界如图5-7所示。水能关系（water-energy nexus）涵盖了水与能源相互作用的各个方面：水是能源生产（水力发电、冷却和矿物原料的提取等）

的组成部分,是产业链间接水耗产生的原因;能源消耗于水的提取、处理和使用等阶段。公用工程产生的水和能源被用于生命周期的各个阶段,其中,二次能源被用于自备热电联产外的所有阶段,自备热电厂消耗的煤炭仍由公用工程提供。除了植物的碳汇,整个产业链的温室气体包括能源相关和工艺相关的排放。

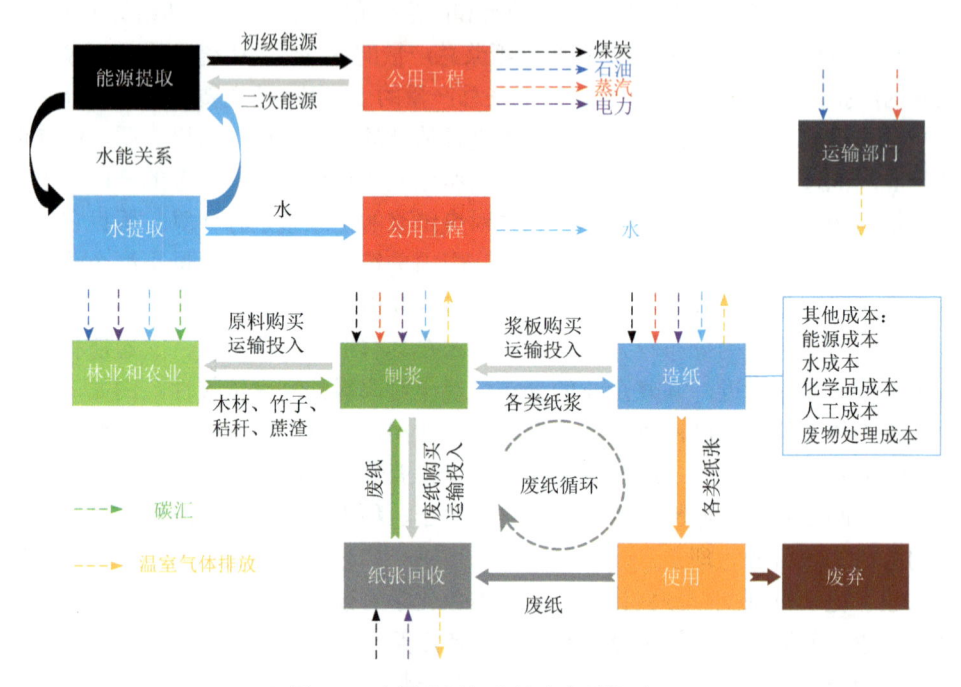

图 5-7 中国造纸行业的生命周期边界

2. 生命周期路径

中国造纸行业的原料和纸浆产品种类繁多且关系复杂。纸种抄造所选择的浆料种类受到原料获取、成本、纸张用途等多种因素的影响,并且部分纸种需要按特定的纸浆配比进行生产。国内造纸企业对纸浆的选择还未形成一套相应的标准。本节在对 814 家造纸企业进行产量统计的同时,对其原料和产品种类之间的关系进行总结。图 5-8 是中国造纸行业常见的原料、纸浆和纸种之间的生产关系,即主要纸种的生命周期路径。

新闻纸以脱墨废纸浆为主要原料,添加部分原生浆可以改善不透明度;家庭生活用纸性能要求较高,主要使用原生纤维生产;箱板纸和瓦楞原纸没有纸张白度的需求,多使用成本较低的本色化学草浆和未脱墨废纸浆,其中,高档箱板纸会使用或添加部分本色木浆以增加纸张强度;其他纸张多以废纸作为主要原料,相应地添加部分原生浆。

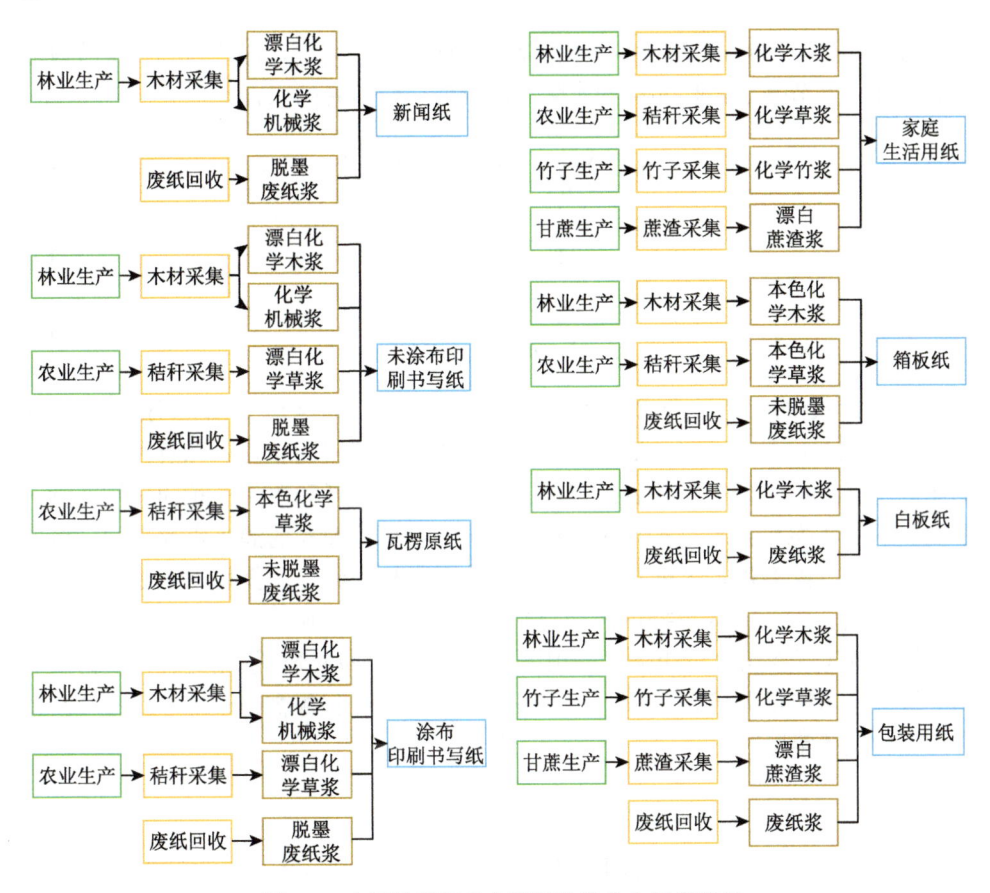

图 5-8　中国造纸行业主要纸种的生命周期路径

中国整体纸浆生产结构的改变会影响各纸种的原料种类，2000 年中国农业秸秆浆和草浆产量占纸浆总产量的 35.1%，2017 年该值下降至 7.5%[1]，早期箱板纸生产时稻麦草浆产量占比约为 40%[74]，因此本节的纸浆配比结合历年纸浆的消费结构进行计算。

5.3.3　生命周期计算方法图

1. 生命周期水耗计算方法

造纸行业的生命周期水耗包括直接水耗和间接水耗：

$$WC = WC_{direct} + WC_{indirect} \tag{5-1}$$

直接水耗包括农业原料的灌溉水耗和制浆造纸企业的淡水提取。考虑灌溉的主要目的是提高作物产量，秸秆作为副产物或废料的情况，对于作物种植阶段的灌溉水耗，本节基于秸秆和谷物实际经济价值分配两者的水耗：

$$W_s = \sum_p \left(R_s \cdot \sum_p \frac{W_p}{Y_p} \cdot \text{YR}_{s,p} \right) \quad (5\text{-}2)$$

$$C_s = m_s / m_G \quad (5\text{-}3)$$

$$R_s = \frac{m_s \cdot P_s}{m_s \cdot P_s + m_G \cdot P_G} = \frac{C_s \cdot P_s}{C_s \cdot P_s + P_G} \quad (5\text{-}4)$$

其中，s 为特定的农业秸秆或蔗渣；p 为作物主产区（省区市）；G 为谷物的种类；W_s 为单位质量的秸秆水耗；R_s 为基于价格和质量计算出的秸秆水耗所占灌溉水耗的比例；W_p 和 Y_p 分别为各省区市单位面积的作物水耗和单位面积的作物产量，单位面积的作物水耗来自各省区市对于不同作物单位面积的灌溉水耗限额，单位面积的作物产量由各省区市的总产量与种植面积相除获得，参考《2015 中国统计年鉴》；$\text{YR}_{s,p}$ 为各省区市特定作物的产量占总产量的比例，详细数据见附录；C_s 为秸秆系数（草谷比），即单株作物中秸秆质量 m_s 与谷物质量 m_G 之比，数据来自秸秆资源分布的相关研究[76, 77]；P_s 和 P_G 分别为秸秆和谷物的价格，参考《2015 中国粮食统计年鉴》。

2. 生命周期能耗计算方法

利用单一浆种生产纸张的生命周期总能耗（E）涉及以下耗能阶段：原料获取（EM）、化学品生产（EC）、制浆（EU）、造纸（EA）和运输（ET）：

$$E_i = \text{EM}_i + \text{EC}_i + \text{EU}_i + \text{EA}_i + \text{ET}_i \quad (5\text{-}5)$$

其中，i 为纸种。

制浆原料主要包括木材、秸秆和废纸，一部分制浆原料由人工收集获取，另一部分制浆原料通过机械获取，涉及多个耗能阶段和能源种类。其中，原料获取阶段能耗的计算方式如下：

$$\text{EM}_i = m_{\text{pu},i} \cdot \frac{\sum_e (M_e \cdot \text{ELC}_e)}{Y_{\text{pu},m}} \quad (5\text{-}6)$$

其中，pu、e 和 m 分别为纸浆、能源和原料的种类；$m_{\text{pu},i}$ 为生产单位质量的纸张 i 时纸浆 pu 的消耗量，数据来自《制浆造纸工艺设计手册》；M_e 和 ELC_e 分别为各耗能阶段能源 e 的投入量和能源 e 的生命周期能耗，数据详见图 5-9～图 5-11；$Y_{\text{pu},m}$ 为使用原料 m 生产纸浆 pu 的制浆得率。

图 5-9　各类能源的生命周期能耗

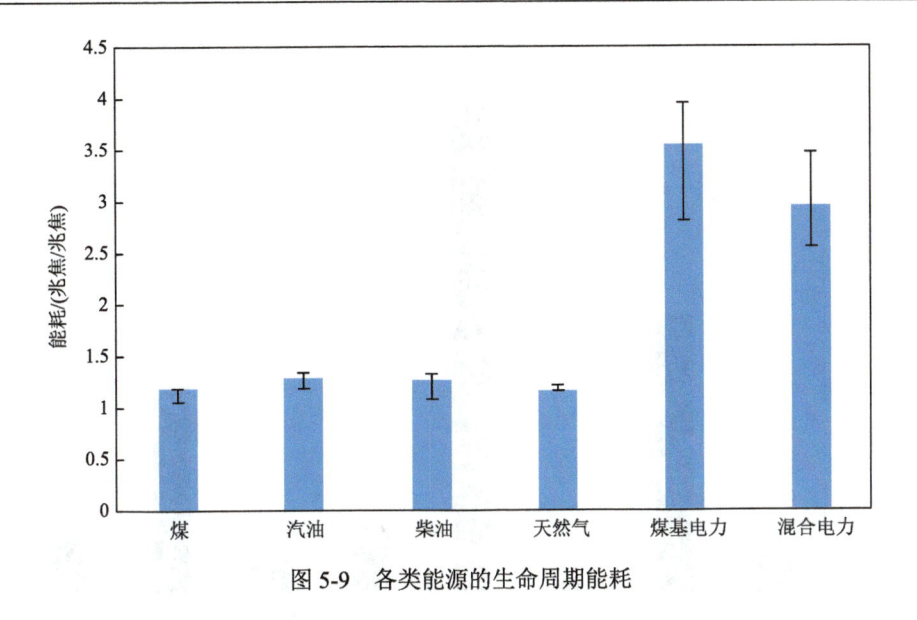

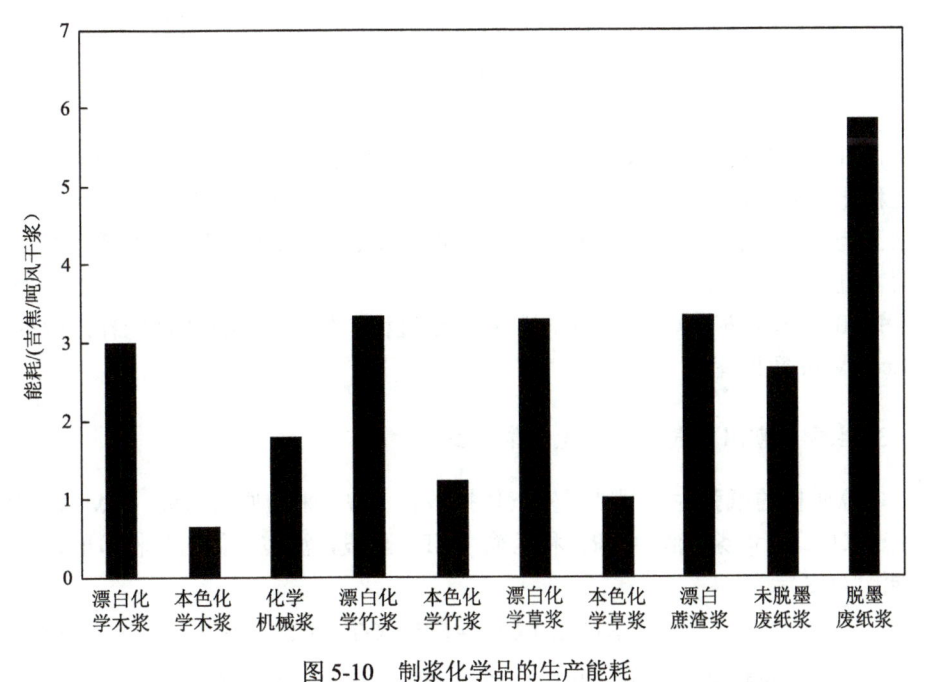

图 5-10　制浆化学品的生产能耗

各类纸浆生产投加的化学品数量和种类不同。化学品生产阶段能耗的计算方式如下：

$$\mathrm{EC}_i = m_{\mathrm{pu},i} \cdot \sum_{c1}\left(m_{c1} \cdot \mathrm{EC}_{c1}\right) + \sum_{c2}\left(m_{c2} \cdot \mathrm{EC}_{c2}\right) \tag{5-7}$$

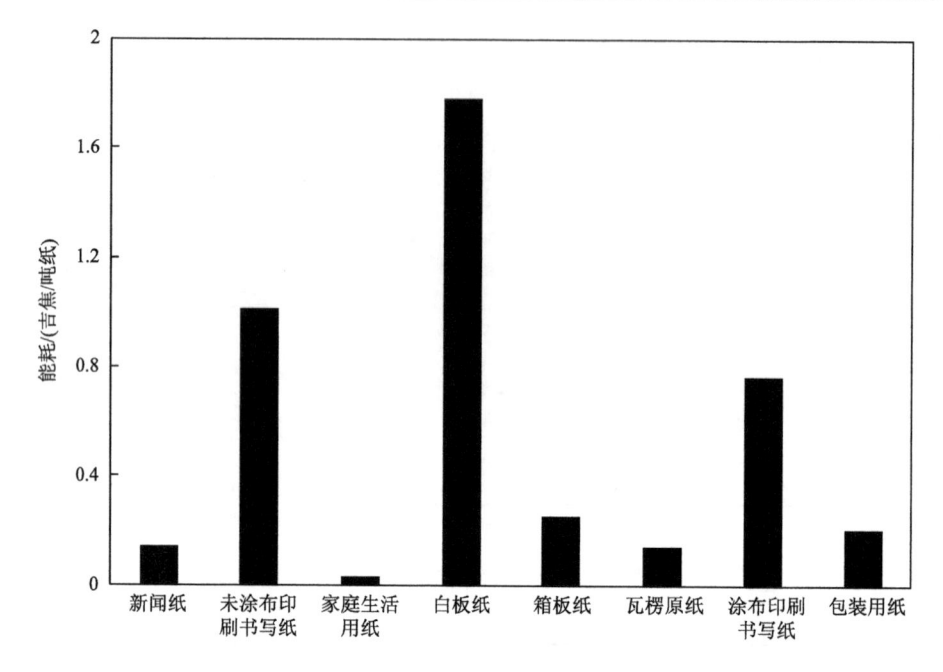

图 5-11 造纸化学品的生产能耗

其中，c_1 和 c_2 分别为制浆和造纸过程化学品的种类；m_{c1} 和 m_{c2} 分别为制浆和造纸过程化学品的消耗量，不同产品所使用的化学品种类和消耗量数据来自《制浆造纸工艺设计手册》和相关文献，其中，原生浆、脱墨废纸浆和各类纸张的化学品消耗量来自《制浆造纸工艺设计手册》，其他纸浆的化学品消耗量来自文献[35]、[36]和[40]；EC_{c1} 和 EC_{c2} 分别为制浆和造纸过程单位化学品的生产能耗，数据来自 Ecoinvent 数据库。

3. 生命周期温室气体排放量计算方法

单位质量的纸张生命周期温室气体排放量（G）来自原料获取（GM）、化学品生产（GC）、制浆造纸（GP）和运输（GT）阶段，温室气体的吸收即植物生长的碳汇（CS）：

$$G_i = GM_i + GC_i + GP_i + GT_i - CS_i \tag{5-8}$$

与能耗和水耗的计算方式相同，原料获取、化学品生产和运输阶段的温室气体排放量只需将相应的能源生命周期能耗因子转变为生命周期温室气体排放因子即可。

木材（包括竹子）和非木材原料生长所吸收的温室气体（植物生长的碳汇）计算方式分别如下：

$$\mathrm{CS}_i = m_{\mathrm{pu},i} \cdot \frac{\mathrm{CI}_m}{R_m \cdot Y_{\mathrm{pu},m}} \tag{5-9}$$

$$\mathrm{CS}_i = m_{\mathrm{pu},i} \cdot \frac{\mathrm{CI}_m \cdot C_{s,m}}{\left(R_m + C_{s,m}\right) \cdot Y_{\mathrm{pu},m}} \tag{5-10}$$

其中，CS_i 为利用纸浆 pu 生产单位质量的纸张 i 在碳汇阶段的贡献；CI_m 为单位面积的碳汇强度；R_m 为单位面积的植物蓄积量；$Y_{\mathrm{pu},m}$ 为使用原材料 m 生产纸浆 pu 的制浆得率；$C_{s,m}$ 为原料 m 的秸秆系数。对于不需要对整棵植株进行分配的人工林和竹林，式（5-9）成立；对于基于质量对碳汇进行分配的秸秆和蔗渣，还需要乘以秸秆或蔗渣对整棵植株的质量占比，式（5-10）成立。

制浆造纸阶段的温室气体排放量（GP）可分为现场排放量（G_{on}）和场外排放量（G_{off}）：

$$\mathrm{GP}_i = m_{\mathrm{pu},i} \times \left(G_{\mathrm{on,pu}} + G_{\mathrm{off,pu}}\right) + G_{\mathrm{on},i} + G_{\mathrm{off},i} \tag{5-11}$$

其中，$G_{\mathrm{on, pu}}$ 和 $G_{\mathrm{off, pu}}$ 分别为生产 1 吨风干浆的现场排放量和场外排放量；$G_{\mathrm{on},i}$ 和 $G_{\mathrm{off},i}$ 分别为生产 1 吨纸的现场排放量和场外排放量。

制浆造纸阶段的现场排放量包括燃煤脱硫（$\mathrm{GDS}_{\mathrm{pu}}$）和石灰石煅烧（$\mathrm{GCA}_{\mathrm{pu}}$）化学反应产生的二氧化碳排放量，废水厌氧处理（$\mathrm{GEF}_{\mathrm{pu}}$）产生的甲烷排放量，损失生物质（$\mathrm{GBI}_{\mathrm{pu}}$）、黑液（$\mathrm{GBL}_{\mathrm{pu}}$）和化石燃料燃烧（$\mathrm{GFU}_{\mathrm{pu}}$）供能产生的温室气体排放量：

$$G_{\mathrm{on}} = \mathrm{GDS}_{\mathrm{pu}} + \mathrm{GCA}_{\mathrm{pu}} + \mathrm{GEF}_{\mathrm{pu}} + \mathrm{GBI}_{\mathrm{pu}} + \mathrm{GBL}_{\mathrm{pu}} + \mathrm{GFU}_{\mathrm{pu}} \tag{5-12}$$

5.3.4 造纸行业生命周期

1. 纸张生命周期水耗

非木浆造纸中分别利用小麦秸秆、水稻秸秆、玉米秸秆和蔗渣生产家庭生活用纸的生命周期水耗对比如图 5-12 所示，其中，水稻秸秆在农业灌溉过程中具有最高的水耗强度，加上水稻秸秆的制浆得率最低，制浆消耗的原料最多，导致基于水稻秸秆造纸的生命周期水耗最高可达 365.9 吨/吨纸，基于玉米秸秆造纸的生命周期水耗与基于小麦秸秆造纸的生命周期水耗相仿。

2015 年中国造纸行业主要纸种的平均生命周期水耗如图 5-13 所示。家庭生活用纸的平均生命周期水耗最高，为 72.2 吨/吨纸，是瓦楞原纸的平均生命周期水耗的 2 倍以上，原因为家庭生活用纸的原料主要是原生纤维（有使用脱墨废纸浆生产家庭生活用纸的情况，但产量很低，可忽略），瓦楞原纸和箱板纸等产品主要使用未脱墨废纸浆，部分高强瓦楞原纸和高档箱板纸会添加部分草浆和木浆以提高纸张强度。虽然 2015 年秸秆浆消费量仅为纸浆总消费量的 3.1%，但是秸秆浆造纸的高水耗强度仍对部分纸种产生了较大的影响。考虑木浆存在 64.1%的进口，本节得到 2015 年中国每生产 1 吨纸，存在约 33.2 吨的淡水投入。

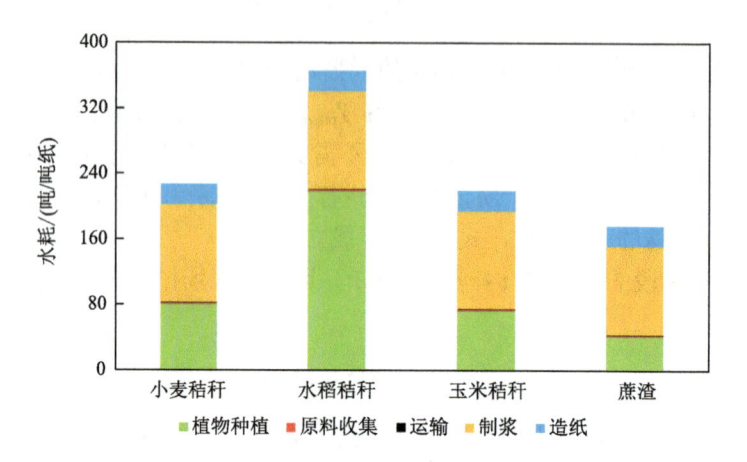

图 5-12　基于各类非木浆家庭生活用纸的生命周期水耗

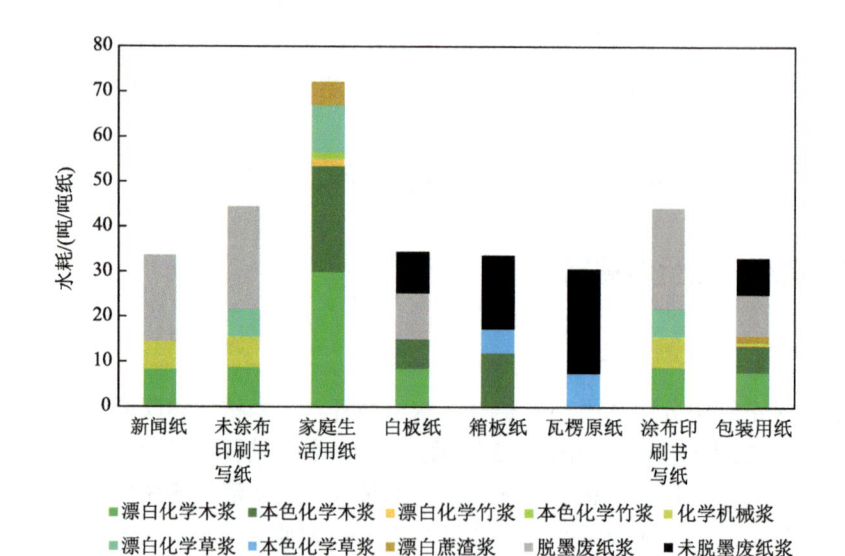

图 5-13　2015 年中国造纸行业主要纸种的平均生命周期水耗

为了更好地了解产业链优化，除了生命周期水耗，本节参考上述纸种的价格[103]，计算单位价格的纸张水耗。2015 年中国造纸行业主要纸种的万元价值水耗如图 5-14 所示，其部分结果与绝对水耗相反：瓦楞原纸的生命周期水耗最低，但万元价值水耗较高；家庭生活用纸的生命周期水耗最高，但万元价值水耗相对较低，进一步优化生产过程的水资源利用能够充分发挥其价值优势。

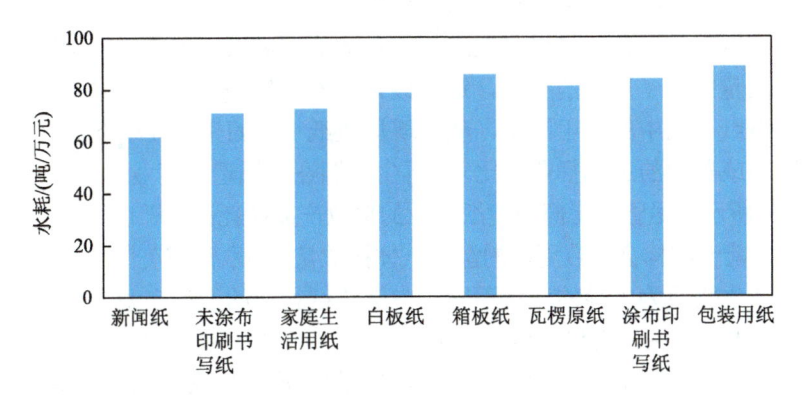

图 5-14　2015 年中国造纸行业主要纸种的万元价值水耗

2. 纸张生命周期能耗

2015 年中国造纸行业主要纸种的平均生命周期能耗如图 5-15 所示。2015 年中国每生产 1 吨家庭生活用纸，平均需要消耗 38.17 吉焦的能量，是箱板纸和瓦楞原纸的 2 倍以上，对于废纸原料占比很大的纸种，如白板纸、箱板纸和瓦楞原纸，其生命周期能耗较低。增加新闻纸、未涂布印刷书写纸、涂布印刷书写纸和

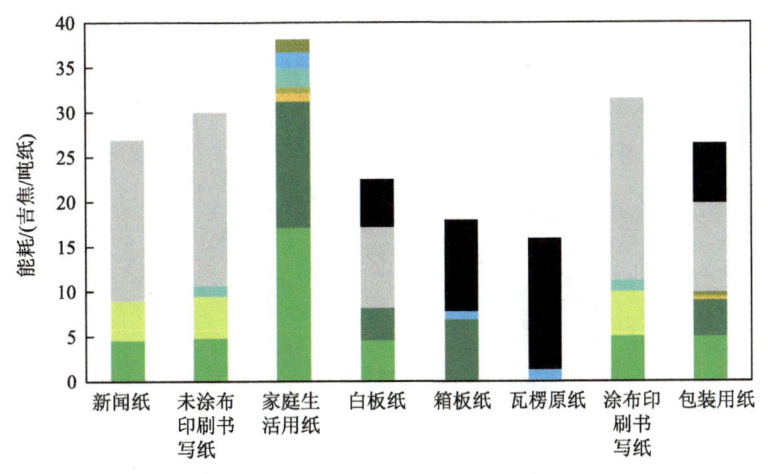

图 5-15　2015 年中国造纸行业主要纸种的平均生命周期能耗

包装用纸中的废纸浆比例能够显著降低产品的生命周期能耗。随着包装和运输业的快速发展，2000~2016 年，箱板纸和瓦楞原纸产量的年均增速超过 8%，两者产量的不断增长将会降低中国纸张的平均生命周期能耗。

虽然废纸的推广使用可以降低造纸行业的能源需求，但是近期中国政府对进口废纸的质量提出了严格的要求，这一政策必然导致国内废纸价格上涨，提高原生纤维在造纸行业中的应用比例，从而增加造纸行业的生命周期能耗。

与欧洲或美国的造纸行业相比，可再生能源在中国造纸行业占据很小的份额，如图 5-16 所示。尽管中国部分造纸企业的单位产品能耗已位于世界先进水平，但是其高碳的能源结构会导致更多的温室气体排放量。与欧洲或美国的造纸行业能源以天然气和生物质为主导的现状不同，中国造纸行业的能源来源主要包括四个方面：煤炭、电力、生物质和天然气。其中，电力和天然气的生产中，煤炭作为一次能源的比例分别达到 68%和 87%。能源结构失衡和效率低是造成能耗和温室气体排放量的主要原因，本节研究认为中国白板纸的生命周期能耗为 22.5 吉焦/吨纸。

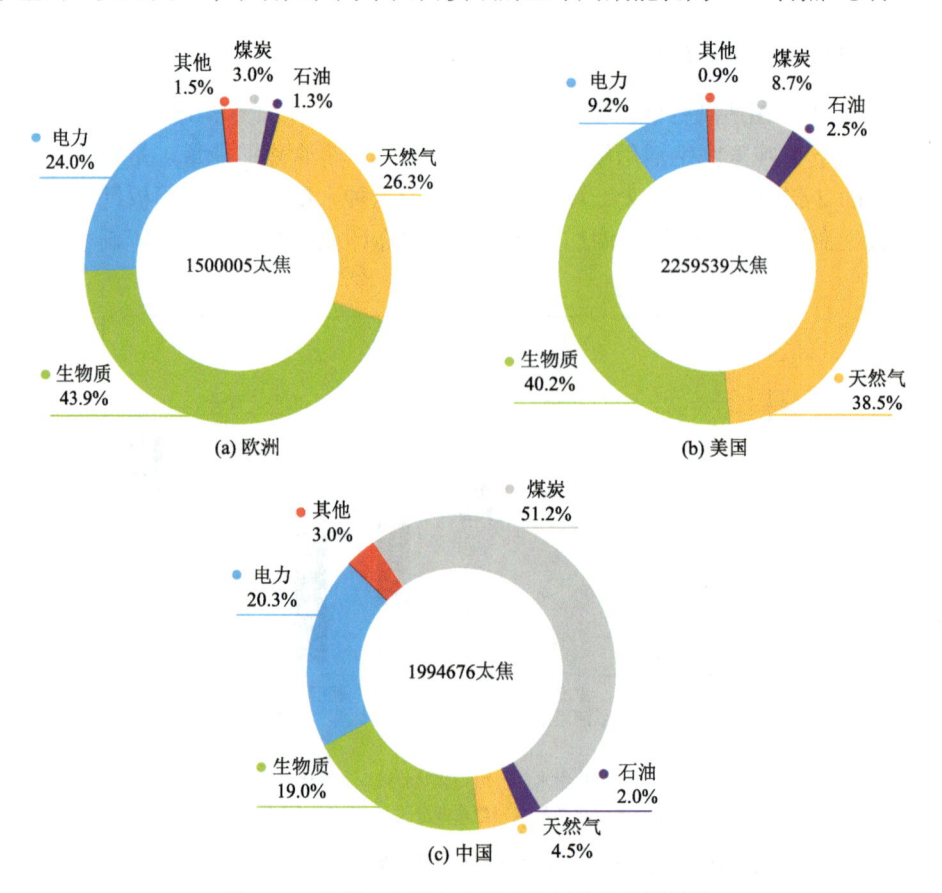

图 5-16 欧洲、美国和中国造纸行业的能源结构

根据 2015 年中国造纸行业的产品结构，计算得到造纸行业的生命周期总能耗为 2.24 艾焦（不包括进口木浆），平均生命周期能耗为 20.89 吉焦/吨纸，64.1%的进口木浆降低了造纸产业链中 0.3 艾焦的能耗，相当于 10.25 兆吨标准煤。

其他年份的能耗计算方式与 2015 年类似，制浆造纸现场工艺能耗随时间变化较大，能源供应、原料获取、化学品生产和运输阶段的相关能耗数据缺少迭代，因此这些阶段的数据无法更新，这可能导致后来几年的计算结果比实际情况更高。2000~2015 年造纸行业的生命周期和现场工艺能耗如图 5-17 所示。2012 年之前，纸张产量的高增速导致能耗的增加；随着技术进步，纸张产量增速放缓，能耗开始回落，其中，现场工艺能耗约占生命周期能耗的 75%。

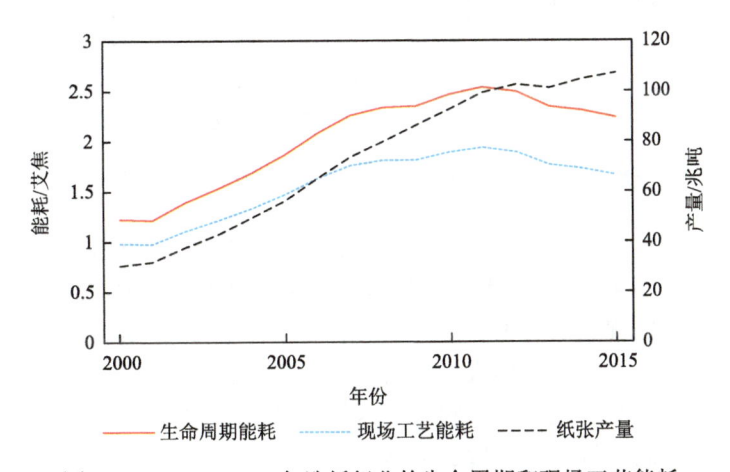

图 5-17　2000~2015 年造纸行业的生命周期和现场工艺能耗

3. 纸张生命周期温室气体排放量

图 5-18 为 2015 年中国造纸行业主要纸种的平均生命周期温室气体排放量（包括植物碳汇），与水耗和能耗相仿，主要基于原生纤维生产的家庭生活用纸具有最高的平均生命周期温室气体排放量（4.59 吨二氧化碳/吨纸），比箱板纸和瓦楞原纸的平均生命周期温室气体排放量之和还多。因此，家庭生活用纸的生产存在最大的减排潜力。未涂布印刷书写纸和涂布印刷书写纸的平均生命周期温室气体排放量仅次于家庭生活用纸，相差约 1 吨二氧化碳/吨纸。包装用纸的用途较为复杂，能够使用的纸浆种类多样，对其更加详细的认知需要进一步的分类。

根据 2015 年中国纸张产量结构，本节得到 2015 年造纸行业的平均生命周期温室气体排放量为 2.62 吨二氧化碳/吨纸，生命周期温室气体排放总量达到 281.07 兆吨二氧化碳，其中，木浆进口降低了 27.46 兆吨二氧化碳，植物纤维吸收了 31.22 兆吨二氧化碳。

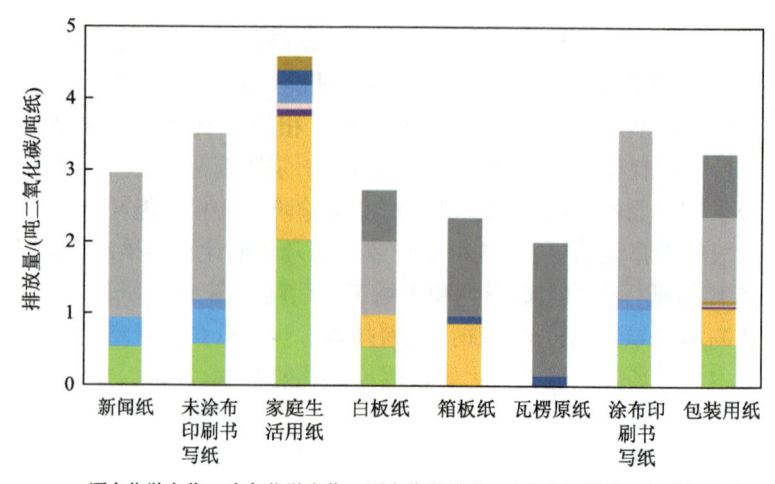

图 5-18　2015 年中国造纸行业主要纸种的平均生命周期温室气体排放量

由于小型企业大量存在，大部分中国造纸企业终端引发的生命周期温室气体排放量为 0~0.5 兆吨二氧化碳，约占全国生命周期温室气体排放总量的 31%。小型企业广泛分布的优势是基于当地纸张的供需，有效利用本地造纸资源，减少物料的运输环节；不足是无法形成规模效应，生产工艺落后、能源利用率较低，会产生较大的单位产品环境影响。此外，本节研究认为运输阶段在整个生命周期中对水耗、能耗和温室气体排放量的影响不大且纸张运输方便，节能减排的重点仍在于生产工艺过程。因此，加快小型造纸企业的改造、增强产业集中度能够实现造纸行业的整体优化。广东、山东、浙江和江苏的造纸行业引发的温室气体排放量大而集中，且存在大型造纸企业。箱板纸和瓦楞原纸是广东造纸行业的主要产品；白板纸生产企业广泛分布在长江三角洲一带；山东的产品种类较为复杂，以印刷书写纸为主；碳排放强度最大的家庭生活用纸的生产企业在主要消费市场均有分布。因此，虽然广东造纸行业的产量大于山东，但是山东造纸企业终端的温室气体排放量高于广东。中西部地区造纸企业的规模普遍较小且分布零散、纸种结构复杂，有必要实现产量的集中化和产品的专一化。

首先，本节对全国万吨规模以上造纸企业的产品种类、产量和分布情况进行统计，确定了以新闻纸、未涂布印刷书写纸、涂布印刷书写纸、家庭生活用纸、白板纸、箱板纸、瓦楞原纸和包装用纸作为研究对象。造纸行业的生命周期边界包括植物种植、原料收集、化学品生产、制浆造纸、运输和公用工程阶段。其次，根据水耗、能耗和温室气体排放量的特点，本节解释了各指标的边界、边界内包含的阶段和各阶段对总体的贡献，并给出了各纸种基于不同原料的生命周期路径。

最后，本节对各指标整体和对应阶段的计算方式进行了介绍，通过计算得到了造纸行业生命周期水耗、能耗和温室气体排放量，并通过时间、空间对结果进行分析。对于水耗，可以通过进口家庭生活用纸等生命周期水耗高的纸种来降低绝对水耗，但是此举可能增加造纸行业的单位产值水耗。对于能耗，2000~2015年造纸行业的生命周期总能耗为1.21~2.54艾焦，平均生命周期能耗从40.10吉焦/吨纸降至20.89吉焦/吨纸。对于温室气体排放量，2015年造纸行业的生命周期温室气体排放总量达到281.07兆吨二氧化碳，平均生命周期温室气体排放量为2.62吨二氧化碳/吨纸，终端排放量为0~0.5兆吨二氧化碳的企业产生的排放量占全国生命周期温室气体排放总量的31%，需提高造纸行业的集中度。

第6章　面向碳中和目标的造纸行业清洁生产与可持续发展

6.1　全球造纸行业低碳化现状与发展趋势

减少人类活动产生的碳排放以期避免全球气候变化带来的灾害性事件已成为全人类的共识。实现碳中和是一场深刻的经济社会变革，特别是对于工业部门，急需探索建立新的低碳发展模式。各工业行业都在向着这一目标前进，考虑并着手制定各自行业实现绿色低碳发展的路线图，造纸行业当然也不例外。

据IEA[158]统计，经历2018~2020年的温和下降之后，全球纸张产量在2021年达到峰值4.15亿吨，比2020年增长4%。2018~2020年的低迷不仅是由于新冠疫情的影响，而且是由于数字化进程导致新闻纸、印刷书写纸的产量持续下降。随着经济发展和人口增长，包装纸、家庭生活用纸等其他种类纸张的产量在2010~2019年有所增加，年均增速约2%。相应地，2021年纸浆和造纸行业导致了约1.9亿吨二氧化碳排放，约占工业二氧化碳总排放量的2%，创历史新高。到2030年，全球纸张产量预期将继续增长，而近年来纸张生产的碳排放强度停滞不前，急需采取鼓励创新技术、提高再生纸比例和能源效率、实施减排政策等多个方面的重大行动来降低纸张生产的碳排放强度，确保能够广泛部署现有的最佳技术和低碳排放燃料。

当前造纸行业正在进行低碳转型探索。据CEPI[159]统计，2021年欧洲造纸行业直接碳排放量为2817万吨，相比2010年下降了25.5%；碳排放强度为0.27，相比2010年下降了24.2%。考虑到纸产品的消费量将继续增长，造纸行业整体需要不断降低能源强度和碳排放强度增速，可行的措施包括提高能源利用率、加快纤维/纸浆/造纸副产物的回收利用、增加可再生能源使用比例、扩大国际合作等。造纸行业的低碳化发展已不仅局限于传统生产过程，需要向全生命周期延伸，考虑从原料获取到纸产品最终处置的生命周期碳排放。

为了顺应低碳发展趋势，环保标准、绿色生产等要求的提高将加速造纸企业的优胜劣汰，并加速造纸行业洗牌，有条件的大型造纸企业将通过降低碳排放强度，率先抢占市场，占据更大的市场份额。在低碳转型的关键节点，造纸行业需要面对两个挑战：第一，行业实现碳中和需要依靠科学的标准和指标体系进行评估与指导，践行低碳发展，对气候友好、绿色低碳的产品或园区进行认证，并尽快推行行业碳排放标准,绿色标准认证不仅能提升行业绿色生产效率,而且有利于得到消费者的认可,从而助力行业发展;第二,低碳化发展需要从生产过程向完整产业链延伸,实现生命周期降碳,传统关注生产过程的碳核算体系与碳减排路径不能满足未来造纸行业实现碳中和目标的需求,上游林木资源开采过程及下游废纸张处置过程在碳减排中的作用越来越受到行业的重视。

6.2 典型国家造纸行业生命周期碳排放

面临日益严峻的全球气候变化问题,各国纷纷提出碳中和目标,其实现需要各行业达到净零排放(或潜在最低排放)[27, 160, 161]。制浆造纸行业属于高能耗、高碳排放行业[162],现有的碳减排研究与企业层面相关措施多集中于生产阶段[163-168],忽略了上游供应和废物处理等阶段的影响,容易造成局部优化的问题,不利于全球碳中和目标的实现。不少"一带一路"共建国家的纸浆产量和消费量位居全球前列,但是广泛存在资源利用率低、技术落后、碳排放强度高等典型特征,因此其制浆造纸行业碳排放研究对于全球制浆造纸行业碳中和目标的实现至关重要。然而,多数"一带一路"共建国家经济社会发展相对落后,往往缺乏完善的统计数据和扎实的基础研究,没有足够的数据基础支撑碳中和相关政策的制定。

本节通过物质流分析、生命周期分析、碳排放核算等方法,针对典型纸浆生产与消费国建立制浆造纸行业全生命周期、多工艺流程、长时间序列(1961~2019年)的碳排放(包括碳源与碳存储)数据库。数据库建立过程主要包括物质流清单构建、物质流模拟、能源消耗清单构建、能源消耗核算、碳排放清单构建和碳排放核算。该数据库涵盖16个国家,生命周期主要包括原料获取阶段、制浆阶段、造纸阶段、使用和废物处理阶段共4个阶段。

基于该数据库,本节分析"一带一路"共建国家制浆造纸行业生命周期物质流动、能源消耗和碳排放的时空演变,并明确各阶段在生命周期中的角色。在历史分析的基础上,本节进一步识别影响生命周期碳排放的关键因素,并通过情景分析为16个国家提供制浆造纸行业生命周期碳中和策略。

6.2.1 研究方法

1. 国家选取

纸产品广泛应用于人民生活、包装、文化传播、艺术、工农业生产、装潢等多个方面,在物质和精神福利方面都发挥了不可替代的作用[29]。造纸行业是重要的基础原材料产业,与国民经济和社会发展密切相关,因此在"一带一路"共建国家也有广泛的纸浆生产与消费基础。截至 2021 年 10 月底,中国已经与 140 个国家和 32 个国际组织签署了 206 份共建"一带一路"合作文件,建立了 90 多个双边合作机制。2019 年,中国和这 140 个国家的纸浆产量和消费量分别占世界纸浆总产量和总消费量的 40%和 46%,纸张产量和消费量分别占世界纸张总产量和总消费量的 48%和 52%[169]。根据纸浆生产与消费情况,本节选出 16 个重要纸浆生产与消费国(简称 BR-16),分别是中国、韩国、马来西亚、印度尼西亚、泰国、菲律宾、俄罗斯、南非、埃及、波兰、葡萄牙、奥地利、意大利、新西兰、智利、巴西,其中 14 个国家已同中国建立合作关系。巴西虽然还未与中国正式签订共建"一带一路"合作文件,但是其处于"一带一路"重要节点且有合作意愿,又考虑其制浆造纸行业较为发达,所以将其也列为研究对象。为方便叙述,中国、巴西和其他 140 个签订共建"一带一路"合作文件的国家简称 BR-142。

2019 年,BR-16 的纸浆产量和消费量分别占 BR-142 纸浆总产量和总消费量的 95%和 94%,纸张产量和消费量分别占 BR-142 纸张总产量和总消费量的 83%和 79%,因此 BR-16 的制浆造纸行业在"一带一路"共建国家中具有典型性和代表性。

2. 技术路线

如图 6-1 所示,本节首先利用物质流分析方法确定系统边界、构建物质流清单并模拟系统边界内的物质流动情况,然后梳理能源消耗清单和碳排放清单,针对每个阶段每项碳排放或碳存储进行核算,最后对不同生产结构、技术和管理水平情景下的碳排放进行计算和分析,从而针对各国自身情况提出实现制浆造纸行业生命周期碳中和的策略。

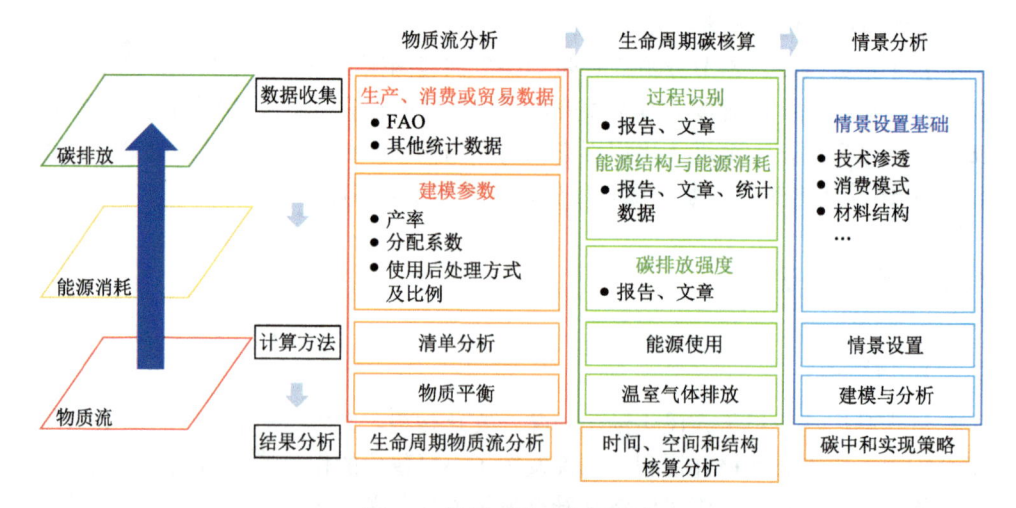

图 6-1 数据库构建技术路线

3. 系统边界定义

本节的时间边界为 1961~2019 年，空间边界则为 BR-16。物质流和能源消耗的系统边界如图 6-2 所示，包括原料获取、制浆、造纸、使用和废物处理等 4 个阶段，每个阶段又被细化为多条流量。

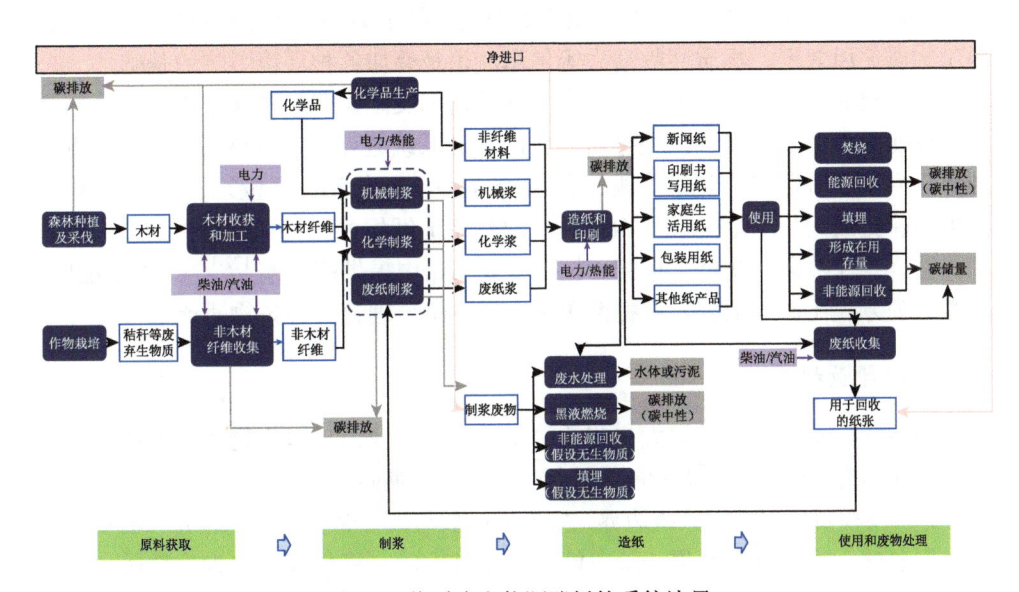

图 6-2 物质流和能源消耗的系统边界

首先，纤维原料被采伐或收集起来，经过预处理之后进入制浆阶段。纤维原料分为木材纤维、非木材纤维和废纸纤维三类，木材的采伐、运输、加工过程主要使用柴油、汽油和电力，非木材纤维和废纸的收集过程则主要使用柴油和汽油。制浆阶段按照工艺分为机械制浆、化学制浆和废纸制浆三种路径，因此流出该过程的流量包括三种纸浆的产量及各自的废物。制浆废物中的黑液部分将被燃烧供能并产生二氧化碳，其余部分被填埋、非能源回收、经过废水处理生成甲烷排放到大气中或者流入自然水体。每种纸浆各对应一条净进口流量，各种纸浆与非纤维原料配比生产出新闻纸、印刷书写纸、家庭生活用纸、包装纸和其他纸产品等。每种纸产品各自对应一条净进口流量，一起投入本地使用。制浆与造纸阶段直接使用的能源包括电力和热力。实际上，制浆造纸厂除了购买电力与热力，还会外购煤炭、石油、天然气、生物质等初级能源，用于厂内产热或/和产电。使用后的纸张经过各种处理，其中的碳成为碳排放和稳定的碳存储。纸张在使用后的主要去向包括焚烧、非能源回收、填埋、形成在用存量（以书籍、杂志、档案等形式）等。该过程回收的纸张与造纸过程的新废料及进口的废纸一起被重新用于制浆造纸。

4. 物质流模拟

针对纸生命周期进行碳源与碳存储核算，首先需要厘清整个系统的物质流动情况。物质流分析是循环经济、清洁生产等研究领域的经典理论方法之一，其基本原则是物质守恒原理，主要用于追踪社会-经济-环境系统中某种物质的输入、输出、存储等过程[170, 171]。该方法能够梳理某系统中某种物质流动的方向和数量，提供物质使用效率、物质回收潜力等信息，也是叠加各种环境影响的基础。

在物质流分析阶段，本节首先在实地调研和文献调研的基础上充分了解制浆造纸行业的生命周期过程，根据研究目的定义系统边界，并将该系统的物质流动抽象化为4个阶段（如制浆阶段）和45条流量（如化学浆产量）。至此，物质流清单构建完成。然后从FAO等数据库获取制浆造纸相关原料和产品的生产消费数据，结合统计数据、文献、报告、技术专业书籍中提供的得率[172-174]、纸浆配比、废纸处理方式比例等数据，根据清单和物质守恒原理计算各条物质流量。

5. 碳排放核算

与钢铁、水泥等碳排放大户相比，制浆造纸行业由于以生物质为原料而在碳排放方面具有特殊性。考虑到制浆造纸行业生命周期碳排放的复杂性，本节基于物质流分析与模拟的清单和系统边界，定义碳排放与碳存储核算系统边界（图6-3）。首先，木材、非木材纤维生长阶段能够将空气中的二氧化碳固定为生物质，如果浆木采伐符合可持续管理相关规定，则可以认为制浆造纸的原料收获过程不仅不排放额外的碳，而且会固定一部分碳，从而达到负碳排放效果。木材、非木材纤

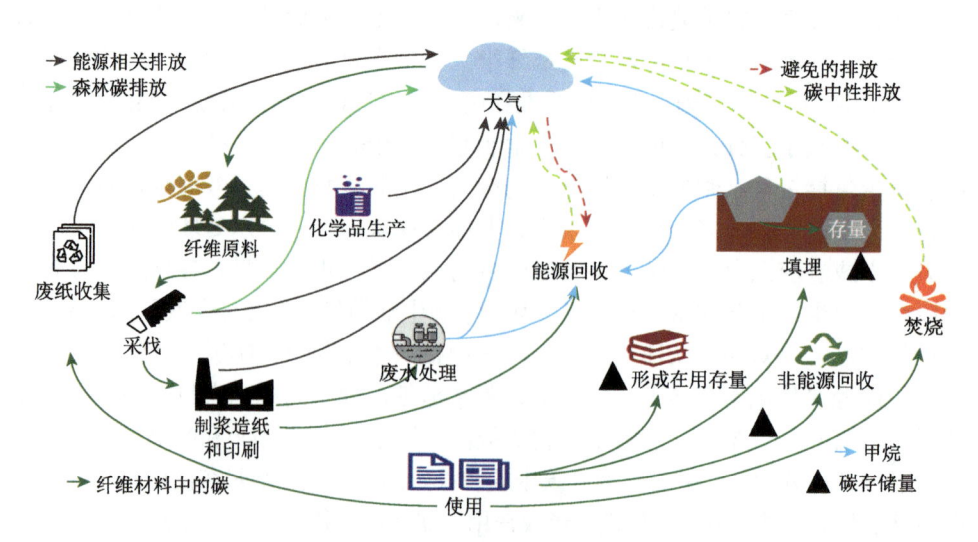

图6-3 碳排放与碳存储核算系统边界

维、废纸等原料的加工与收集过程、制浆和造纸过程、化学品生产过程都会产生能源相关的二氧化碳排放。废水处理过程中会由于厌氧发酵产生甲烷，其温室气体效应是二氧化碳的 25 倍。在使用阶段，废纸的焚烧（包括能源回收和非能源回收）过程会将生物质中的二氧化碳释放出来。填埋废纸的生物质中一部分被埋在地下形成在用存量，另一部分随着时间的推移被厌氧发酵生成甲烷或者有氧发酵生成二氧化碳，部分甲烷也会被氧化成二氧化碳再逸出。填埋过程中产生的甲烷有一部分被收集起来进行燃烧发电，将会替代系统边界外部一部分化石能源的使用。另外，木材加工、机械与化学制浆等过程产生的生物质废料可以通过焚烧发电等方式进行供能，也替代了制浆造纸过程中一部分化石能源的使用。还有一小部分纸中的碳被固定在了在用存量和非能源回收形成的存量中[174]。生物质源的二氧化碳在本节中被视为碳中性，不计入生命周期净排放。

6.2.2 BR-16 制浆造纸行业物质流分析

1. 生命周期物质流动概况

BR-16 制浆造纸行业生命周期 1961~2019 年累计物质流动如图 6-4 所示。1961~2019 年，共有 64 亿吨生物纤维流入 BR-16 制浆造纸行业生命周期系统，其中木材纤维最多，为 27.99 亿吨，用于废纸制浆的废纸纤维为 23.45 亿吨（其中 22%为净进口量），非木材纤维为 10.57 亿吨。废纸纤维和非木材纤维使用比例高是 BR-16 各国的典型特征，这主要是因为其可供采伐的森林资源相对匮乏。制浆过程分别产出 2.47 亿吨、19.02 亿吨和 19.74 亿吨的机械浆、化学浆（包括木浆和非木浆）和废纸浆，产生了 22.94 亿吨制浆废物，其中，76%的制浆废物

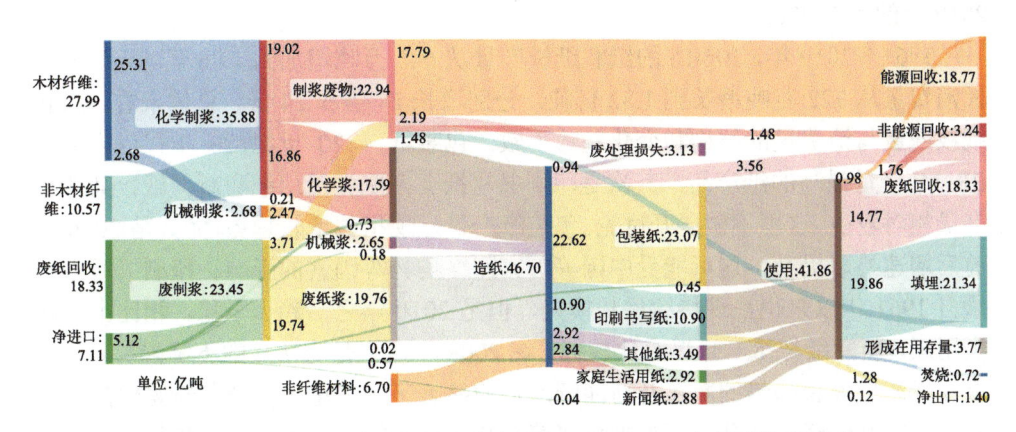

图 6-4 BR-16 制浆造纸行业生命周期 1961~2019 年累计物质流动

通过焚烧发热发电等方式转化为能源继续供应制浆造纸过程，24%的制浆废物被填埋或被非能源回收等。三种纸浆的消费量分别为 2.65 亿吨、17.59 亿吨和 19.76 亿吨，基本与产量持平。除了生物纤维原料，造纸过程还投入了 6.70 亿吨非纤维原料，包括填料、涂料，主要是高岭土、碳酸钙、滑石粉、二氧化钛等[175]。造纸过程产出各类纸张共 46.70 亿吨，包装纸、印刷书写纸、新闻纸、家庭生活用纸和其他纸产量分别为 23.07 亿吨、10.90 亿吨、2.88 亿吨、2.92 亿吨和 3.49 亿吨，其中包装纸产量最高，占比近 55%。纸张消费量共计 41.86 亿吨，总体上与纸张产量相当，仅有少量的纸张进出口。使用后的纸张中，47%被填埋处理，35%被回收利用，9%形成了稳定的在用存量，9%被焚烧、能源回收或者非能源回收。

2. 生命周期物质流动演化分析

BR-16 制浆造纸行业生命周期 1961～2019 年主要物质的产量与消费量如图 6-5 所示。从不同生命周期阶段的投入原料或产品来看，BR-16 都呈现先慢后快再稳定的持续增长模式。1961～2019 年，BR-16 的纸浆产量从 525 万吨增加到 1.61 亿吨，纸浆消费量从 530 万吨增加到 1.67 亿吨，增长 30 倍左右。其中，化学浆产量在 2000 年之前占纸浆总产量的一半以上，之后被呈现指数增长的废纸浆逐渐取代，但其占比仍保持在 30%以上。废纸浆产量于 2017 年左右达到峰值 9100 万吨，此后的下降主要受到 2017 年 7 月《国务院办公厅关于印发禁止洋垃圾入境推进固体废物进口管理制度改革实施方案的通知》的影响，但 2019 年其占比仍在 56%以上。机械浆主要用于新闻纸制造和其他纸种的纸浆调配，由于新闻纸用量逐渐降低，机械浆产量受到影响，其占比从 1961 年的近 1/4 降低到 2019 年的不到 4%。

1961～2019 年，BR-16 的纸和纸板产量从 645 万吨增加到 1.86 亿吨，纸和纸板消费量从 722 万吨增长到 1.82 亿吨，分别增长 28 倍和 24 倍。总体来看，纸和纸板产量与消费量的结构和变化趋势一致。包装纸自 20 世纪 80 年代以来成为 BR-16 产量最高的纸产品，其次是印刷书写纸、家庭生活用纸和新闻纸。其他纸产量相对较少，这里不做展开讨论。包装纸产量呈现指数增长趋势，尤其是 2010 年前后增速显著提升，这可能受中国等国家网络购物等因素的影响。印刷书写纸产量自 1961 年以来也呈现持续增长模式，但是 2010 年之后趋于平稳。相比上述两类用纸，新闻纸产量一直以来比较低，在 2008 年后更是有明显的下降趋势。印刷书写纸产量增长趋势的减缓及新闻纸产量的显著下降与电子办公和新媒体的兴起有关。家庭生活用纸几乎不添加任何填料和涂料，较为轻薄，相比包装纸和印刷书写纸产量较低，但随着生活水平的提升，家庭生活用纸产量和消费量也在稳步上升。

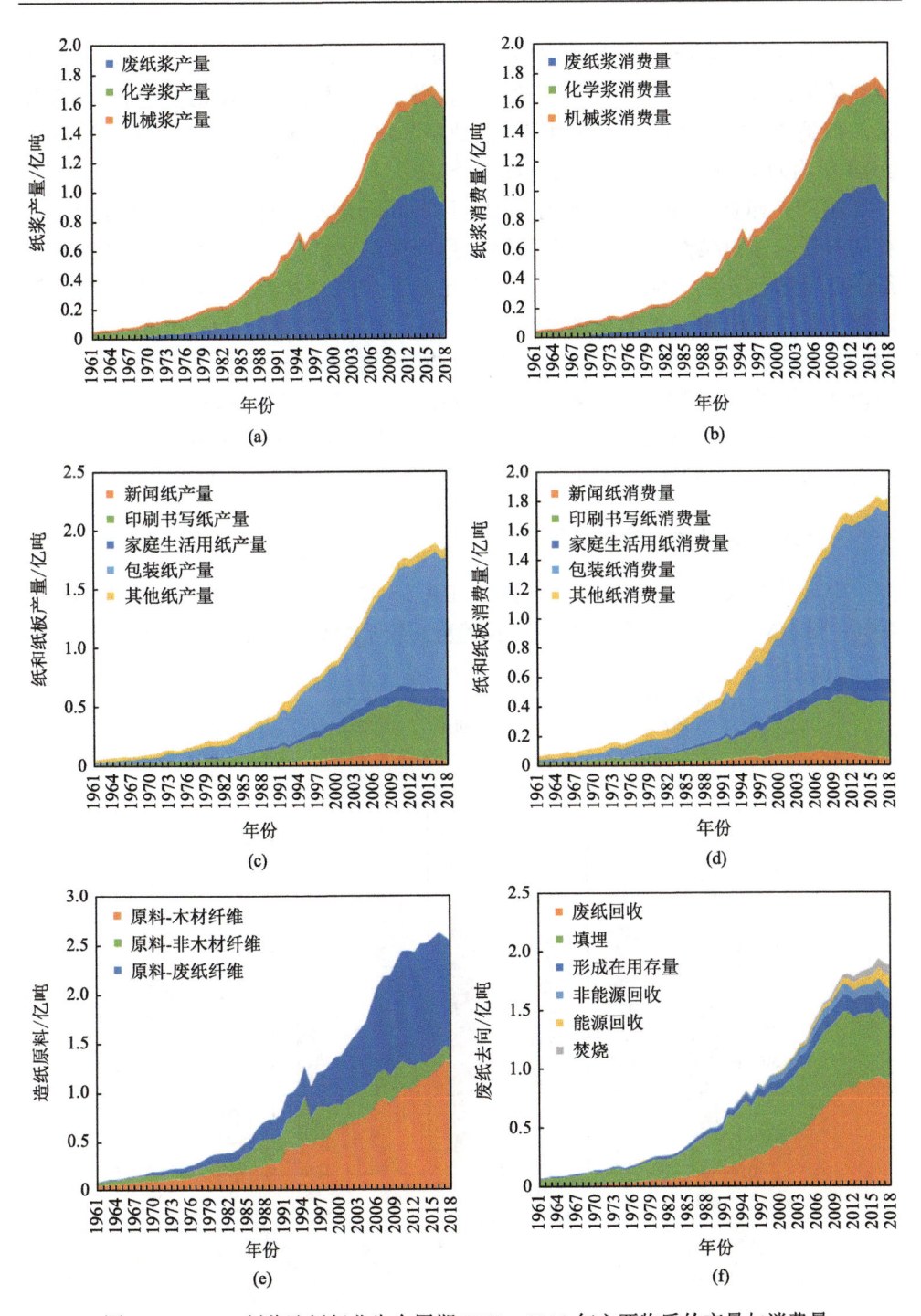

第 6 章 面向碳中和目标的造纸行业清洁生产与可持续发展

图 6-5 BR-16 制浆造纸行业生命周期 1961～2019 年主要物质的产量与消费量

从造纸原料来看，木材纤维消费量稳步增长，2019年达到1.3亿吨，占纤维原料总消费量的一半以上。废纸纤维消费量曾于2008年后一度超过木材纤维消费量，但是2017年之后，随着中国相关政策的出台，废纸纤维消费量有所下降，2019年约为1.1亿吨，且预计将继续下降。

BR-16纸产品使用后主要的去向是回收再利用与填埋，也有少部分形成了在用存量、通过焚烧发电，或者被回收用作填料、堆肥等。1961年，BR-16废纸回收量占比不到8%，2019年，其占比接近50%。相反，BR-16废纸填埋量逐年下降，1961年，废纸填埋量占比达80%，2019年，其占比仅25%。这意味着BR-16废纸回收利用效率显著提升，废纸回收量的增加避免了大量森林资源的采伐，但也减少了通过填埋形成的碳存储量。此外，纸张消费量约有9%以书籍、杂志、档案等形式存储在社会经济系统中，形成了稳定的碳存储，相当于负碳排放。BR-16废纸的非能源回收和能源回收处理方式仍然比较少见，占比仅11%。

3. 生命周期物质流的空间差异

中国各类纸产品的产量与消费量在BR-16中的占比自1961年以来都超过40%（图6-6），且随时间推移呈现增长趋势，处于绝对主导地位。其次是奥地利、

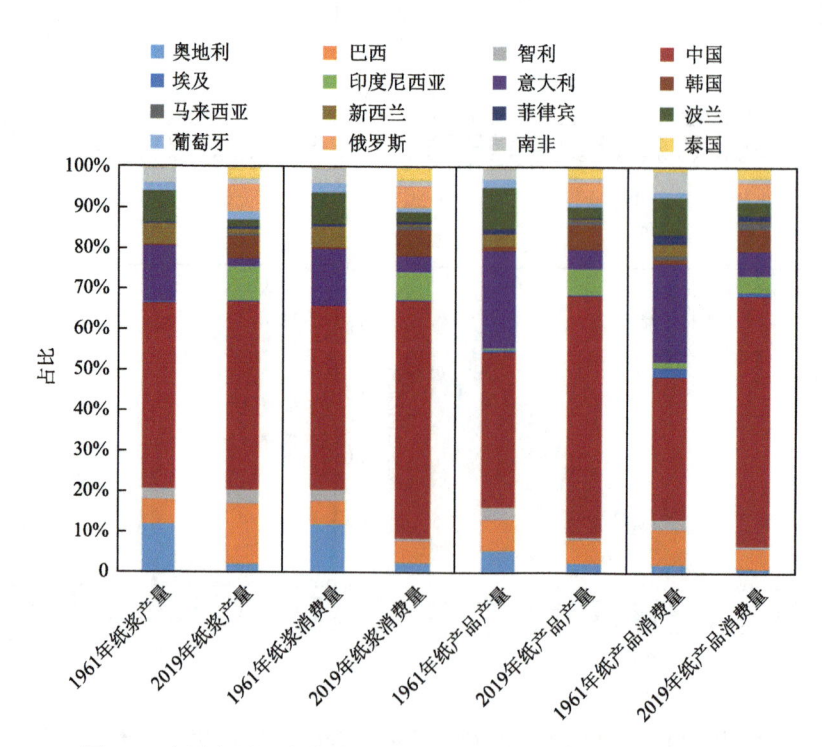

图6-6 各国产量与消费量在BR-16总产量与总消费量中所占比例

意大利、韩国、波兰等 OECD 国家，以及巴西、俄罗斯等森林资源丰富的大国。俄罗斯占比偏低主要是因为其累计产量与消费量从 1990 年算起，而其他国家则从 1961 年算起。

BR-16 各国纸浆产量与消费量总体上呈现稳定增长趋势（图 6-7 和图 6-8），但多数国家在 2000 年后出现了趋于稳定或者下降的趋势，只有巴西、印度尼西亚、葡萄牙、俄罗斯、泰国仍在增长。中国、埃及、意大利、韩国、马来西亚、菲律宾、波兰、泰国的废纸浆产量与消费量占主导地位，其中，中国、埃及由于可开采的森林资源匮乏，还使用了部分非木材纤维，如稻草秸秆、小麦秸秆、竹子、蔗渣等。巴西、印度尼西亚、南非的纸浆以化学浆生产为主，废纸浆占比也较高。

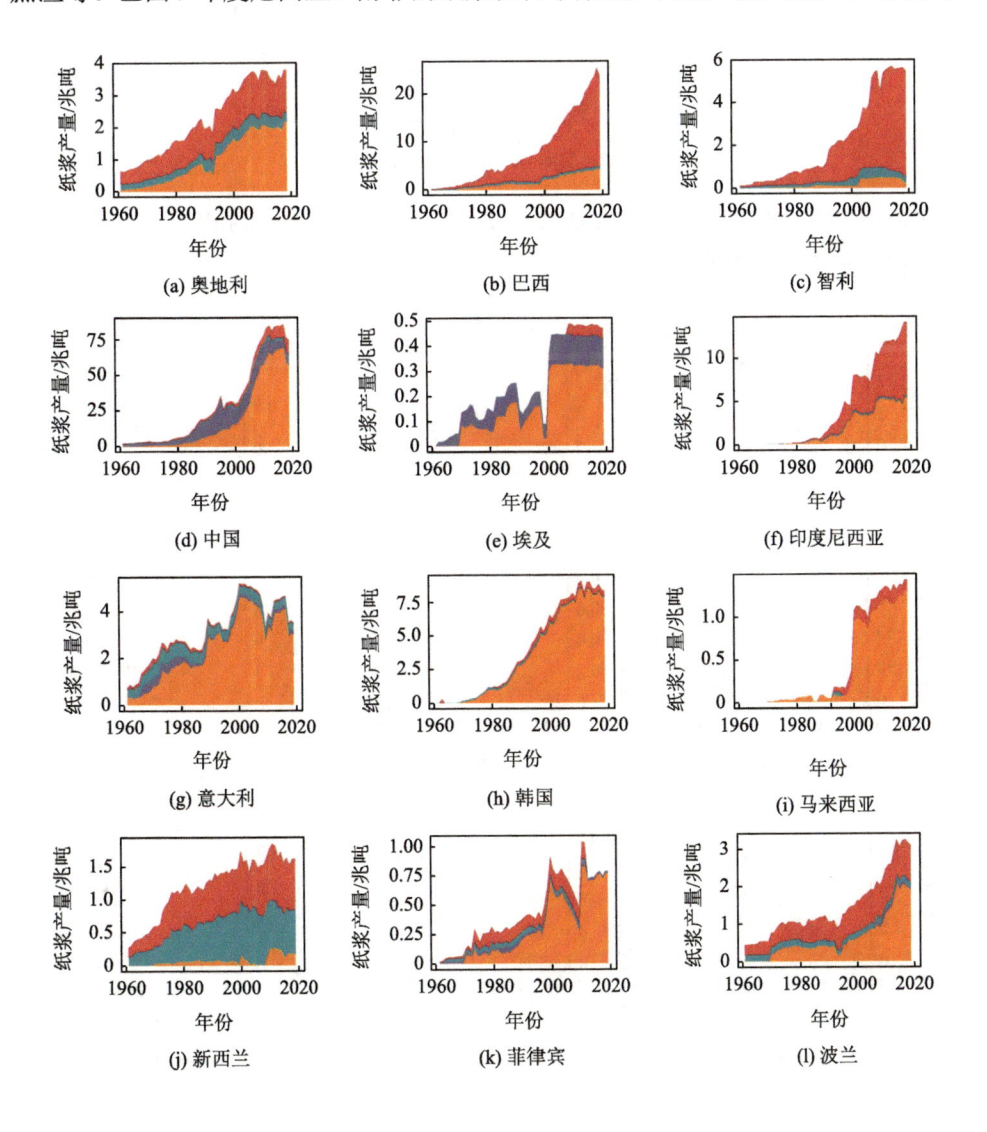

(a) 奥地利
(b) 巴西
(c) 智利
(d) 中国
(e) 埃及
(f) 印度尼西亚
(g) 意大利
(h) 韩国
(i) 马来西亚
(j) 新西兰
(k) 菲律宾
(l) 波兰

(m) 葡萄牙　　(n) 俄罗斯
(o) 南非　　(p) 泰国

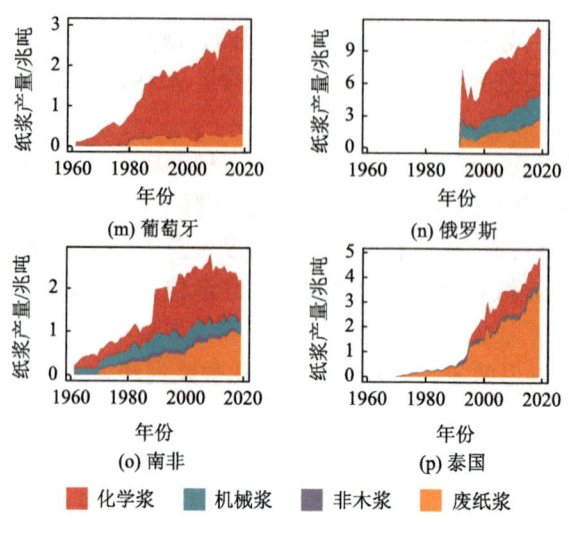

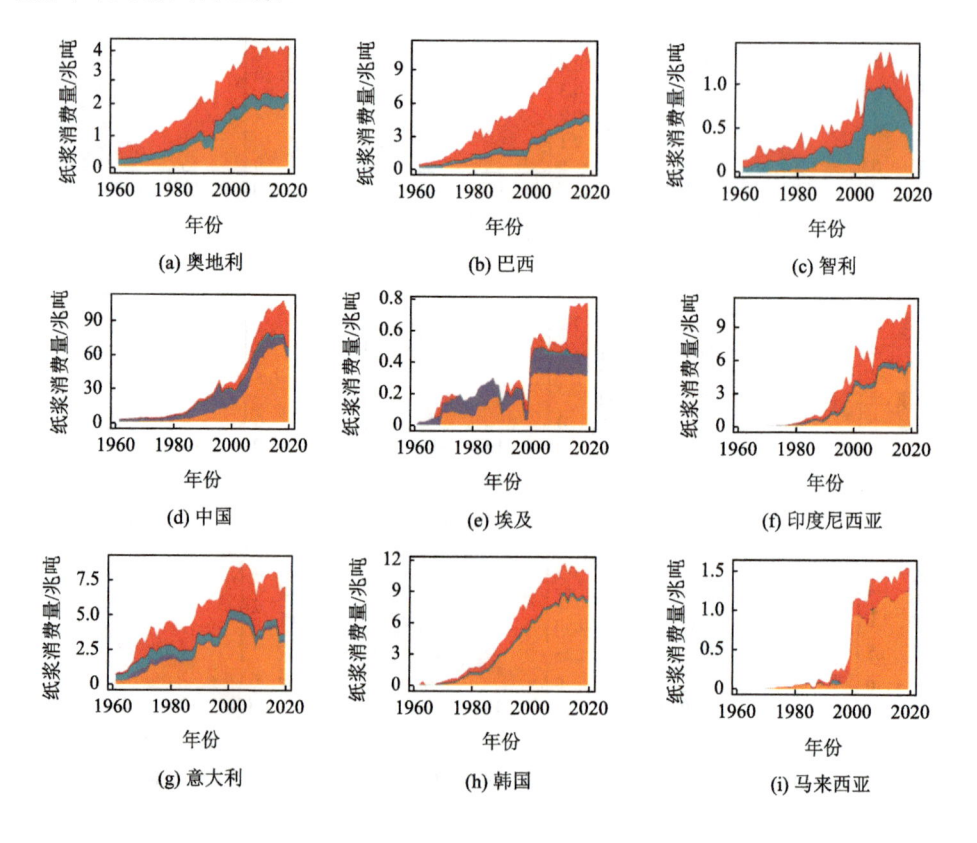

■ 化学浆　■ 机械浆　■ 非木浆　■ 废纸浆

图 6-7　BR-16 各国各种纸浆产量

新西兰由于森林资源较丰富（森林覆盖率约 36%[176]）、林业发达[177]，主要生产机械浆和化学浆等原生浆。

(a) 奥地利　　(b) 巴西　　(c) 智利

(d) 中国　　(e) 埃及　　(f) 印度尼西亚

(g) 意大利　　(h) 韩国　　(i) 马来西亚

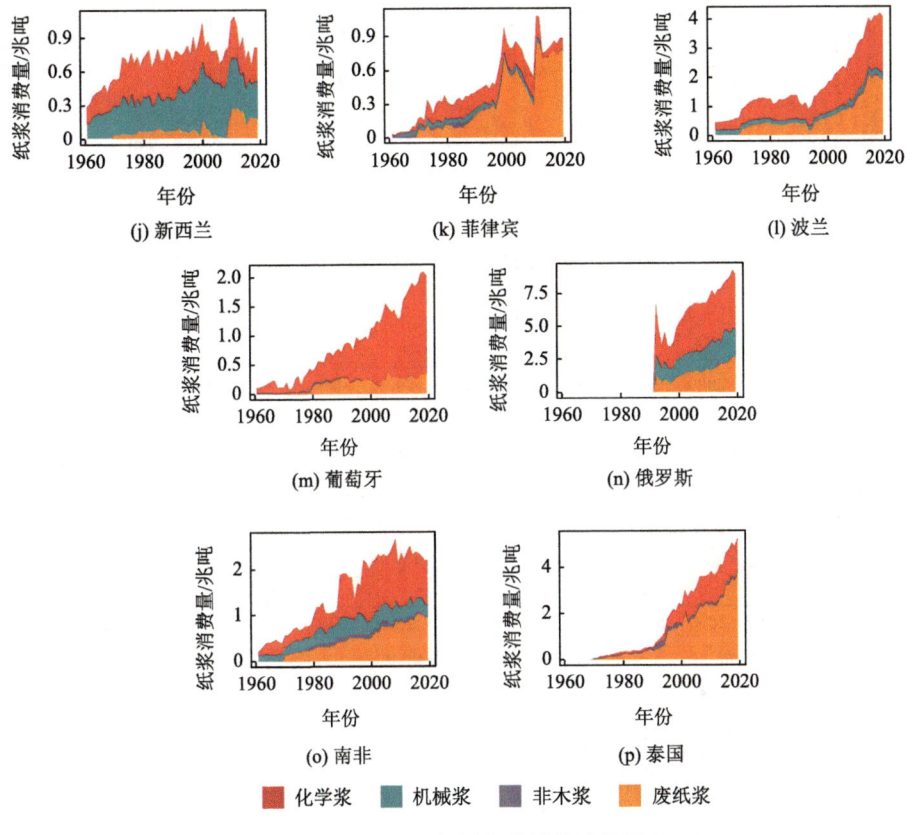

图 6-8　BR-16 各国各种纸浆消费量

1961~2019 年，BR-16 各国纸产品的产量与消费量整体上呈现增长趋势（图 6-9 和图 6-10）。2000 年以后，俄罗斯和波兰纸产品的产量一直处于快速增长中，其他国家纸产品的产量都出现了增长减缓或饱和的趋势。其中，智利、新西兰和南非纸产品产量出现了明显的下降趋势，主要受新闻纸和印刷书写纸需求量减少的影响。埃及、意大利、马来西亚、菲律宾纸产品的消费量高于产量，需要进口一部分满足国内需求。各国的纸产品生产结构有所不同，大部分国家以包装纸和印刷书写纸为主，智利、新西兰、马来西亚和俄罗斯则以包装纸、新闻纸为主。各国的纸产品消费结构比较接近，包装纸消费量最高，其次是印刷书写纸，最后是新闻纸或家庭生活用纸。奥地利、新西兰、韩国等 OECD 国家的新闻纸消费量占纸产品总消费量的比例要远高于其他 BR-16 国家，可能与其相对发达的媒体有关。

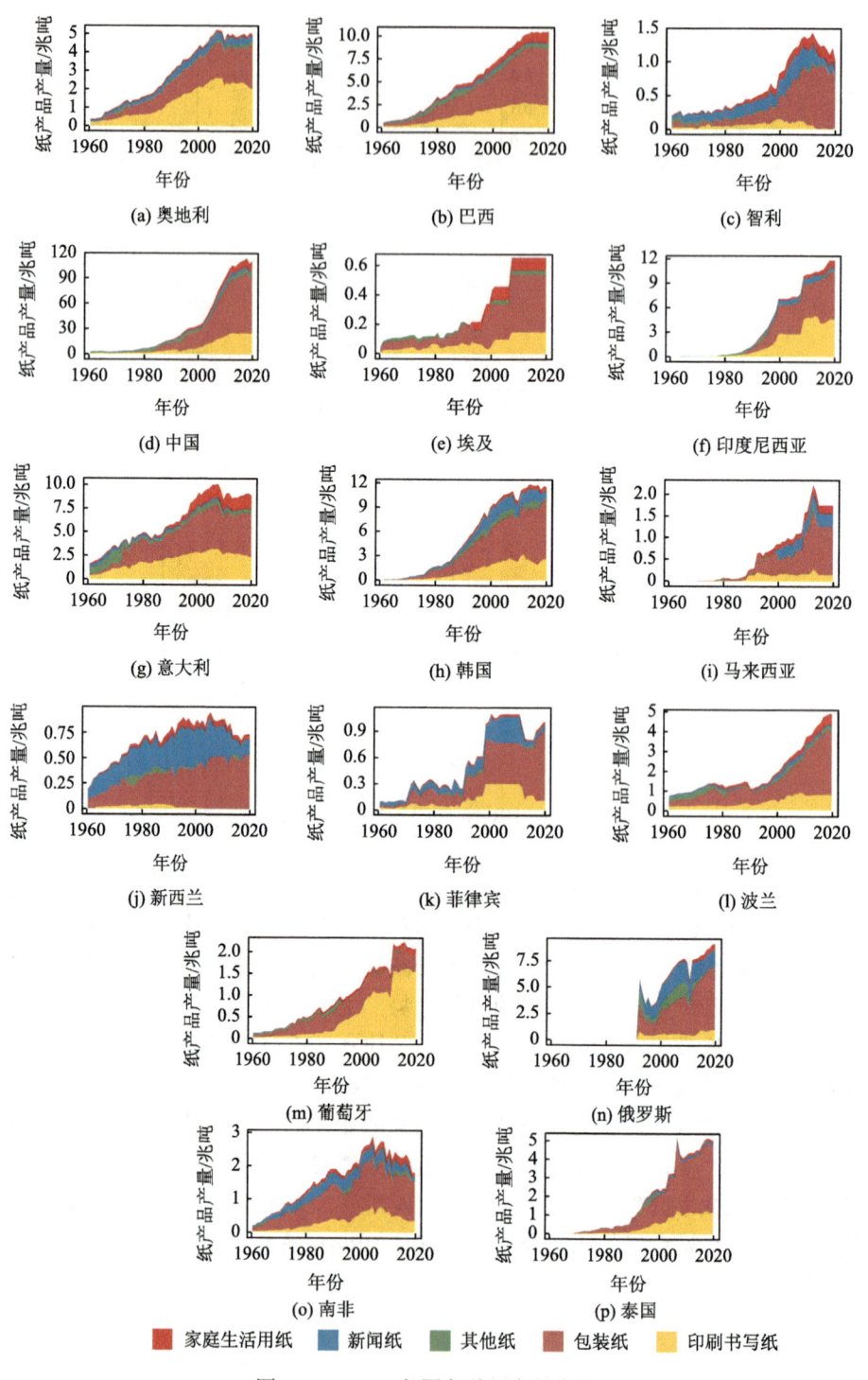

图 6-9 BR-16 各国各种纸产品产量

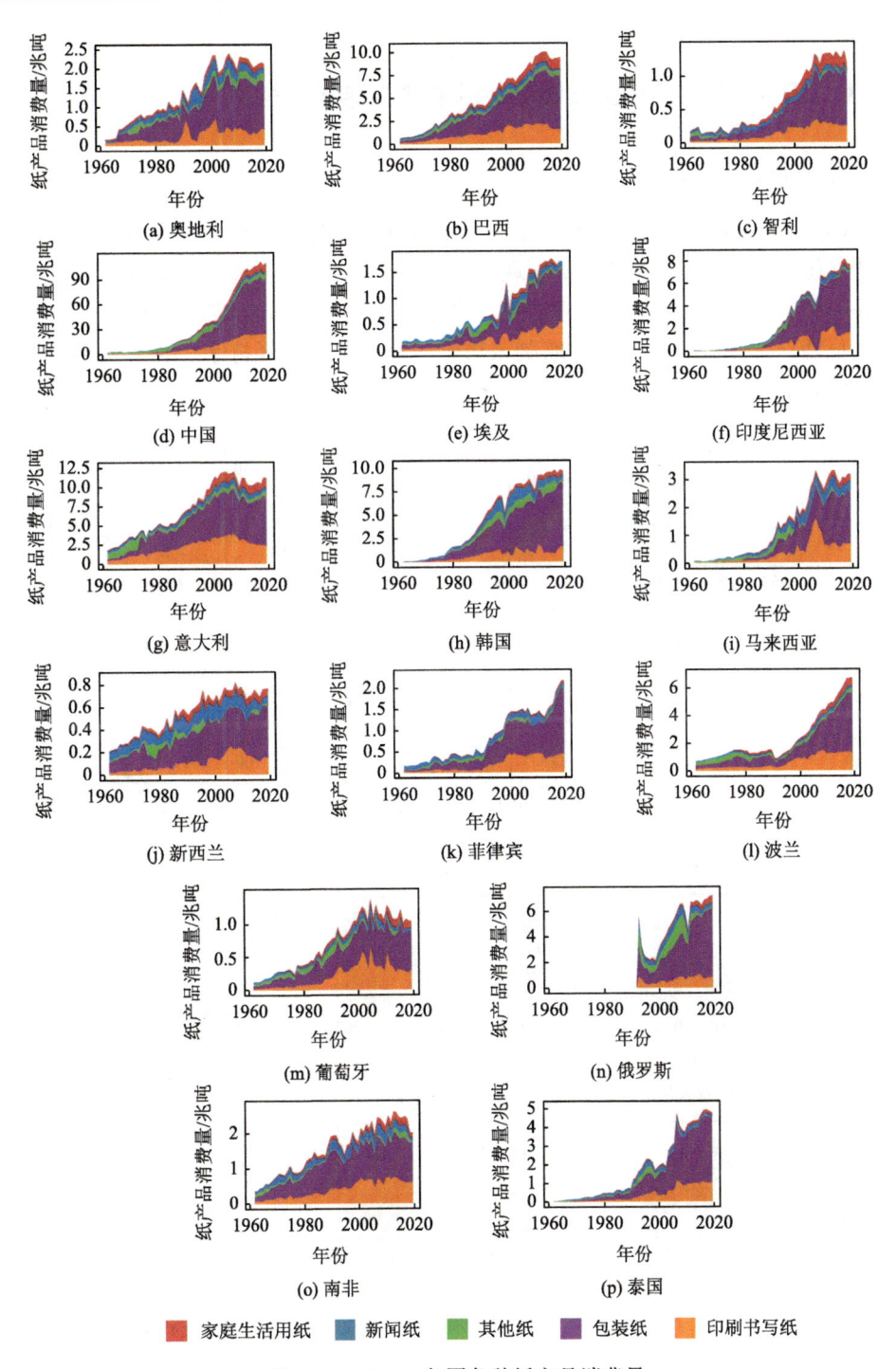

第6章 面向碳中和目标的造纸行业清洁生产与可持续发展

图 6-10 BR-16 各国各种纸产品消费量

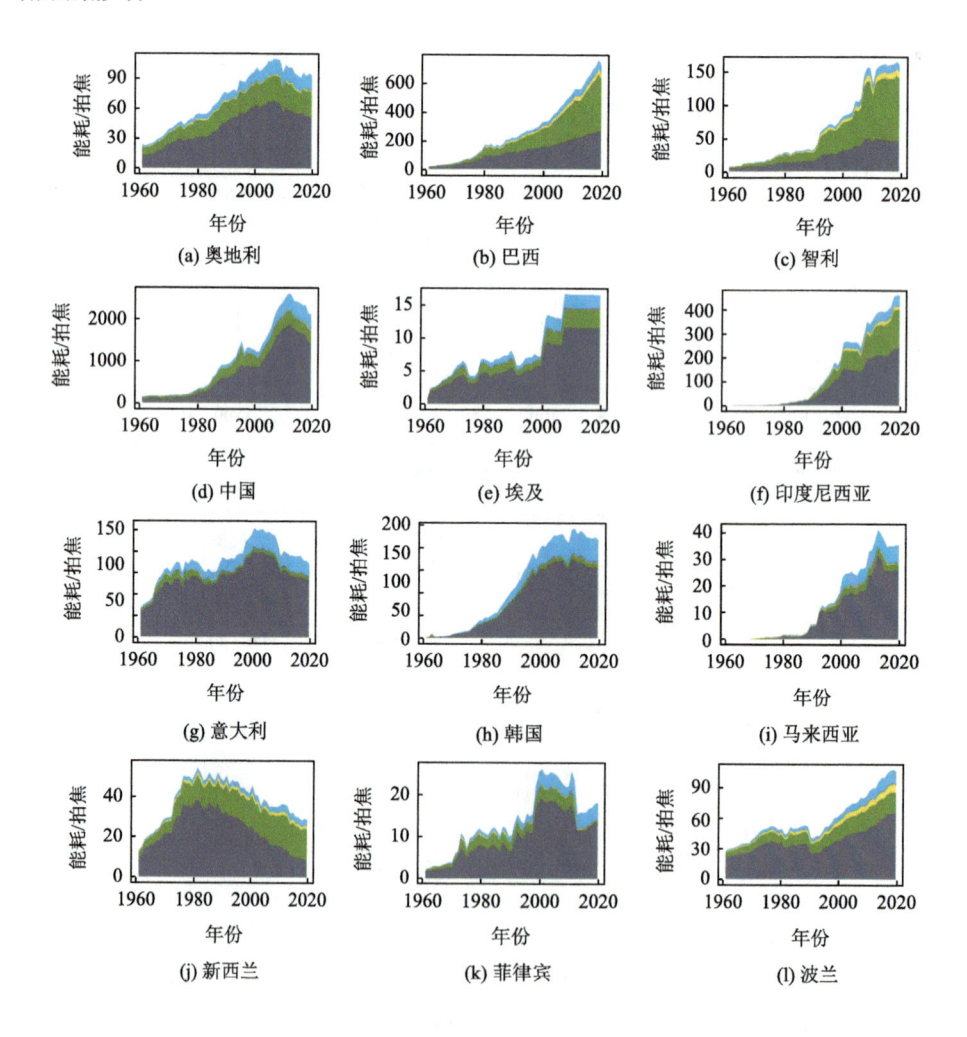

6.2.3　BR-16 制浆造纸生命周期能源消耗与碳排放核算

1. 生命周期能耗

BR-16 多数国家制浆造纸生命周期的能耗呈现先增长后趋于稳定甚至下降的趋势（图 6-11），下降趋势主要出现在 2000 年以后，与当地技术提升或产量下降有关，其中，中国、新西兰、意大利、奥地利等国家受技术提升影响较大。巴西、印度尼西亚、波兰、泰国等国家制浆造纸生命周期的能耗持续增长，主要受产量增加的影响。

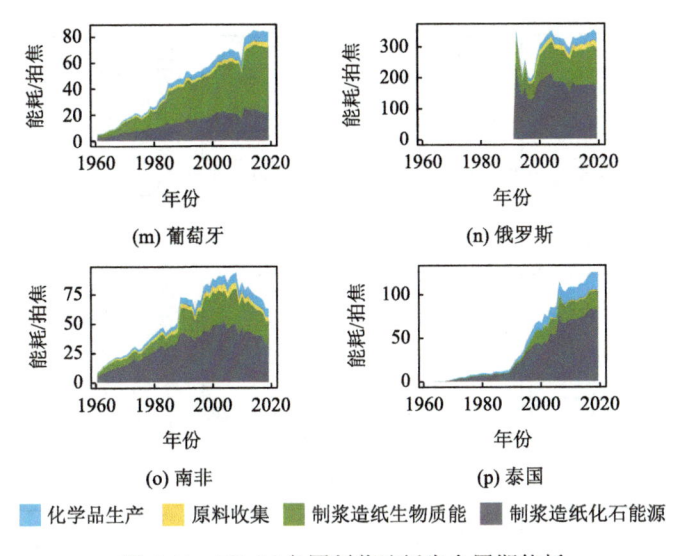

图 6-11　BR-16 各国制浆造纸生命周期能耗

　　从生命周期来看，生产阶段的能耗占绝对主导地位，在各国历年均占 80%以上（图 6-11）。由于造纸行业的原料与工艺具有特殊性，其能源结构与其他行业有显著差异，主要体现在较高的生物质能比例上。制浆造纸厂往往有自备电厂[178]，可以利用木材废料发电和产热。同时，制浆过程伴随能源回收，也属于生物质能。在某些制浆造纸厂，制浆的能源回收过程产能甚至可以超出自身生产需求[179]。本节对 BR-16 各国制浆造纸行业生物质能用量重新进行估算。结果显示，巴西、智利、葡萄牙、奥地利、新西兰、俄罗斯、南非等七国制浆造纸过程中生物质能比例较高，例如，葡萄牙、智利达到近 70%，巴西也达到近 60%，这是因为这些国家拥有较高的森林资源禀赋，原生浆生产比例较高，能够在生产过程中回收较多的能源。中国、韩国、意大利等可供采伐的森林资源有限，主要以废纸纤维和非木材纤维作为制浆原料，能源回收潜力相对低一些。

2. 生产阶段能源消耗碳排放强度

　　尽管 BR-16 各国技术发展相对落后，但是多数国家制浆造纸生产阶段的能源消耗碳排放强度随时间呈现下降趋势（图 6-12）。中国、韩国、南非在 20 世纪 90 年代之前能源消耗碳排放强度非常高，主要是因为早期依赖碳排放强度较高的外购电力。当前，中国的煤炭比例仍然较高，带来了较高的碳排放强度。IEA 提供了各国制浆造纸生产阶段外购能源的消费比例（图 6-13），早期数据质量较差，仅作为参考。该套数据中，发展中国家的生物质能比例并不可靠，例如，中国向 IEA 提交的能源统计数据不包括黑液燃烧等能源回收过程供应的生物质能。

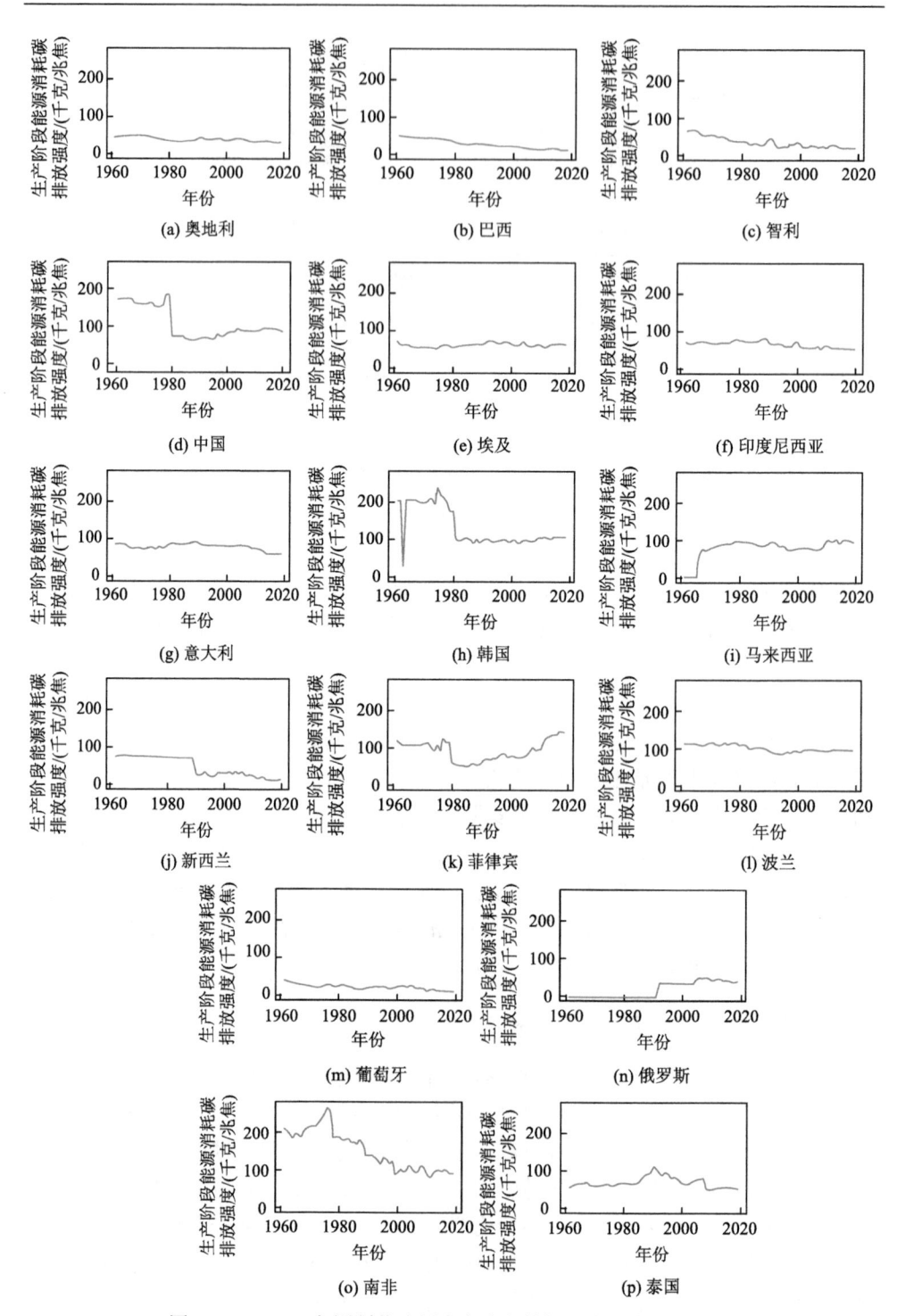

图 6-12 BR-16 各国制浆造纸生产阶段的能源消耗碳排放强度

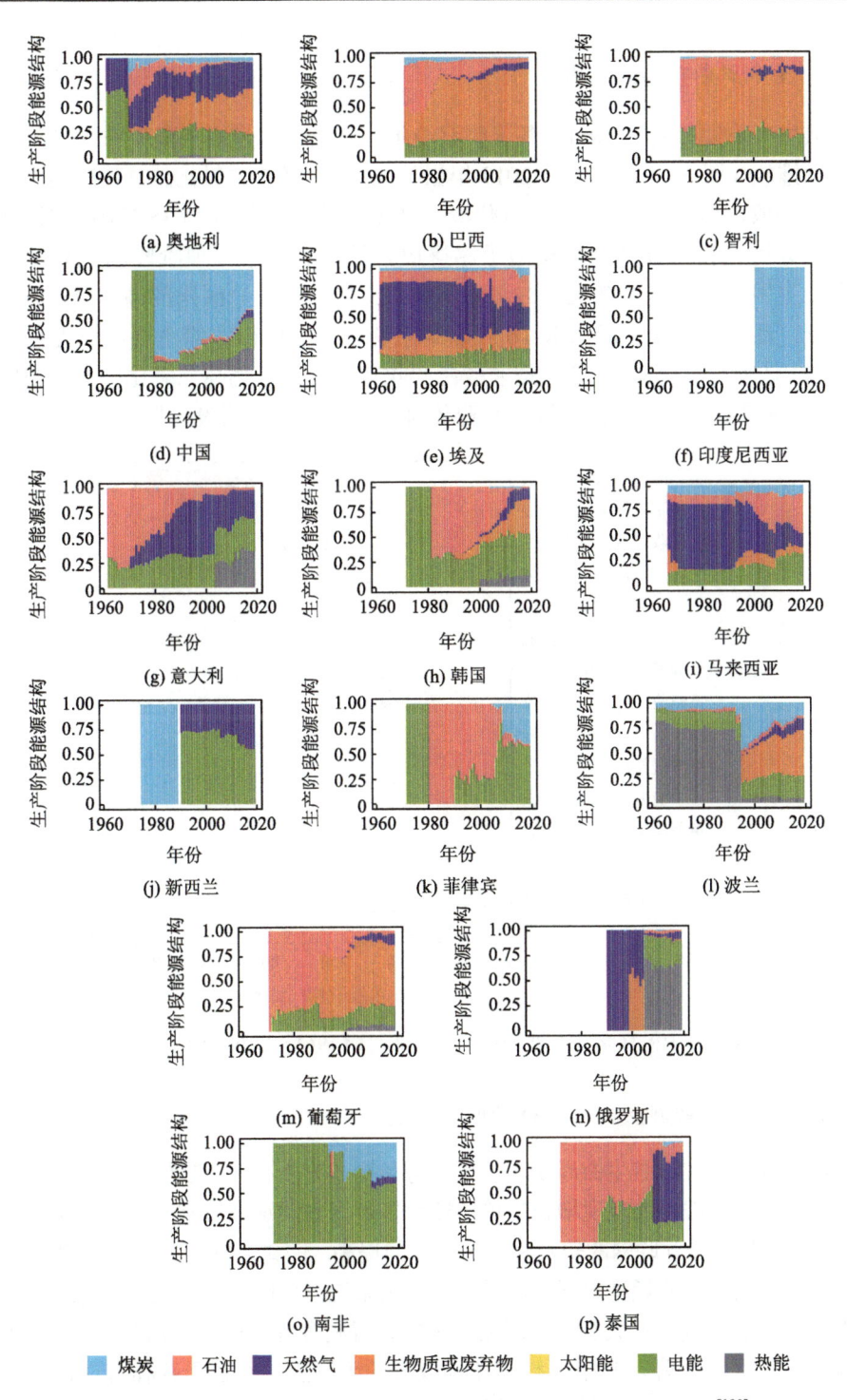

第6章 面向碳中和目标的造纸行业清洁生产与可持续发展 ·185·

图6-13 IEA提供的BR-16各国制浆造纸生产阶段的能源结构[180]

3. 生命周期碳排放结构

从生命周期来看，BR-16 各国制浆造纸行业的碳排放主要集中在生产阶段化石能源排放（图6-14），1961~2019 年累计高达 85 亿吨二氧化碳，其次是不可持续采伐排放，累计为 50 亿吨二氧化碳。能源回收排放累计为 35 亿吨二氧化碳，但该部分可以视为碳中性，相当于零排放。填埋和废水处理阶段的厌氧发酵过程会产生甲烷，其温室效应是二氧化碳的 25 倍，该部分碳排放高达 28 亿吨二氧化碳，因此也不容小觑。BR-16 各国制浆造纸行业的碳存储主要由填埋存量提供（-23 亿吨二氧化碳），其次是非能源回收存量（-7.1 亿吨二氧化碳）和在用存量（-5.4 亿吨二氧化碳）。能源回收避免排放相对较低，还没有形成规模。

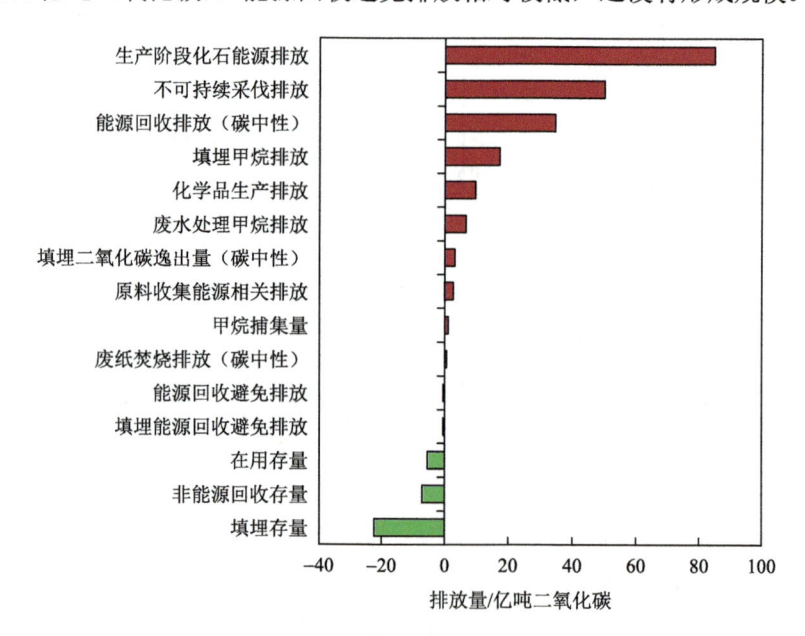

图6-14 BR-16 各国制浆造纸行业生命周期 1961~2019 年累计碳排放

4. 生命周期碳排放与碳存储的时空演变

BR-16 各国在纸张生命周期的长期趋势和构成方面存在明显的差异。总的来说，各国的净排放量都首先呈现增长趋势，然后多数国家增速放缓到平台期甚至出现下降，这可能是由于互联网的普及和能源效率的提高。例如，中国 2000 年后各制浆造纸工艺流程的单位能耗稳定下降，近年不少制浆造纸厂的单位能耗已经超过国际先进水平[79]。奥地利、意大利、新西兰、南非、智利等国家的净排放量在 2000 年前后就出现了大幅下降。其中，智利净排放量的下降主要得益于森林管理提升带来的森林碳排放的降低。其他国家则是在 2000 年后达到平台期或在 2010 年后出现下降。1961年，中国净排放量最高，其次是波兰、意大利、巴西、智利等国家。2019年，印度尼西亚超过中国成为BR-16国家中净排放量最高的国家，其次是中国、巴西、韩国、俄罗斯和波兰等国家。

制浆造纸生产阶段需要大量的能源，因此碳排放量最高（图6-15）。奥地利、巴西、智利、印度尼西亚、新西兰、葡萄牙等国家生产阶段的碳排放主要来自生物质的燃烧，可以视为碳中性。在中国、意大利、韩国、马来西亚、菲律宾、波兰、南非、泰国等国家，生产阶段化石燃料的燃烧是最大的碳排放源。巴西、智利、印度尼西亚、泰国、菲律宾等国家由于森林资源丰富，相对于BR-16其他国家为制浆造纸行业生产了更多浆木，且存在大量的毁林和森林退化现象，木材采伐过程会造成大量二氧化碳排放，因此这些国家由森林采伐带来的碳排放占比较高。其中，菲律宾的森林碳排放主要集中在20世纪90年代之前，智利的森林碳排放在2000年之后也大幅下降，这主要得益于这些国家对于植树造林和森林管理的重视。马来西亚的森林碳排放也在下降，但是当前其占比仍然接近1/3。巴西和印度尼西亚的森林碳排放仍然处于增长中，未来应该重视浆木采伐的可持续性，尤其是拥有大量泥炭地森林的印度尼西亚。

从负碳排放来看，中国、埃及、意大利、韩国、马来西亚、菲律宾、波兰、南非、泰国等国家有较大的潜力，主要来自填埋碳存量（图6-15），随之而来的是大量甲烷排放造成的温室气体效应。因此，应提高填埋场的管理水平，提升甲烷捕集率与能源回收率，减少甲烷的逸出。值得注意的是，填埋需要大量土地，当前已经出现超负荷运行的填埋场，且对于许多发达国家，增加填埋场需要较高的成本[178]。

(a) 奥地利

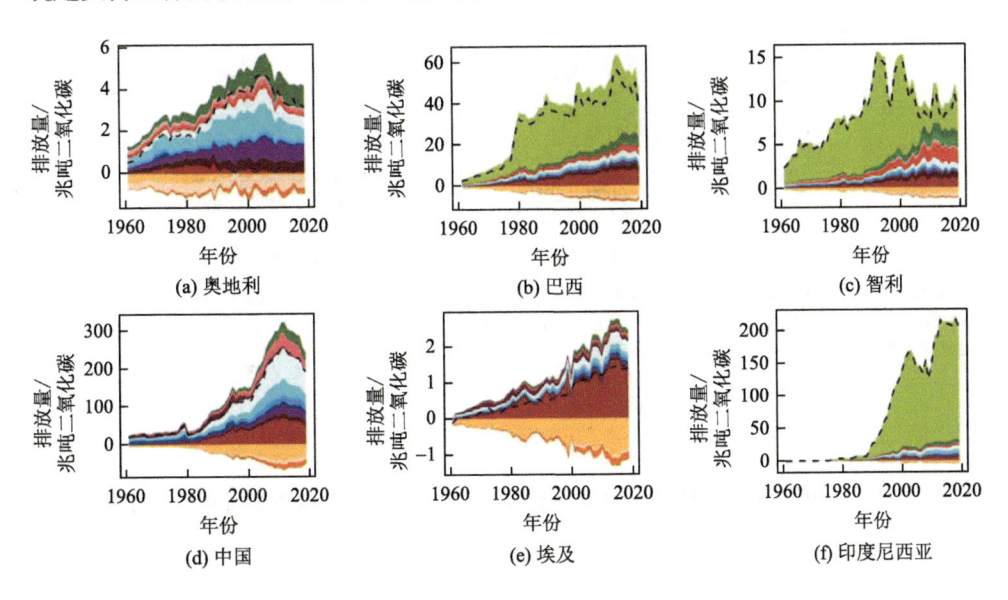

(b) 巴西

(c) 智利

(d) 中国

(e) 埃及

(f) 印度尼西亚

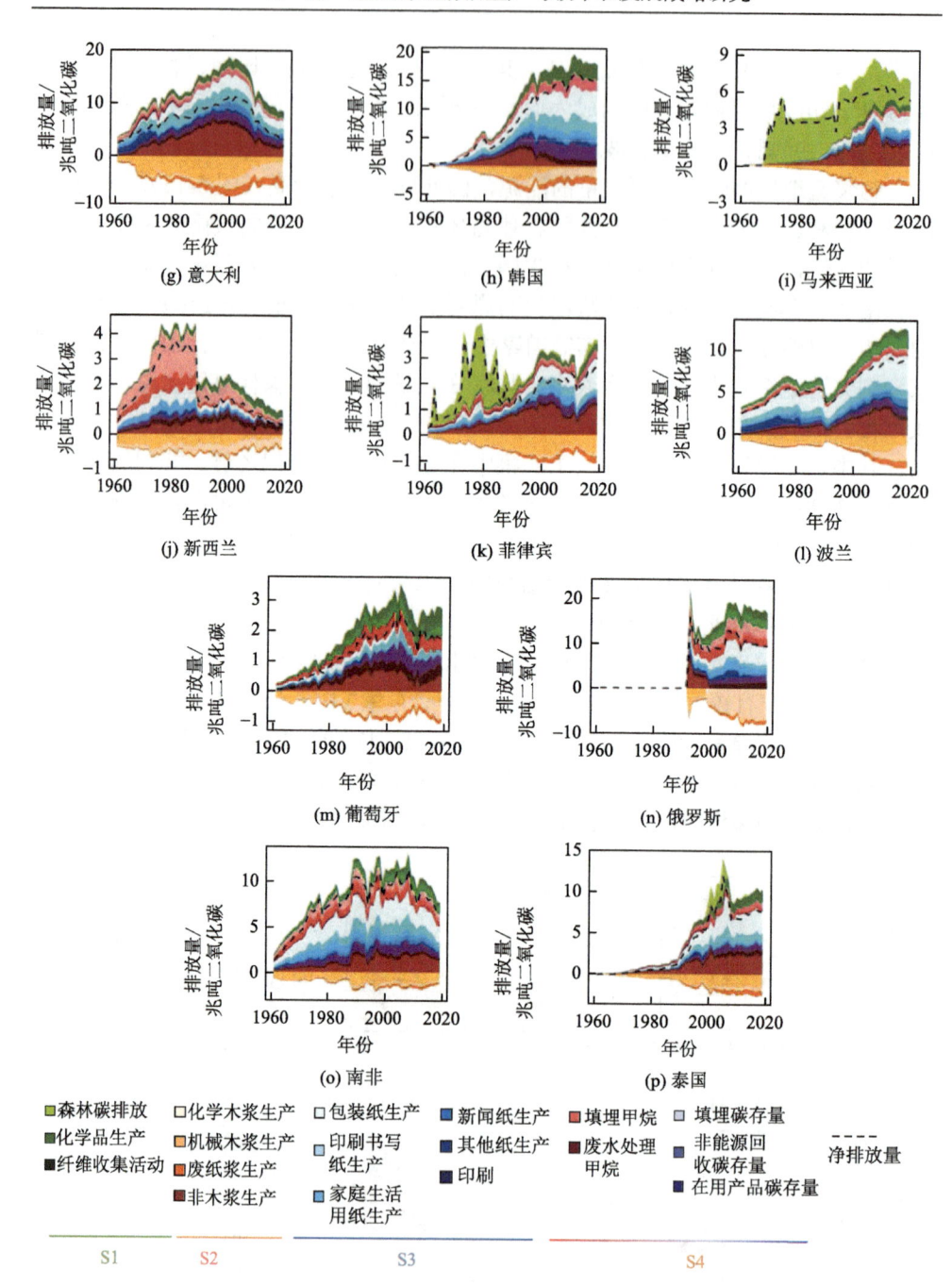

图 6-15 BR-16 各国 1961~2019 年制浆造纸生命周期的碳排放空间分布及结构

6.2.4 基于数据库历史数据的未来情景分析

本节针对制浆造纸生命周期进行碳核算,涉及多个影响净排放的参数,包括消费量、消费与生产结构、森林资源与管理水平、技术水平、能源结构、回收率、废物管理水平等。在前面历史研究与分析的基础上,本节结合各国社会经济、政策规划等情况,针对上述参数设置不同可能的水平,分别为 BR-16 各国生成 2160 个情景,用于探索各国 2050 年制浆造纸行业生命周期净排放的变化,从而为行业碳中和目标的实现提供数据基础与科学支撑。

1. 单一措施对于 2050 年生命周期碳排放的影响

与基准情景相比,16 个单一措施对于多数国家的减排效果为-189%～131%。能源系统脱碳和能效提升对于多数国家都属于非常有效的措施,平均能够为 BR-16 的制浆造纸行业分别降低 64%和 43%的生命周期碳排放。其他措施对于不同国家的减排效果则有显著差异。例如,提升森林管理水平对于印度尼西亚、马来西亚、巴西和智利来说效果显著,其他国家的制浆造纸行业则不必过分关注国内浆木的生产过程。废物管理阶段的废纸处理比例改善和甲烷捕集率提升对当前填埋比例较高的国家更为关键。

回收率是一个比较特殊的参数,它能够通过影响生命周期的物质流动来影响其他措施的效果,从而影响生命周期的净排放。因此,回收率对于国情不同的各国影响的程度和方向都不同。当前,回收利用仍然是主流的废纸处理方式,但有学者提出废纸回收的全球气候效益有限,甚至会给减排带来负面影响[181]。本节根据回收率变化对生命周期净排放的影响(图 6-16～图 6-18),将 BR-16 国家分为三类,分别是:①完全回收情景下的净排放＞基准情景下的净排放＞零回收情景下的净排放的国家;②完全回收情景下的净排放＜基准情景下的净排放＜零回收情景下的净排放的国家;③完全回收情景和零回收情景都会使净排放升高的国家。第一类国家包括奥地利、中国、意大利、韩国、新西兰、菲律宾、波兰、葡萄牙、俄罗斯、泰国、埃及、南非等 12 个国家,其中,韩国在零回收情景下的净排放仅为基准情景下的净排放的 13%,意大利在零回收情景下达到近 100 万吨二氧化碳的负排放(图 6-18)。这些国家当前不存在森林碳排放,它们依赖进口或可持续的林业来为制浆造纸行业供应原料。当回收率降低为零时,一方面更多原生浆的生产能够避免大量化石能源的使用,另一方面较高的填埋比例有助于形成大量碳存储。第二类国家包括巴西、智利、印度尼西亚,这些国家森林资源禀赋相对第一类国家更高,当实现废纸完全回收利用时,能够避免木材不可持续采伐带来的大量碳排放，从而实现更低的生命周期净排放。这些国家（以印度尼西亚、巴西为代表）原生浆产量占比较高，且毁林与森林退化现象丛生，如果降低回收率则会加剧森林的不可持续采伐，从而增加生命周期净排放。第三类国家包括马来西亚，它在单独提升和降低回收率的情况下都将产生比基准情景更高的净排放。提升回收率后，废物处理阶段没有碳存储形成，其生产阶段的能效和能源结构相对于原生浆生产没有优势。同时，马来西亚2019年木材获取阶段的排放并不突出，回收率提升也没有在原料收集阶段实现碳排放的大幅下降。此外，马来西亚的废物处理结构倾向于较高的填埋比例，且管理水平相对较低，盲目降低回收率可能导致更多的甲烷泄漏。因此，从生命周期来看，回收率的提升在马来西亚可能

	印度尼西亚	中国	巴西	智利	菲律宾	泰国	马来西亚	埃及	南非	俄罗斯	韩国	波兰	奥地利	葡萄牙	新西兰	意大利
2019年净排放	184	193	29	8	2	7	4	1	7	9	16	9	3	2	1	6
基准情景	826	214	51	19	10	8	5	5	18	13	8	6	2	1	0	2
森林管理_不影响天然林	95	214	28	7	10	8	5	5	18	13	8	6	2	1	0	2
森林管理_零毁林	457	214	64	7	10	8	4	5	18	13	8	6	2	1	0	2
森林管理_低影响伐木	802	214	43	19	10	8	5	5	18	13	8	6	2	1	0	2
能源结构_最佳	772	39	25	12	(2)	3	2	0	(0)	(10)	(1)	0	0	(0)	(0)	(2)
能源结构_中等	824	149	39	18	9	9	5	5	17	12	5	3	2	1	0	(0)
能源效率_最佳	747	122	33	14	5	3	4	(0)	2	(6)	5	2	1	0	0	2
能源效率_中等	780	168	35	14	8	6	4	2	10	3	7	4	1	0	0	2
回收率_100%	201	256	31	15	15	10	6	10	8	20	9	7	2	1	1	4
回收率_高	607	247	37	18	12	8	5	7	15	18	8	6	2	1	1	4
回收率_低	1044	180	67	19	10	8	7	5	19	10	5	5	1	1	0	1
回收率_零	1263	145	83	20	9	8	11	5	19	8	1	4	1	1	0	(1)
废物处理比例_最佳	826	214	48	17	10	8	5	5	18	13	8	6	2	1	0	2
废物处理比例_中等	826	216	50	18	11	8	5	5	19	13	8	6	2	1	0	2
废物处理比例_参照历史趋势	828	219	51	18	10	8	5	6	19	13	8	6	2	1	0	2
甲烷捕集率_100%	808	155	36	16	7	5	2	(1)	15	11	7	4	1	0	(0)	(0)
甲烷捕集率_中等	818	188	44	17	8	7	4	2	17	12	7	5	1	1	0	1

生命周期净排放/兆吨二氧化碳　　-10　0　　　　　　　　100

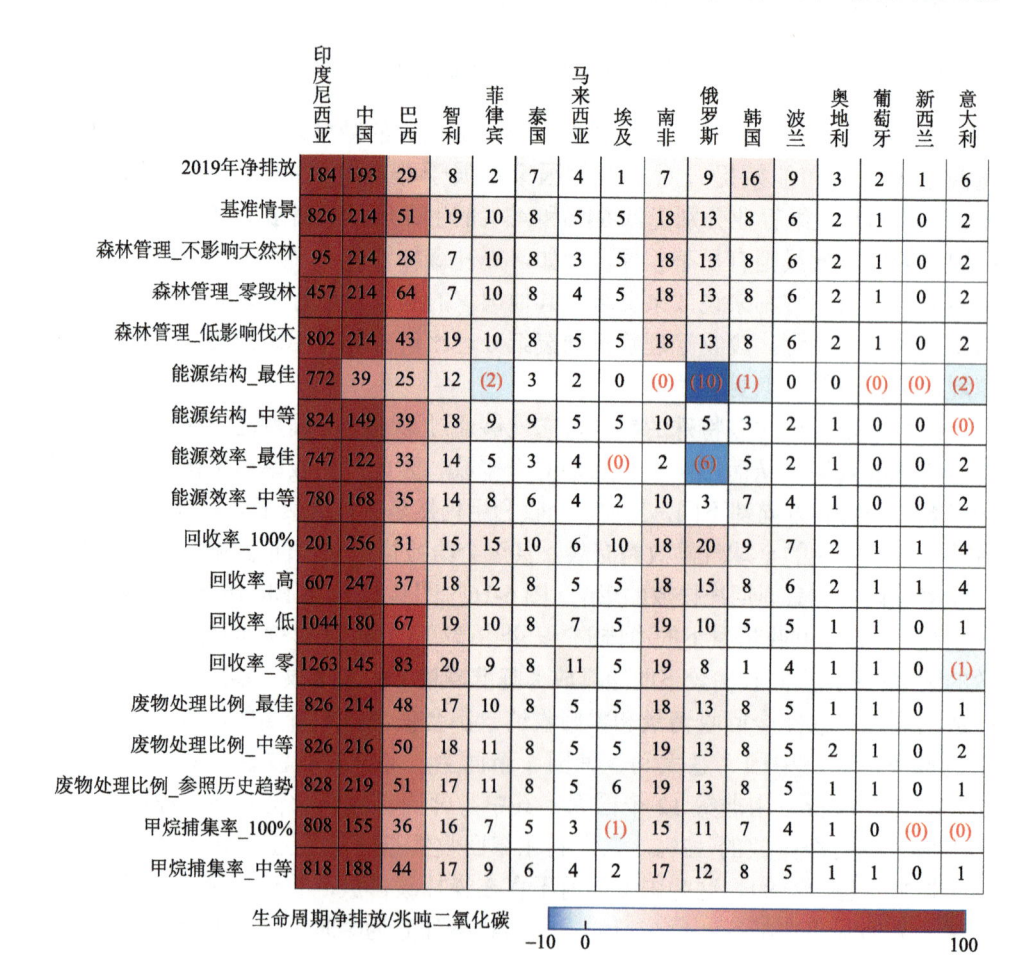

图6-16　BR-16国家制浆造纸行业2019年和2050年17种情景下的生命周期净排放

引起更高的生命周期碳排放。总而言之，回收率提升有益于生命周期减排的前提是上游和下游具备完善的管理体系，一个国家废纸回收率提升还是降低应该综合国情和目标做出决策。

	印度尼西亚	中国	巴西	智利	菲律宾	泰国	马来西亚	埃及	南非	俄罗斯	韩国	波兰	奥地利	葡萄牙	新西兰	意大利
森林管理_不影响天然林	-89%	0	-44%	-60%	0	0	-30%	0	0	0	0	0	0	0	0	0
森林管理_零毁林	-45%	0	26%	-60%	0	0	-14%	0	0	0	0	0	0	0	0	0
森林管理_低影响伐木	-3%	0	-15%	0	0	0	0	0	0	0	0	0	0	0	0	0
能源结构_最佳	-6%	-82%	-51%	-37%	-118%	-62%	-53%	-99%	-101%	-183%	-118%	-94%	-91%	-115%	-124%	-172%
能源结构_中等	0	-30%	-24%	-6%	-16%	9%	-4%	-8%	-47%	-60%	-64%	-73%	-41%	-79%	18%	-120%
能源效率_最佳	-10%	-50%	-50%	-50%	-50%	-57%	-26%	-106%	-89%	-151%	-35%	-67%	-30%	-64%	-53%	-28%
能源效率_中等	-5%	-22%	-31%	-24%	-25%	-29%	-13%	-53%	-45%	-77%	-17%	-33%	-15%	-64%	-35%	-14%
回收率_100%	-76%	20%	-39%	-18%	43%	21%	26%	96%	-4%	56%	12%	25%	16%	52%	48%	109%
回收率_高	-26%	15%	-27%	-4%	17%	2%	11%	4%	-1%	19%	2%	14%	8%	10%	32%	75%
回收率_低	-26%	-16%	32%	4%	-9%	-2%	46%	-4%	1%	-19%	-44%	-14%	-30%	-10%	-32%	-75%
回收率_零	-53%	-32%	63%	8%	-18%	-4%	131%	-8%	1%	-39%	-87%	-28%	-60%	-19%	-64%	-151%
废物处理比例_最佳	0	0	-5%	-7%	0	0	0	1%	0	0	-3%	-14%	-4%	-32%	-60%	-43%
废物处理比例_中等	0	1%	-2%	-4%	3%	2%	2%	9%	1%	0	-2%	-8%	-2%	-17%	-34%	-24%
废物处理比例_参照历史趋势	0	2%	0	-7%	6%	4%	4%	21%	2%	0	-3%	-13%	-3%	-29%	-39%	-40%
甲烷捕集率_100%	-2%	-28%	-30%	-13%	-37%	-42%	-39%	-118%	-18%	-16%	-11%	-31%	-24%	-81%	-103%	-103%
甲烷捕集率_中等	-1%	-14%	-14%	-6%	-16%	-19%	-17%	-52%	-8%	-5%	-14%	-17%	-12%	-37%	-47%	-46%

单一措施对生命周期内温室气体净排放的影响
橙色字代表实现碳中和或负排放
-200%　　-100%　　0　　200%

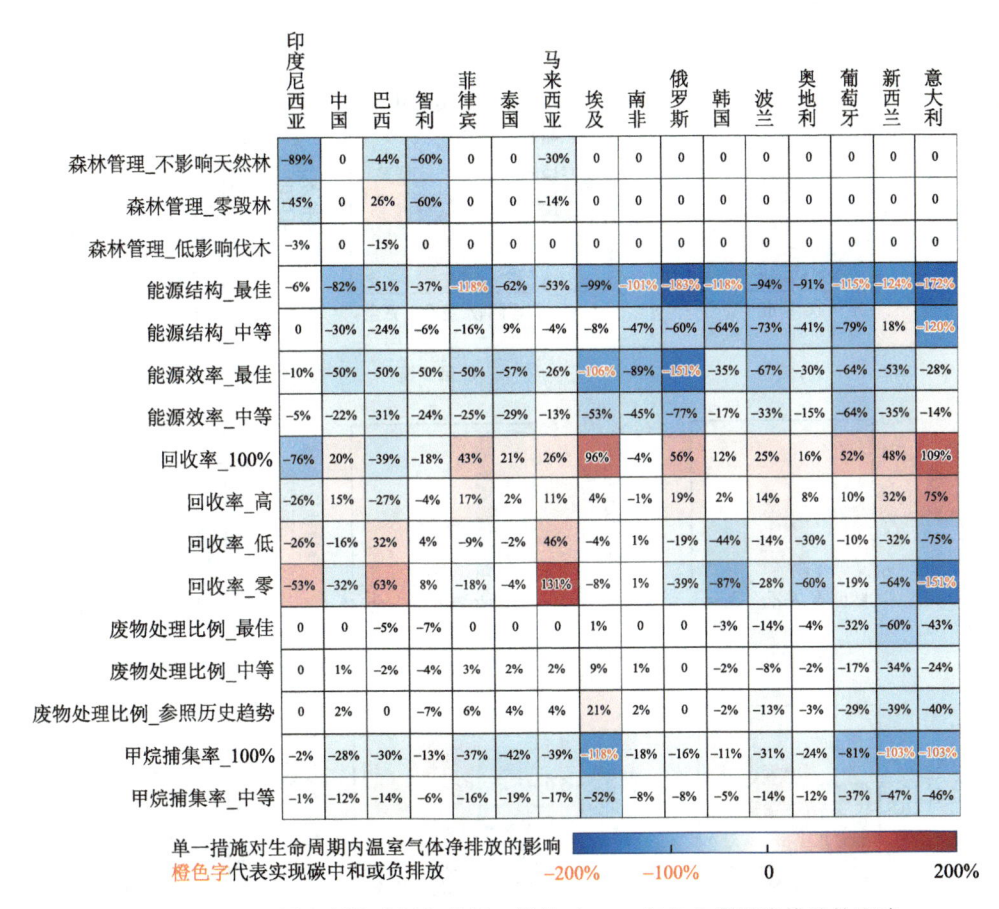

图 6-17　BR-16 国家制浆造纸行业单一措施对 2050 年生命周期净排放的影响

2. 各国实现生命周期碳中和的策略

为了探究 BR-16 国家制浆造纸行业能否实现及如何实现生命周期碳中和目标，本节针对各参数的叠加组合进行进一步的研究与分析。对 BR-16 国家，制浆造纸行业生命周期负碳排放潜力最大的措施组合如下：最佳能源结构、零回收、非能源回收或甲烷捕集率为 100%的填埋两种处理方式比例较高、最佳可得技术下的各制浆造纸工艺流程的单位能耗、制浆木材采伐过程不造成毁林和森林退化。这相当于最大限度地利用制浆造纸行业每个阶段的特点来避免碳排放和增加碳存储，即避免与木材采伐有关的土地利用变化引起的排放，用商业化技术最大限度

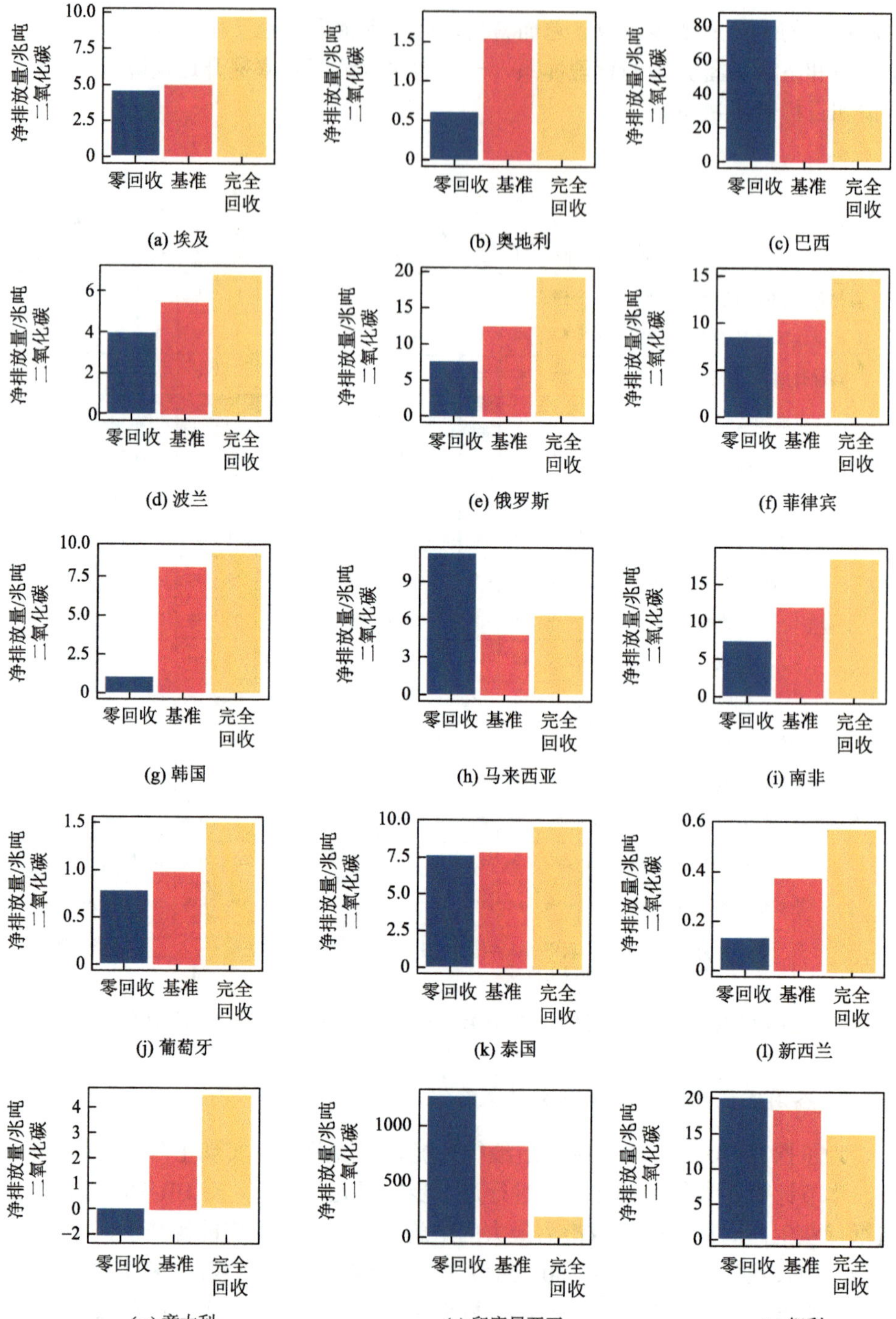

(a) 埃及　(b) 奥地利　(c) 巴西

(d) 波兰　(e) 俄罗斯　(f) 菲律宾

(g) 韩国　(h) 马来西亚　(i) 南非

(j) 葡萄牙　(k) 泰国　(l) 新西兰

(m) 意大利　(n) 印度尼西亚　(o) 智利

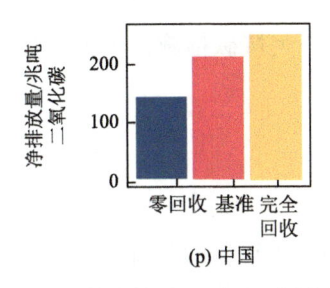

图 6-18 不同回收率情景下 BR-16 国家的净排放

地减少生命周期的能源相关碳排放,并最大限度地将纸张中的生物质固定在社会经济系统中或作为生物质能使用。由于各国森林资源禀赋、发展阶段等对关键参数的影响不同,其实现碳中和或负排放的策略也各不相同。

2160 个情景下的生命周期净排放范围和实现碳中和的情景比例(相当于实现碳中和的可能性)在不同国家差异很大。多数国家 2160 个情景的净排放为 –1900 万~2000 万吨二氧化碳,印度尼西亚、中国和巴西 2160 个情景的净排放区间则大得多,为 -8200 万~10.24 亿吨二氧化碳。从最高排放情景来看,印度尼西亚将成为制浆造纸行业生命周期碳排放最高的国家,其次是中国、巴西和俄罗斯。各国实现碳中和的情景比例为 2%~73%,这意味着所有国家都有希望实现制浆造纸生命周期碳中和目标。其中,菲律宾、埃及、南非、俄罗斯、韩国、葡萄牙、新西兰和意大利等 8 个国家仅需要单一措施即可实现碳中和,但多数国家需要最佳能源结构、最佳能效(即最佳可得技术下的各制浆造纸工艺流程的单位能耗)等极端情景,只有意大利能够凭借单一中等措施实现碳中和。

虽然所有国家都可能实现生命周期碳中和,但其难度及具体策略的差异较大。印度尼西亚、巴西、马来西亚、泰国、智利和中国等国家实现碳中和的难度相对较大。其实现碳中和的情景比例为 2%~15%,其中没有中等及以下措施的情景。也就是说,这些国家如果想实现生命周期碳中和,至少要求一个措施达到最佳水平。能源系统脱碳和能效提升在这些国家扮演重要角色,优先将二者提升到最佳水平是最好的选择。印度尼西亚、印度、马来西亚、巴西和智利等国家优先考虑可持续的纸浆原料森林管理至关重要。具体而言,在印度尼西亚,如果不施行最佳的森林管理策略(即禁止从自然森林采伐纸浆原料),其他环节任何措施的组合都难以帮助印度尼西亚制浆造纸行业实现碳中和目标。对于马来西亚、中国和泰国等国家,适当降低回收率可能对碳中和的实现有所帮助。由于人口众多且人均纸张需求量增长空间很大[181],中国、印度尼西亚和巴西制浆造纸行业生命周期负排放潜力也很大。当所有措施都达到最佳水平后,它们分别可以获得 8200 万吨二氧化碳、2300 万吨二氧化碳和 2800 万吨二氧化碳的碳存储,远高于基准情景下其他国家净排放之和。这意味着如果这三个国家同时实现最佳情景，那么即使其他国家没有任何降碳措施也不影响 BR-16 国家实现制浆造纸行业生命周期负排放。

6.2.5　小结

本节利用物质流分析与基于过程的碳排放核算方法，构建了制浆造纸生命周期物质流动、能源消耗和碳排放清单，模拟了"一带一路"共建国家中主要的纸浆生产和消费国及中国和巴西 1961～2019 年长时间序列的制浆造纸生命周期物质流动情况，核算了该行业生命周期的能源消费量及碳排放量，最终形成了一套综合数据库。在此基础上，本节探索了各参数对于该行业生命周期碳排放的影响、各国实现生命周期碳中和的可能性及具体策略。该数据库提供了 BR-16 国家制浆造纸行业生命周期的高精度碳源与碳存储数据，能够用于分析各国制浆造纸行业碳排放的历史演变模式，探索各国该行业未来的碳中和潜力与可能面临的挑战。此外，该数据库囊括的细节能够支持识别由原料结构、生产结构、技术水平、政策计划等因素的国别差异引起的不同的碳排放特征。该数据库是"一带一路"共建国家制浆造纸行业未来碳减排政策及碳中和路线制定的重要数据基础，也能够为技术或经验转移提供科学依据。

6.3　造纸行业碳中和标准

6.3.1　碳中和技术标准的制定背景

面对日益凸显的全球变暖与气候变化问题，碳中和已成为绿色低碳发展领域的重要目标，这需要各行业达到净零排放。"双碳"工作已成为未来 40 年中国绿色低碳工作的重要主线。在全球范围内，已有超过 800 家企业提出了碳中和目标，超过 50 家企业宣布已经实现碳中和，例如，苹果公司 2020 年 7 月宣布到 2030 年将在其整个业务、制造供应链和产品生命周期中实现碳中和。国内企业中，通威集团、远景科技集团和隆基集团均宣布了各自的碳中和计划。由此可见，企业和产品的碳中和认证成为行业未来的发展趋势。

近年来，纸制品广泛应用于包装、印刷、工业、文化、生活等多个领域。在工业和电商经济引起的包装纸增加、生活水平提升导致的家庭生活用纸增加与升级、生物质替代石油基产品等时代因素的推动下，纸产品的需求量和产量持续增加。我国是世界上最大的纸产品生产国和消费国，造纸行业碳中和的实现对于国家碳中和目标的达成至关重要。中国造纸行业单位产品能耗及碳排放强度自 2000 年以来大幅下降,某些技术先进的大规模企业能源效率和碳排放强度达到国际领先水平。国内也出台了一系列碳足迹核算标准和方法,并针对企业进行了碳排放核算。然而,碳中和标准的缺失导致各企业不明确其现有碳排放情况与碳中和状态的差距,企业的碳中和路径规划及工作无从下手。

造纸行业具有能源消耗和碳排放强度高、资源密集等特点,是全球第四大能源消耗工业部门,其温室气体排放占工业部门温室气体排放的 2% 以上。与其他行业相比,造纸过程的生物质供能比例较高,2017 年全球平均生物质供能比例达到近 40%,部分国家生物质供能比例达到 70% 以上。在生物质燃烧视作碳中性的情况下,较高的生物质供能比例意味着较低的碳排放。在保证原料可持续采伐的前提下,书籍等长时间使用的纸产品、填埋管理良好的纸废弃物形成稳定的存量,相当于增加了碳存储量。造纸行业的能源消耗特点和生产结构综合反映了碳排放核算的争议点,如碳存储、避免的碳排放、土地利用变化的影响等。因此,针对造纸行业制定企业和产品的碳中和标准能为中国不同行业的碳中和计划、战略和标准制定提供示范说明与技术支持。

此外,在造纸行业碳中和的概念和量化评价方法达成一致之前,宣称实现行业或企业碳中和或推出碳中和纸制品均有失严谨。因此,迫切需要针对国内造纸行业特点,从行业、企业和产品层面制定一系列碳中和标准,厘清相关概念,识别核算要素,明确系统边界和量化方法,用于指导各造纸企业核算纸产品碳足迹、制定减排路径、采取措施抵消剩余温室气体排放、认证和宣告碳中和。该标准的制定对于中国造纸行业碳中和的实现具有重大意义,有助于推动我国造纸行业建立更符合全球趋势和标准的生产环境,推动造纸行业绿色发展和低碳转型,打破国际绿色贸易壁垒,并为我国不同行业的碳中和计划、战略和方案制定提供示范与说明,为我国实现"双碳"目标提供有力支撑。

6.3.2 标准起草依据与主要内容

1. 标准起草依据

标准起草过程中参考的国际、国家标准及政策文件主要包括但不限于以下方面。
（1）PAS 2060：2010。
（2）PAS 2050：2011。
（3）ISO 14064-2：2006。
（4）《2006 年 IPCC 国家温室气体清单指南》。
（5）《2006 年 IPCC 国家温室气体清单指南 2019 修订版》。

(6)《温室气体核算体系：企业核算与报告标准（修订版）》。
(7)《温室气体核算体系：企业价值链（范围三）核算与报告标准》。
(8)《造纸和纸制品生产企业温室气体排放核算方法与报告指南（试行）》。

2. 标准主要内容

本书所提到的造纸行业碳中和标准包括《一次性纸制品生产企业碳中和实施指南》（T/GDPPA 0001—2022）和《一次性纸制品碳中和评价指南》（T/GDPPA 0002—2022）两项团体标准。标准以现有的国际环境标准和温室气体排放相关的国家及行业规定为基础，根据造纸行业的发展现状，识别该行业在碳中和评价中的特异性，以包容性、可及性、开放性为原则，分别提出造纸企业和纸制品碳中和的实施路径、基本原则和要求，识别造纸企业主要的温室气体排放源及系统边界，建立造纸企业碳中和核算要素清单，根据国内外温室气体核算体系，总结企业温室气体排放的量化公式、活动水平和排放因子来源，并基于中国碳市场的发展现状，提出企业温室气体管理、减排、抵消的路径建议，为企业在碳中和实施、评价和声明阶段提供统一、规范的方法和原则。标准适用于从事一次性纸制品生产及销售的单位开展一次性纸制品碳中和工作。标准涉及的温室气体为二氧化碳、甲烷和一氧化二氮。

两项标准的主要技术内容包括评价流程、碳中和计划的制定和发布、碳足迹核算与报告、减碳增汇及碳抵消、碳中和评价及碳中和实现声明等，已正式公开发布。

6.3.3 对比其他国际标准的先进程度

目前，国际上已经推出一系列碳足迹核算与碳中和认证标准。相关国际标准主要有 PAS 2060、PAS 2050 和 ISO 14064。PAS 2060 是 PAS 2050 的修订版，由英国标准协会（British Standards Institution，BSI）与英国能源与气候变化部、英国认证协会及欧洲之星集团有限公司等 15 个单位共同组成指导小组参与研制，旨在为碳中和提供全球统一的定义、认证标准及宣告碳中和的方法。ISO 14064 是一个主要针对温室气体排放进行量化的标准，规定了国际上最佳的温室气体资料和数据管理、汇报和验证模式。世界第一个碳中和国际标准《碳中和及相关声明实现温室气体中和的要求与原则》（ISO 14068）的制定工作于 2020 年 2 月启动，该标准将适用于组织、企业、政府、产品、建筑、活动和服务等各类对象的碳中和活动，目前处于工作组编写阶段。现有的国际标准之间存在巨大差异，在内容和技术层面上缺乏统一性，对不同行业所存在的碳排放核算问题缺乏针对性和全面性的解决路径,因此,现有的国际技术标准无法满足指导中国不同行业实施碳中和的需要。《一次性纸制品生产企业碳中和实施指南》(T/GDPPA 0001—2022)和《一次性纸制品碳中和评价指南》(T/GDPPA 0002—2022)面向中国造纸行业生产实际,在科学性、准确性和完整性原则下,尽可能地做到兼容、一致和可比较,为中国造纸行业实现碳中和提供参考。

第7章 "一带一路"共建国家造纸行业清洁生产展望

7.1 "一带一路"共建国家造纸行业清洁生产合作前景展望

7.1.1 造纸行业发展前景

由于林木资源限制，中国原生浆产量上升空间有限。自中国"禁废令"开始实施后，废纸进口量逐渐减少，为了弥补这一原料缺失，再生浆的进口量将大幅增加。当前废纸制浆造纸产能正流向东南亚等的"一带一路"共建国家，中国或将加速从相关各国进口再生浆，在"一带一路"框架下形成供应协同。"一带一路"共建国家的劳动力、资源禀赋差异较大，不同地区基础设施建设也有比较大的差距。其中，具备充足的原料和较低的生产成本的国家除在当前合作框架下可与中国等造纸行业发达的国家形成供应链合作之外，其企业也需要引入国外先进的造纸清洁生产技术和管理经验，在带动产业经济发展的同时，不断提升产业的技术和管理水平。受环保政策尤其是碳减排相关政策的影响，"一带一路"共建国家将着力发展再生浆造纸、林浆纸一体化和智能制造，促进循环经济与绿色数字经济。

"一带一路"共建国家纸产品消费量不仅与自身经济条件及造纸行业发展有关，而且受全球整体消费趋势的影响。中国的造纸行业已经进入相对成熟的阶段，纸和纸板表观消费量位居全球第一，但人均纸和纸板表观消费量还不及发达国家的一半，随着居民生活水平的提高和电子商务的进一步发展，纸和纸板表观消费量将会增加，尤其是家庭生活用纸和包装纸。此外，中国仍旧存在部分产品产能过剩，急需调整产品结构及开辟新市场消化产能。"一带一路"倡议为许多中国企业提供了新的机遇和广阔的市场空间，这个巨大市场蕴含广阔的发展前景，中国造纸企业融入"一带一路"倡议，与外企建立贸易关系或在国外设立一体化工厂，不仅有利于消化过剩产能，而且能激发"一带一路"共建国家造纸行业发展潜力和纸制品消费潜力。"一带一路"共建国家中造纸行业较发达国家的纸和纸板表观消费量大致与全球趋势一致，未来消费市场的增长点主要在包装纸及家庭生活用纸方面。"一带一路"部分共建国家的经济发展与造纸行业相对落后，制浆造纸行业产能不足，人均纸和纸板表观消费量较低，制浆造纸行业有较大的发展空间，纸和纸板表观消费量有显著的增长空间，这些国家需要结合实际情况积极调整产品结构、合理扩大产能以顺应时代发展趋势。

7.1.2 清洁生产技术发展与智能化转型

造纸行业作为高污染行业，要实现其绿色、低碳、可持续发展，清洁生产技术必不可少，各国也都在积极探索以寻求技术突破，完成造纸行业绿色转型。中国造纸行业已建立较为完备的清洁生产评价指标体系，且随着技术的进步不断更新，清洁生产技术在各个生产流程中均有体现，如能源利用、水消耗、废物回收管理、生产工艺设备、数字化智能技术等。在"一带一路"倡议的推动下，许多相关国家的造纸行业得到了国外先进企业的技术和资金的双重支持，也在向清洁生产的方向快速发展。例如，印度尼西亚和马来西亚的一些重点造纸企业通过升级技术或引进先进设备实现清洁生产。此外，一些中国企业为"一带一路"共建国家带来了大量清洁生产技术，也快速提高了其造纸行业的清洁生产水平。当前，"一带一路"部分共建国家的造纸清洁生产技术不太成熟，靠自身较难实现绿色转型。因此，要把握"一带一路"倡议带来的机遇，加强与共建国家在技术与设备方面的交流与合作，共同发展。

制浆造纸过程的清洁生产需要面对污染排放量大、负荷高、成分复杂、变化快等一系列复杂问题，常规清洁生产技术已经无法实现全局的清洁生产和动态优化。智能化、信息化的快速发展为实现制浆造纸过程整体的绿色清洁生产和全过程动态控制与优化提供了新的解决方案，给造纸行业注入了新的生机与活力。智能化能够显著减少资源浪费，提升工业效率，推动绿色生产，是"一带一路"共建国家造纸行业未来发展的方向。当前，智能化技术在造纸行业的应用才刚刚起步，虽然在制浆造纸的各个环节都得到了应用并取得了一定的成效，但目前企业拥有的智能化技术多针对单一过程，缺乏整体的智能化控制平台使全流程达到最优，在生产工艺过程、生产能源调度、生产规划及公用工程等各个环节仍处于离散的管理状态。因此，实现制浆造纸行业的智能化，还需要构建制浆造纸全流程的智能系统，实现整个生产链的控制与管理。

7.1.3 清洁生产标准体系建设与完善

"一带一路"共建国家制定环境排放标准或清洁生产标准进度不一，很多"一带一路"典型共建国家在造纸行业的清洁生产评价指标领域存在空白，仍需加强相关指标体系建设。因此，我国应加快完善清洁生产标准体系的国际化，向"一带一路"共建国家提供清洁生产标准体系及清洁生产评价指标体系以供借鉴，提高共建国家制浆造纸企业清洁生产水平。具体地，针对共建国家的行业发展水平不一的现状，制定符合"一带一路"共建国家实际的清洁生产标准，逐步建立涵盖清洁生产各环节、各要素的标准体系，并不断推进其发展为一套独特的"一带一路"国际清洁生产标准体系。

现有的国际碳中和标准之间存在巨大差异，在内容和技术层面上缺乏一致性，且不同行业碳排放特征各异，缺乏针对性和全面性行业碳中和评价指标体系，阻碍行业碳中和路径的制定和实施。中国作为"一带一路"倡议的发起者及共建国家造纸产业发展的领先国家，迫切需要针对造纸行业特点从行业、企业和产品层面制定一系列碳中和标准。加强推动造纸行业建立更符合全球趋势和标准的生产环境，推动造纸行业绿色发展和低碳转型，以克服国际绿色贸易壁垒，尽快形成符合造纸行业发展的碳中和标准体系。"一带一路"多数共建国家经济社会发展相对落后，缺乏完善的统计数据和扎实的基础研究，更缺乏相关碳中和标准。因此，以中国造纸行业碳中和标准为蓝本，提出国际化的造纸行业碳中和标准，并在共建国家示范推广，这对于"一带一路"共建国家造纸行业碳中和目标的实现至关重要。

7.1.4 面向碳中和目标的行业低碳发展

"一带一路"共建国家中造纸行业发达的国家拥有大量先进技术和设备，正持续升级生产设施，提高生产效率，提高资源利用率，提高产品竞争力。然而"一带一路"多数共建国家经济社会发展相对落后，制浆造纸行业广泛存在资源效率低、技术落后、碳排放强度高等典型特征。另外，与其他国家相比，"一带一路"共建国家可供采伐的森林资源相对匮乏，造纸行业原料中废纸和非木材使用比例较高。中国林木资源匮乏，在进口大量木浆的同时积累了诸多废纸制浆造纸相关技术和实际应用经验，其造纸行业的发展和演化历程十分符合"一带一路"多数共建国家的造纸行业技术需求和升级发展方向。因此，中国可开展与"一带一路"共建国家关于造纸行业发展的合作交流，综合采用生产技术和管理经验转移，从减少使用化石能源、增加生态系统碳汇能力、完善废纸回收机制、提高造纸生产能效和技术水平等四个方面着手，帮助共建国家减少造纸过程的各种环境污染和碳排放，促使共建国家提出行业碳中和路径，服务于"一带一路"整体的碳中和路径。

另外，在全球行业低碳发展大环境下，中国与"一带一路"共建国家造纸企业作为减排主体进行减排技术合作：一方面，通过技术手段进行减排，包括协同处置污泥技术、生物质燃料替代技术、碱回收发电技术、节能监控优化和能效管理技术等；另一方面，调整产品及产业结构，发展低碳纸品，延伸产业链，推进工艺及技术创新，从全产业链角度实现碳中和。加强"一带一路"共建国家低碳发展战略对接，进行优势互补，从而提升造纸行业清洁生产水平，实现造纸行业绿色低碳转型升级，推进绿色"一带一路"建设。

7.2 "一带一路"共建国家造纸行业清洁生产合作措施保障

7.2.1 推动清洁生产技术合作平台建设

加强同"一带一路"共建国家开展造纸行业清洁生产技术合作，共同推动造纸行业清洁生产技术合作平台建设。一方面，积极与"一带一路"共建国家开展造纸行业清洁生产技术合作研发，围绕污染物减排、低碳发展、智能化改造等清洁生产关键技术，联合推进造纸行业先进清洁生产技术研发。鼓励和支持"一带一路"共建国家相关科研机构及有条件的企业、行业协会等机构合作成立造纸行业清洁生产技术研发中心，深入开展技术合作。积极同"一带一路"共建国家造纸企业开展技术合作，面向企业实际清洁生产需求和问题加强合作研究，促进研究成果在共建国家落地转化。另一方面，积极推动我国造纸行业先进清洁生产技术成果在"一带一路"共建国家的转移推广，加强对共建国家造纸行业关于减污降碳、智能改造等清洁生产关键技术的转移输出。与"一带一路"共建国家典型企业合作建立造纸行业清洁生产技术示范与推广基地，促进共建国家造纸行业绿色转型升级，形成示范效应。鼓励、支持和引导跨国企业利用自身优势在清洁生产技术合作研发和转移示范中发挥积极作用，促进清洁生产技术在"一带一路"共建国家落地转化和示范推广。此外，积极与"一带一路"共建国家共同推动造纸行业清洁生产技术合作平台建设，鼓励造纸企业、行业协会等牵头搭建造纸行业清洁生产技术合作网络，为共建国家了解和对接造纸行业清洁生产技术转移提供信息渠道和保障。

7.2.2 推动清洁生产与碳中和标准体系建设与互认

当前，"一带一路"共建国家造纸行业清洁生产标准不完善，存在部分关键标准缺失及标准落后于行业发展等问题。清洁生产标准是评价和监管造纸行业清洁生产的重要依据，当前急需推进"一带一路"共建国家造纸行业清洁生产标准建设和示范推广工作。第一，针对"一带一路"共建国家的实际条件和行业发展水平，建设符合共建国家实际的清洁生产标准，逐步建立涵盖清洁生产各环节、各要素的标准体系。第二，建立"一带一路"共建国家造纸行业清洁生产标准体系互认机制，为共建国家造纸行业贸易往来与技术合作提供便利，整体提升共建国家造纸行业的清洁生产水平。第三，在碳中和目标约束下，加快造纸行业碳中和标准体系建设，推动制定关于不同类型的纸浆、纸产品、造纸企业等不同层级的碳中和标准，尽快形成标准体系。积极推进造纸行业碳中和标准在"一带一路"共建国家的示范推广，推动碳中和标准互认机制，是造纸行业实现碳中和目标的必要保障。

7.2.3　推动数据建设与共享机制

物料投入、能耗与产排污水平等数据是反映造纸行业清洁生产水平的关键基础数据，基础数据缺失是制约"一带一路"共建国家造纸行业清洁生产水平提升，特别是数字化、智能化升级的关键因素。首先，急需加快造纸行业基础数据建设，特别是加强"一带一路"共建国家造纸行业的投入、生产及排放数据的申报和收集。其次，需要加快"一带一路"共建国家造纸行业清洁生产数据库开发，特别是加强生命周期污染物排放数据库的构建。本书建立了典型国家生命周期造纸行业碳排放数据库，在此基础上可以进行延伸扩展，囊括更多国家和环境要素，为造纸行业清洁生产与转型升级提供数据支持。再次，实现"一带一路"共建国家造纸行业的共同发展离不开数据与信息共享机制建设。积极推动行业数据、技术资料、市场信息等数据资源互联互通，实现数据资源的高速传输、关联融合和服务共享，有利于提升"一带一路"共建国家互联互通水平，促进"一带一路"共建国家造纸行业整体清洁生产水平的提升。此外，关键生产和技术数据事关企业商业机密，需要建立健全企业数据信息和知识产权保护机制，相关数据利用需以科学研究为目的，以不损害商业利益为前提，服务于"一带一路"共建国家造纸行业清洁生产战略制定和技术研发。

7.2.4　推动清洁生产技术人才交流

人才是推动行业持续发展的根本保障。推进"一带一路"共建国家造纸行业清洁生产发展，需要强化人才培养，建设强有力的造纸行业清洁生产技术人才队伍。第一，与"一带一路"共建国家深化造纸行业清洁生产技术交流，通过组织造纸行业清洁生产技术合作论坛、开办清洁生产技术展览等方式，为造纸行业内清洁生产技术人才构建多层次的技术交流平台。鼓励国际清洁生产技术人才交流，鼓励技术专家亲临生产一线解决实际技术和生产问题，助力提升"一带一路"共建国家造纸行业清洁生产技术水平。第二，重视对清洁生产技术人才的培养，包括对清洁生产技术研发人员和一线从业人员的培养。一方面，依托国内外清洁生产专业相关的高等院校、科研机构及先进造纸企业的研发部门，培养一批造纸行业清洁生产技术研发人才，加强对造纸行业清洁生产技术的研发创新，不断推动清洁生产技术向更高水平发展。另一方面，鼓励同"一带一路"共建国家共同建设造纸行业清洁生产技术培训中心，为造纸行业一线从业人员开展先进清洁生产技术专题培训，提升从业人员清洁生产技能水平。第三，加强造纸企业清洁生产管理团队建设，保障造纸企业清洁生产转型升级。为实现清洁生产技术在造纸企业的应用，除了各国主管部门的监督管理，需要懂技术、会管理的团队进行日常内部监管，保障各项清洁生产技术按要求落实和运行。因此，同样需要对"一带一路"共建国家造纸企业管理层进行清洁生产法规、标准、技术要求及企业社会责任等方面的培训和指导。

参 考 文 献

[1] 鲍志成. 古代丝绸之路的历史作用概论[J]. 文化艺术研究，2015，8（3）：20-30.

[2] 陈代义. 丝绸之路的前世今生[J]. 科学咨询（科技·管理），2015（3）：69.

[3] 万安伦，王剑飞，杜建君. 中国造纸术在"一带一路"上的传播节点、路径及逻辑探源[J]. 现代出版，2018（6）：72-77.

[4] 李梦丁. 中国纸浆进口贸易研究[D]. 杭州：浙江大学，2010.

[5] 沈超，何振华，金豪杰. 制浆造纸废水处理工艺设计[J]. 浙江水利科技，2011，39（5）：12-14.

[6] 中国网. 共建"一带一路"：理念、实践与中国的贡献（全文）[EB/OL].（2017-05-11）[2023-09-20]. http://www.china.com.cn/news/2017/05/11/content_40789833.htm.

[7] 楼春豪. "一带一路"的理论逻辑及其对中国-南亚合作的启示[J]. 印度洋经济体研究，2015（4）：17-31，140.

[8] 新华社. 授权发布：推动共建丝绸之路经济带和 21 世纪海上丝绸之路的愿景与行动[EB/OL].（2015-03-28）[2023-09-20]. http://www.xinhuanet.com/world/2015-03/28/c_1114793986.htm.

[9] 中国政府网. 共建"一带一路"：构建人类命运共同体的重大实践[EB/OL].（2023-10-10）[2023-12-22]. https://www.gov.cn/govweb/zhengce/202310/content_6907994.htm.

[10] 新华丝路网. "一带一路"倡议的基本内涵[EB/OL].（2019-10-25）[2023-09-20]. https://www.imsilkroad.com/news/p/66877.html.

[11] 郭彩云. 2020 年世界造纸工业概况[J]. 中国造纸，2022，41（4）：133-137.

[12] 陈镜波. 日本造纸业现状[J]. 印刷技术，2018（3）：2-5.

[13] 中国政府网. 四部委联合发布《关于推进绿色"一带一路"建设的指导意见》[EB/OL].（2017-05-09）[2023-09-20]. https://www.gov.cn/xinwen/2017/05/09/content_5192214.htm.

[14] 丛晓男，王维. 以绿色"一带一路"推进全球生态文明建设[J]. 中国发展观察，2021（16）：16-18.

[15] 赵汝和. 技术创新：北美浆纸行业现状对中国的影响及发展趋势和机会[J]. 造纸信息，2018（10）：26-29.

[16] 中纸网. 美国造纸业发展步入成熟期后期 包装纸成最大增长动力[EB/OL].（2019-07-22）[2023-09-20]. http://www.chinapaper.net/mobile/21-0-38663-1.html.

[17] 毕光. 加拿大浆纸业转型：发展高附加值生物材料制造业及对中国市场的潜在影响[J]. 造纸信息，2019（12）：25-29.

[18] 郭逸飞，宋云，薛鹏丽，等. 国外制浆造纸工业低碳发展的经验借鉴[J]. 中华纸业，2013，34（13）：70-72，6.

[19] CEPI. Preliminary Statistics 2021[R]. Brussels：Confederation of European Paper Industries，

参考文献

2022.
[20] 孙丽红. 欧洲造纸的可持续发展[J]. 中华纸业, 2019, 40（11）: 24-28.
[21] 中国造纸协会. 中国造纸工业 2020 年度报告[J]. 纸和造纸, 2021, 40（3）: 55-62.
[22] 郝永涛. 中国造纸的产业升级[J]. 中华纸业, 2021, 42（4）: 153-162.
[23] 人民网. 造纸业迈向碳中和 技术创新与绿色能源是关键[EB/OL].（2021-06-25）[2023-09-20]. http://finance.people.com.cn/n1/2021/0625/c1004-32140100.html.
[24] 杜强. 新形势下造纸行业存在的环境问题及环保要求分析[J]. 华东纸业, 2021, 51（6）: 38-40.
[25] 中华纸业网. 印度纸业造纸商协会会长: 重新认识造纸业[EB/OL].（2021-08-02）[2023-09-20]. http://www.cppi.cn/domestic/8579.html.
[26] PAMSA. 2020/2021* Production Statistics of the South African Pulp and Paper Industry[R]. Sandton: Paper Manufactures Association of South Africa, 2021.
[27] IPCC. Global Warming of 1.5℃[R]. Geneva: Intergovernmental Panel on Climate Change, 2018.
[28] 黄震, 谢晓敏. 碳中和愿景下的能源变革[J]. 中国科学院院刊, 2021, 36（9）: 1010-1018.
[29] 中国造纸协会, 中国造纸学会. 中国造纸工业可持续发展白皮书[J]. 造纸信息, 2019（3）: 10-19.
[30] 赵汝和. 北美浆纸工业技术发展及其对中国的影响[J]. 中华纸业, 2018, 39（23）: 50-55.
[31] 纸业时代杂志社科技时代编辑部. 日本制浆造纸行业的现状和展望——2020 年概况及后疫情下的发展方向[J]. 中国造纸, 2021, 40（7）: 105-109.
[32] 赵旸宇. 日本制浆造纸行业现状及未来发展方向——企业结构转变 重视研究开发[J]. 中国造纸, 2013, 32（8）: 79-84.
[33] 刘文. 日本制浆造纸行业的能源现状[J]. 国际造纸, 2007, 26（5）: 57-58.
[34] 陈克复. 绿色智能, 引领高质量发展[N]. 中国新闻出版广电报, 2021-06-02（005）.
[35] 付士波, 黄鹏. 华泰集团积极推进信息化与工业化深度融合[J]. 纸和造纸, 2012, 31（7）: 1.
[36] 郝名学. 最大限度地减少对自然及环境的负载——芬欧汇川（常熟）纸业有限公司注重环保、力攀新高[J]. 江苏造纸, 2005（4）: 3.
[37] 国家环境保护局. 关于印发国家环境保护局关于推行清洁生产的若干意见的通知[EB/OL].（1997-04-14）[2023-09-20]. https://www.mee.gov.cn/gkml/zj/wj/200910/t20091022_171886.htm.
[38] 沙茜, 柯文彪. 浅析造纸行业的清洁生产工艺及节能减排[J]. 中国环保产业, 2012（11）: 36-39.
[39] 赵伟. 可持续发展的中国造纸工业[J]. 中华纸业, 2019, 40（5）: 25-27.
[40] 中国造纸协会. 关于中国造纸工业与可持续发展的三个终极问题[J]. 江苏造纸, 2019（2）: 39-40.
[41] 赵雄杰, 苏禹, 郭文炜, 等. 基于 PLC 的造纸工业控制系统[J]. 化工自动化及仪表, 2012, 39（11）: 1517-1519.
[42] 陆迅. DCS 集散控制系统在造纸工艺中的应用[J]. 城市建设理论研究: 电子版, 2013（19）.
[43] 梁川. 以优质高效的技术设备和服务为客户创造价值——访汶瑞机械（山东）有限公司常务副总经理马焕星[J]. 造纸信息, 2020（7）: 15-17.
[44] 王月江. 印度尼西亚 OKI 公司安装全球最大的高效碱回收炉[J]. 造纸信息, 2014（5）: 65.

[45] 中华纸业采编部. 走进泰国造纸工业[J]. 中华纸业, 2018, 39（15）: 24-25, 5.
[46] 龚凌, 刘振华. 深入了解俄罗斯造纸行业 助力中国企业开拓海外市场——2018 中国造纸杂志社俄罗斯参（观）展团赴俄纪行[J]. 造纸信息, 2018（11）: 6-8.
[47] 佚名. 拓斯克公司提供给 HygienicTissue 公司的卫生纸机顺利开机[J]. 造纸装备及材料, 2017（2）: 37-38.
[48] 佚名. 西安中轻机公司棕榈制浆新技术受邀参加马来西亚国家清洁制浆与造纸新技术研讨会[J]. 造纸信息, 2007（8）: 53.
[49] 张志溥, 张驰, 刘春兰. 发展空间广阔的越南造纸工业[J]. 中华纸业, 2012, 33（23）: 50-53.
[50] 本刊讯. 2018 巴西纸浆产量突破 2100 万 t 向中国出口占总额 42%[J]. 纸和造纸, 2019, 38（2）: 59.
[51] 周在峰. 远见: 以时空视野俯瞰全球纸业风云[C]//中国制浆造纸研究院. 2016 中国造纸产业竞争力报告. 北京: 中国轻工业出版社, 2016: 16.
[52] Fisher International. 全球造纸行业 2020 年热点回顾[J]. 中华纸业, 2021, 42（15）: 65-67.
[53] 罗明翔. 禁废令对中国造纸业的影响[J]. 造纸信息, 2022（4）: 18-20.
[54] 程言君, 张亮, 王焕松, 等. 中国造纸工业碳排放特征与"双碳"目标路径探究[J]. 中国造纸, 2022, 41（4）: 1-5.
[55] 许骞. 欧盟碳边境调节税对中国的影响及策略选择[J]. 经济体制改革, 2022（3）: 157-163.
[56] 国务院办公厅. 国务院办公厅关于印发禁止洋垃圾入境推进固体废物进口管理制度改革实施方案的通知[EB/OL]. （2017-07-27）[2022-10-15]. http://www.gov.cn/zhengce/content/2017-07/27/content_5213738.htm.
[57] 商务部. 2018 年对外投资合作国别（地区）指南——俄罗斯[R]. 北京: 中华人民共和国商务部, 2019.
[58] 商务部. 2020 年对外投资合作国别（地区）指南——印度尼西亚[R]. 北京: 中华人民共和国商务部, 2021.
[59] 国务院办公厅. 国务院办公厅关于转发国家发展改革委住房城乡建设部生活垃圾分类制度实施方案的通知[EB/OL]. （2017-03-30）[2022-10-15]. https://www.gov.cn/zhengce/content/2017-03/30/content_5182124.htm.
[60] 中国造纸协会. 中国造纸工业 2019 年度报告[R]. 北京: 中国造纸协会, 2020.
[61] 中国再生资源回收利用协会废纸分会. 2017 年中国回收纸回收体系发展概述[J]. 中华纸业, 2019（1）: 6.
[62] 中国政府网. 关于全面禁止进口固体废物有关事项的公告[EB/OL]. （2020-11-24）[2023-09-20]. https://www.gov.cn/zhengce/zhengceku/2020-11/27/content_5565456.htm.
[63] ECIU. Net zero emissions race[EB/OL]. [2022-09-13]. https://eciu.net/netzerotracker.
[64] EUreporter. European green deal: Commission proposes new strategy to protect and restore EU forests[EB/OL]. （2021-07-16）[2022-09-13]. https://www.eureporter.co/environment/forests-2/2021/07/16/european-green-deal-commission-proposes-new-strategy-to-protect-and-restore-eu-forests/?_gl=1*tbm3ua*_ga*NDExNjQzNDQ4LjE2OTg2NzE1MjI.*_ga_BXS2HELDDH*MTY5ODY3MTUyMi4xLjEuMTY5ODY3MTYyMi4wLjAuMA.
[65] CEPI. Sustainability and circularity policy[EB/OL]. [2022-10-15]. https://www.cepi.org/

policy-area/sustainability-circularity/.
[66] 4evergreen. Perfecting circularity together[EB/OL]. [2022-10-15]. https://4evergreenforum.eu/.
[67] CEPI-Eurokraft. Food Contact Guidelines: For the Compliance of Paper & Board Materials and Articles[R]. Stockholm: CEPI-Eurokraft, 2019.
[68] CEPI. The Age of Fibre – The pulp and paper industry's most innovative products[EB/OL]. (2015-11-19) [2023-10-22]. https://www.cepi.org/the-age-of-fibre-the-pulp-and-paper-industrys-most-innovative-products/.
[69] CEPI. Industry transformation policy[EB/OL]. [2023-10-22]. https://www.cepi.org/policy-area/industry-transformation/.
[70] AF&PA. 2030 sustainability goals[EB/OL]. [2022-10-21]. https://www.afandpa.org/2030.
[71] 白云霞, 金健英, 王全永, 等. 我国造纸行业清洁生产标准现状分析[J]. 标准科学, 2015 (7): 59-61.
[72] Fortună M E, Simion I M, Gavrilescu M J S S, et al. Indicators for sustainability in industrial systems case study: Paper manufacturing[J]. Scientific Study and Research: Chemistry and Chemical Engineering, 2011, 12 (4): 363-372.
[73] Pandey A K, Prakash R. Industrial sustainability index and its possible improvement for paper industry[J]. Open Journal of Energy Efficiency, 2018, 7 (4): 118-128.
[74] Sharathkumar Reddy V, Jayakrishna K, Lal B. Measurement of sustainability index among paper manufacturing plants[J]. IOP Conference Series: Materials Science and Engineering, 2017, 263: 062046.
[75] 中国造纸协会. 中国造纸工业 2021 年度报告[J]. 造纸信息, 2022 (5): 6-17, 1.
[76] 王爱其. 造纸业智慧能源综述[J]. 中华纸业, 2021, 42 (10): 1-7.
[77] 杨小鹏. 造纸废水余热应用研究[D]. 泰安: 山东农业大学, 2017.
[78] 孙树建. 重视制浆造纸生产中生物质能源的利用[J]. 造纸信息, 2010 (12): 11-12.
[79] 张世志. 广东省造纸产业节能与低碳发展技术路线研究[D]. 广州: 华南理工大学, 2015.
[80] 佚名. 国家鼓励的造纸行业 13 项节水技术装备[J]. 纸和造纸, 2020, 39 (1): 48.
[81] 李诗心. WWF 发布《中国回收纸可持续发展建议》, 多方号召担绿色回收责任[J]. 国际木业, 2018, 48 (4): 69.
[82] 中国造纸协会. 中国造纸工业 2014 年度报告[R]. 北京: 中国造纸协会, 2015.
[83] 环境保护部. 《制浆造纸工业污染防治可行技术指南》发布 自今年 3 月 1 日起施行[J]. 中华纸业, 2018, 39 (3): 11.
[84] 张勇, 曹春昱, 冯文英, 等. 我国制浆造纸污染治理科学技术的现状与发展（续）[J]. 中国造纸, 2012, 31 (3): 54-58.
[85] 时圣涛, 江庆生, 姜艳丽. DDS 置换蒸煮与节能减排[J]. 中华纸业, 2011, 32 (18): 6-9.
[86] 房桂干. 我国造纸工业节能减排现状和应采取的对策[J]. 江苏造纸, 2007 (4): 13-21.
[87] 王鸿文. 加快发展中的中国造纸工业（续二）——2004~2005 年产量或产能 10 万吨以上制浆造纸企业[J]. 中华纸业, 2006, 27 (4): 35-38.
[88] 余贻骥. 现代制浆造纸技术的发展（二）——现代造纸工业已应用的一些主要新技术[J]. 纸和造纸, 2003, 22 (2): 6-10.
[89] 庞志强, 陈嘉川, 董翠华, 等. 一种针叶木 P-RC APMP 制浆的方法: 201210443526.8[P].

[2023-09-21].

[90] 田中建, 吉兴香, 陈嘉川, 等. 化学机械浆工艺技术的研究综述[C]. 南宁: 中国造纸学会第十八届学术年会论文集, 2018: 56-59.

[91] 周亚男, 张秀梅. 废纸脱墨技术的研究进展[J]. 纸和造纸, 2016, 35（10）: 20-25.

[92] 刘睦超, 钟华. 国家环境保护部发布《造纸行业非木材制浆工艺污染防治最佳可行技术指南》（征求意见稿）[J]. 中华纸业, 2011, 32（15）: 8-13.

[93] 罗佐帆, 黄一峰, 柳春, 等. 造纸高浓磨浆技术研究进展[J]. 大众科技, 2018, 20（2）: 11-13.

[94] 王国焰, 陈雪江. 纤维分级筛的开发和应用[J]. 纸和造纸, 2005, 24（6）: 21-22.

[95] 李泽世, 张善芳, 彭绅, 等. 一种升流式压力筛: CN201621233651.6[P]. [2023-09-21].

[96] 张洪成, 许银川, 郑少斌, 等.《"十二五"自主装备创新成果》系列报道之二: 废纸处理装备技术（续）[J]. 中华纸业, 2016（6）: 8.

[97] 张永龙. 用新型设备配置的废纸OCC制浆工艺[J]. 华东纸业, 2014, 45（5）: 9-12.

[98] 汪波. 浅谈制浆造纸过程中浓度变送器的选型及应用[J]. 中国设备工程, 2019（21）: 160-162.

[99] 赵黎, 董科. 盘式热分散机及其系统的开发和应用[J]. 林业机械与木工设备, 2005, 33（7）: 15-17.

[100] 薛志勇. 废纸脱墨的几种方法[J]. 湖北造纸, 2003（4）: 32-33.

[101] 林影. 生物酶在造纸工业绿色制造中的应用[J]. 生物工程学报, 2014, 30（1）: 83-89.

[102] 贾路航, 王子千. 表面活性剂的筛选与废纸脱墨剂配方的优化[J]. 华东纸业, 2013, 44（2）: 49-54.

[103] 邝仕均. 无元素氯漂白与全无氯漂白[J]. 中国造纸, 2005, 24（10）: 51-56.

[104] 杨斌, 张美云, 徐永建, 等. ECF和TCF漂白发展现状与研究进展[J]. 黑龙江造纸, 2012, 40（3）: 24-27, 30.

[105] 林文耀. 我国造纸工业碱回收概况和今后发展方向[C]. 南宁: 中国造纸学会第十二届学术年会论文集（下）, 2005: 228-239.

[106] 佚名. 高科技武装现代造纸业 推动西部可持续发展[J]. 福建纸业信息, 2013（7）: 14-15.

[107] 王剑平, 杨亚辉, 张果. 碱炉燃烧系统和汽水系统控制综述[C]. 岳阳: 2019中国制浆造纸自动化技术与智能制造研讨会论文集, 2019: 300-305.

[108] 柴计旺, 李兴勇, 何兵昌. 造纸企业安全生产事故典型案例和防范措施之四 特种设备事故[J]. 中华纸业, 2016, 37（9）: 76-78.

[109] 王欣文. 构建职业病危害风险分级管控体系[J]. 现代职业安全, 2022（3）: 36-38.

[110] 谢昱姝, 代宝乾, 张蓓, 等.《安全生产等级评定技术规范》系列北京市地方标准解读[J]. 中国标准化, 2019（23）: 181-187.

[111] 耿晓宁, 刘秉钺. 浅谈纸机白水的封闭循环[J]. 中国造纸, 2005, 24（8）: 52-56.

[112] 邹庆, 方波. 关于纸机生产线热力系统优化及节能技术改造的研究[J]. 城市建设理论研究, 2014（10）: 480.

[113] 李玉峰. 磁悬浮技术助力纸业节能升级! 磁悬浮透平真空泵在杭州发布[J]. 中华纸业, 2019, 40（19）: 11.

[114] 张其民. 靴式压榨专利技术发展综述[J]. 科技传播, 2016, 8（13）: 154-155.

[115] 李海明. 福伊特采用单 Nipco 压榨改造劲达兴 1 号纸机[J]. 造纸化学品, 2010, 22 (1): 24.
[116] 张维. 生活用纸纸机干燥部能量系统的建模与优化研究[D]. 广州: 华南理工大学, 2019.
[117] 余章书. 压光机压辊的优化与改进[J]. 中华纸业, 2015, 36 (2): 58-60.
[118] 卢诗强, 陈张彦, 杨冬梅, 等. 利用改性植物纤维生产一次性口罩纸的可行性初探[J]. 天津造纸, 2020, 42 (2): 8-14.
[119] 谢安冉. 超声滚压光整强化机理与残余应力控制研究[D]. 济南: 济南大学, 2017.
[120] 叶根喜, 闫兆民, 李小荷. 一种白水梯级处理和回用工艺: CN201711010638.3[P]. [2023-09-21].
[121] 袁朝扬. 造纸白水的循环回用及其处理方式[J]. 纸和造纸, 2011, 30 (10): 8-11.
[122] 潘卫福, 胡笑妍, 金扬旸. 超声波技术在高浓度氨氮废水处理中的应用[J]. 环境与发展, 2020, 32 (4): 110, 112.
[123] 孙强, 谢典, 聂青云, 等. 含电-热-冷-气负荷的园区综合能源系统经济优化调度研究[J]. 中国电力, 2020, 53 (4): 79-88.
[124] 陈诗良. 应用于污水处理厂的新兴污染物处理技术综述[J]. 中国资源综合利用, 2021, 39 (2): 96-98.
[125] 王炎红, 周修浩, 田文宇, 等. 造纸污水废气密封收集+锅炉焚烧除臭技术的应用[J]. 造纸科学与技术, 2018, 37 (3): 80-82.
[126] 唐霞, 肖先念, 李碧清, 等. 城市污水厂除臭组合新工艺的优化及应用[J]. 净水技术, 2020, 39 (8): 124-130.
[127] 黄明, 朱云, 肖锦, 等. 高浓度难降解有机工业废水处理技术评价[J]. 工业水处理, 2004, 24 (4): 1-5.
[128] 沈文浩, 刘寅. 一种基于生产数据的废纸配比自动推优系统[J]. 中国造纸, 2019, 38 (S1): 119-125.
[129] 朱洋丽. 废纸碎解节能工程技术的探索[D]. 杭州: 浙江理工大学, 2014.
[130] 李小红. 提高废纸脱墨浆洁净度的工艺控制与优化[D]. 广州: 华南理工大学, 2012.
[131] 宋蓓. 废纸制浆的节能[J]. 国际造纸, 2011, 30 (1): 23-29.
[132] 詹怀宇. 制浆原理与工程[M]. 3 版. 北京: 中国轻工业出版社, 2011.
[133] 彭添兴. 废纸脱墨废水处理中高分子絮凝剂的构效研究[D]. 福州: 福建师范大学, 2004.
[134] Man Y, Hong M N, Li J G, et al. Paper mills integrated gasification combined cycle process with high energy efficiency for cleaner production[J]. Journal of Cleaner Production, 2017, 156: 244-252.
[135] 卢谦和. 造纸原理与工程[M]. 2 版. 北京: 中国轻工业出版社, 2011.
[136] Rafione T, Marinova M, Montastruc L, et al. The green integrated forest biorefinery: An innovative concept for the pulp and paper mills[J]. Applied Thermal Engineering, 2014, 73 (1): 74-81.
[137] 李继庚, 刘焕彬, 洪蒙纳, 等. 中国造纸工业智能化转型升级路径的探讨与实践[J]. 中国造纸, 2020, 39 (8): 1-13.
[138] 中能世通(北京)投资咨询服务中心. "一带一路"中国建设的典型工业园区绿色化研究[R]. 北京: 中能世通(北京)投资咨询服务中心, 2020.
[139] 国家发展和改革委员会. 产业结构调整指导目录 (2019 年本) [EB/OL]. (2019-10-30)

[2023-09-20]. https://www.ndrc.gov.cn/xxgk/zcfb/fzggwl/201911/t20191105_1327490.html.

[140] 苗成. 造纸产业园的可行性分析[J]. 中华纸业，2021，42（14）：58-62.

[141] 陈竹，张翠梅，吕永松，等. 基于能效对标在广东省造纸行业节能工作中的应用研究[J]. 造纸科学与技术，2020，39（4）：34-38.

[142] 亚太森林组织. 关于森林和土地使用的格拉斯哥领导人宣言[EB/OL].（2021-11-14）[2023-09-20]. http://www.cwp.org.cn/vip_doc/21963165.html.

[143] 中华纸业采编部. 印度重点制浆造纸企业介绍[J]. 中华纸业，2018，39（7）：23-39.

[144] 舒评. 中国纸企喜乘"一带一路"东风[J]. 绿色包装，2018（2）：66-70.

[145] 万初亮，李凯凯，刘琳琳. 机遇与挑战并存，东南亚瓦楞纸箱行业的现状与发展[J]. 今日印刷，2016（2）：51-53.

[146] 吴瑜，洪榛. 面向造纸行业的多功能信息集成技术[J]. 计算机系统应用，2012，21（10）：18-21，17.

[147] 刘洪涛. 基于多模型LS-SVM造纸黑液浓度软测量[D]. 南宁：广西大学，2014.

[148] 江伦. 基于数据驱动方法的生活用纸质量在线实时软测量模型的开发[D]. 广州：华南理工大学，2020.

[149] 魏学勇. 智能信息化系统在造纸行业节能改造中应用研究[J]. 造纸科学与技术，2021，40（2）：65-68.

[150] 杨玉东，支天红，杨铃玉. 基于PSO算法的造纸工艺能源消耗预测模型[J]. 造纸科学与技术，2021，40（4）：48-52.

[151] 谢娜. 基于Gibbs抽样算法的造纸工艺能源消耗预测模型仿真研究[J]. 造纸科学与技术，2020，39（3）：68-72.

[152] 梅梦雨. 生活用纸制浆过程间歇性生产设备的优化调度模型研究[D]. 广州：华南理工大学，2020.

[153] 陈胜，李继庚，尹勇军，等. 造纸厂热电联产系统建模及运行优化的研究[J]. 造纸科学与技术，2012，31（2）：79-82.

[154] 康家玉. 制浆造纸废水生物处理过程建模与控制[D]. 西安：陕西科技大学，2011.

[155] 张学稳，沈文浩. 基于BSM平台的造纸污水处理过程中温室气体排放的计算模型[J]. 造纸科学与技术，2018，37（2）：65-72.

[156] 徐通. 基于NSGA-II算法的造纸制浆设备调度计划模型研究[J]. 造纸科学与技术，2021，40（4）：63-65.

[157] 张欢欢，李继庚，洪蒙纳，等. 基于NSGA-II算法的柔性流水车间优化调度模型的构建与应用[J]. 中国造纸学报，2020，35（4）：57-62.

[158] IEA. Pulp and Paper[R]. Paris：IEA，2022.

[159] CEPI. Key Statistics 2021[R]. Brussels：CEPI，2022.

[160] Bataille C G F. Physical and policy pathways to net-zero emissions industry[J]. WIREs Climate Change，2020，11（2）：e633.

[161] Davis S J，Lewis N S，Shaner M，et al. Net-zero emissions energy systems[J]. Science，2018，360（6396）：eaas9793.

[162] IEA. Energy Technology Perspectives 2017[R]. Paris：IEA，2017.

[163] 国家质量监督检验检疫总局，国家标准化管理委员会. 制浆造纸单位产品能源消耗限额：

GB 31825—2015[S]. 北京：中国标准出版社，2016.

[164] Griffin P W, Hammond G P, Norman J B. Industrial decarbonisation of the pulp and paper sector: A UK perspective[J]. Applied Thermal Engineering, 2018, 134: 152-162.

[165] Martin N, Anglani N, Einstein D, et al. Opportunities to Improve Energy Efficiency and Reduce Greenhouse Gas Emissions in the U.S. Pulp and Paper Industry[M]. Washington, D.C.: United States. Environmental Protection Agency, 2000.

[166] Michael S, Gabriele K, Ioanna K, et al. Best Available Techniques (BAT) Reference Document for the Production of Pulp, Paper and Board[R]. Luxembourg: European Commission, 2015.

[167] Szabó L, Soria A, Forsström J, et al. A world model of the pulp and paper industry: Demand, energy consumption and emission scenarios to 2030[J]. Environmental Science & Policy, 2009, 12 (3): 257-269.

[168] Wang Y T, Yang X C, Sun M X, et al. Estimating carbon emissions from the pulp and paper industry: A case study[J]. Applied Energy, 2016, 184: 779-789.

[169] FAO. Forestry Production and trade[DB/OL]. (2021-05-18)[2023-09-06]. https://www.fao.org/faostat/en/#data/FO.

[170] 邢芳芳, 欧阳志云, 杨建新, 等. 经济-环境系统的物质流分析[J]. 生态学杂志, 2007, 26 (2): 8.

[171] 张玲, 袁增伟, 毕军. 物质流分析方法及其研究进展[J]. 生态学报, 2009, 29 (11): 6189-6198.

[172] Bajpai P. Green Chemistry and Sustainability in Pulp and Paper Industry[M]. Cham: Springer International Publishing, 2015.

[173] Särkkä T. Technological Transformation in the Global Pulp and Paper Industry 1800–2018: Comparative Perspectives[M]. Cham: Springer International Publishing, 2018.

[174] van Ewijk S. Sustainable Use of Materials in the Global Paper Life Cycle[D]. London: University College London, 2018.

[175] 周景辉. 制浆造纸工艺设计手册[M]. 北京：化学工业出版社，2004.

[176] FAO. Global Forest Resources Assessment 2020[DB/OL]. (2022-10-14) [2023-10-24]. https://fra-data.fao.org/assessments/fra/2020.

[177] Forest Enterprises. Forestry in New Zealand [EB/OL]. (2022-11-03) [2023-10-24]. https://www.forestenterprises.co.nz/why-invest-in-forestry/forestry-in-new-zealand/.

[178] Furszyfer Del Rio D D, Sovacool B K, Griffiths S, et al. Decarbonizing the pulp and paper industry: A critical and systematic review of sociotechnical developments and policy options[J]. Renewable and Sustainable Energy Reviews, 2022, 167: 112706.

[179] Farla J, Blok K, Schipper L. Energy efficiency developments in the pulp and paper industry: A cross-country comparison using physical production data[J]. Energy policy, 1997, 25 (7-9): 745-758.

[180] IEA. Data and Statistics[DB/OL]. (2021-05-07) [2023-10-24]. https://www.iea.org/data-and-statistics.

[181] van Ewijk S, Stegemann J A, Ekins P. Limited climate benefits of global recycling of pulp and paper[J]. Nature Sustainability, 2021, 4 (2): 180-187.

附录　不同农作物的水耗分配

附表 1　小麦秸秆的灌溉水耗分配

参数	河南	河北	山东	江苏	宁夏
小麦产量/兆吨	35.01	14.35	23.47	11.74	0.4
秸秆产量/兆吨	40.96	16.79	27.46	13.74	0.46
整体灌溉水耗/(米^3/公顷)	1564.29	2737.5	3655.38	1306.1	4155.6
秸秆水耗/(米^3/公顷)	132.96	232.69	310.71	111.02	353.23
单位面积小麦产量/(千克/公顷)	6214	5415	6327	6819	5806
单位面积秸秆产量/(千克/公顷)	7270.38	6335.55	7402.59	7978.23	6793.02
单位质量秸秆水耗/(升/千克)	18.289	36.727	41.973	13.915	51.998
小麦产量占比	0.321	0.131	0.215	0.108	0.004
参数	安徽	陕西	山西	甘肃	
小麦产量/兆吨	14.11	4.58	2.71	2.81	
秸秆产量/兆吨	16.51	5.4	3.18	3.29	
整体灌溉水耗/(米^3/公顷)	1434.4	1665	2350.05	55.5	
秸秆水耗/(米^3/公顷)	121.92	141.53	199.75	471.75	
单位面积小麦产量/(千克/公顷)	6021	4386	4290	4520	
单位面积秸秆产量/(千克/公顷)	7044.57	5131.62	5019.3	5288.4	
单位质量秸秆水耗/(升/千克)	17.308	27.579	39.797	89.205	
小麦产量占比	0.129	0.042	0.025	0.026	

注：小麦产量和单位面积小麦产量数据来自《2015 中国统计年鉴》；灌溉水耗数据来自相关地方标准农业用水定额。

附表 2　水稻秸秆的灌溉水耗分配

参数	黑龙江	吉林	辽宁	江苏	浙江	安徽	福建
水稻产量/兆吨	22	6.3	4.68	19.53	5.78	14.59	4.85
秸秆产量/兆吨	22	6.3	4.68	19.53	5.78	14.59	4.85
整体灌溉水耗/(米^3/公顷)	6190.4	8325	6150	7730.9	3893.8	5261.9	4930.5
秸秆水耗/(米^3/公顷)	439.52	591.08	436.65	548.89	276.46	373.59	350.07
单位面积水稻产量/(千克/公顷)	6376	7494	6217	6819	6489	6021	5998
单位面积秸秆产量/(千克/公顷)	6376	7494	6217	6819	6489	6021	5998
单位质量秸秆水耗/(升/千克)	68.933	78.873	70.235	80.495	42.604	62.049	58.364
水稻产量占比	0.119	0.034	0.025	0.106	0.031	0.079	0.026

续表

参数	江西	湖北	湖南	广东	广西	四川	贵州
水稻产量/兆吨	20.27	18.11	26.45	10.88	1.38	15.53	4.18
秸秆产量/兆吨	20.27	18.11	26.45	10.88	11.38	15.53	4.18
整体灌溉水耗/(米³/公顷)	4502.5	3837	3655	5687.5	8250	5850	4957.5
秸秆水耗/(米³/公顷)	319.68	272.43	259.51	403.81	585.75	415.35	351.98
单位面积水稻产量/(千克/公顷)	6025	6437	6311	5636	5403	6033	4517
单位面积秸秆产量/(千克/公顷)	6025	6437	6311	5636	5403	6033	4517
单位质量秸秆水耗/(升/千克)	53.059	42.322	41.119	71.649	108.41	68.846	77.924
水稻产量占比	0.11	0.098	0.143	0.059	0.062	0.084	0.023

注：水稻产量和单位面积水稻产量数据来自《2015 中国统计年鉴》；灌溉水耗数据来自相关地方标准农业用水定额。

附表 3　玉米秸秆的灌溉水耗分配

参数	河北	山西	内蒙古	辽宁	吉林	黑龙江
玉米产量/兆吨	16.7	8.63	22.51	14.04	28.06	35.44
秸秆产量/兆吨	17.37	8.97	23.41	14.6	29.18	36.86
整体灌溉水耗/(米³/公顷)	1125	1312.5	2250	1357.5	1266.7	1344.7
秸秆水耗/(米³/公顷)	136.13	158.81	272.25	164.26	153.27	162.71
单位面积玉米产量/(千克/公顷)	5415	4290	5697	6217	7494	6376
单位面积秸秆产量/(千克/公顷)	5631.6	4461.6	5924.88	6465.68	7793.76	6631.04
单位质量秸秆水耗/(升/千克)	24.172	35.595	45.95	25.405	19.666	24.537
玉米产量占比	0.091	0.047	0.123	0.077	0.153	0.194
参数	安徽	山东	河南	陕西	甘肃	宁夏
玉米产量/兆吨	4.96	20.51	18.54	5.43	5.77	2.27
秸秆产量/兆吨	5.16	21.33	19.28	5.65	6	2.36
整体灌溉水耗/(米³/公顷)	900	1170	1050	1372.5	6800	3750
秸秆水耗/(米³/公顷)	108.9	141.57	127.05	166.07	822.8	453.75
单位面积玉米产量/(千克/公顷)	6021	6327	6214	4386	4520	5806
单位面积秸秆产量/(千克/公顷)	6261.84	6580.08	6462.56	4561.44	4700.8	6038.24
单位质量秸秆水耗/(升/千克)	17.391	21.515	19.659	36.408	175.034	75.146
玉米产量占比	0.027	0.112	0.101	0.03	0.032	0.012

注：玉米产量和单位面积玉米产量数据来自《2015 中国统计年鉴》；灌溉水耗数据来自相关地方标准农业用水定额。

附表4 蔗渣的灌溉水耗分配

参数	广西	广东	云南	海南	福建
甘蔗产量/兆吨	75.05	14.53	19.3	2.65	0.44
蔗渣产量/兆吨	18.01	3.49	4.63	0.64	0.1
整体灌溉水耗/(米^3/公顷)	3112.5	5475	5497.5	5475	3300
蔗渣水耗/(米^3/公顷)	252.11	443.48	445.3	443.48	267.3
单位面积甘蔗产量/(千克/公顷)	77073	89484	61966	58214	58090
单位面积蔗渣产量/(千克/公顷)	18497.52	21476.16	14871.84	13971.36	13941.6
单位质量蔗渣水耗/(升/千克)	13.63	20.65	29.942	31.742	19.713
甘蔗产量占比	0.67	0.13	0.172	0.024	0.004

注：甘蔗产量和单位面积甘蔗产量数据来自《2015 中国统计年鉴》；灌溉水耗数据来自相关地方标准农业用水定额；由于海南省缺乏秸秆灌溉数据，使用广东省的相关数据补充。